人工智能开发系列

知识图谱
从原理到实现

潘风文 黄春芳 密 伟 著

化学工业出版社
·北京·

内容简介

本书在讲述知识图谱的定义、原理以及知识描述语言的基础上，系统地介绍了构建一个完整知识图谱所需的技术和流程。主要内容包括本体描述语言、知识图谱建设综述、知识建模-构建本体、知识获取-填充本体、知识融合-完善图谱、知识存储-高效访问、知识计算和应用-推理引擎。附录中简要介绍了 RDF 转换器。本书读者对象为从事知识管理系统开发的技术人员，以及对知识图谱开发技术感兴趣的相关人员。

图书在版编目（CIP）数据

知识图谱从原理到实现 / 潘风文，黄春芳，密伟著. 北京 ： 化学工业出版社，2025. 7. --（人工智能开发系列）. -- ISBN 978-7-122-48101-6

Ⅰ. G302

中国国家版本馆 CIP 数据核字第 2025QH9775 号

责任编辑：潘新文　　　　装帧设计：韩　飞
责任校对：李雨晴

出版发行：化学工业出版社
（北京市东城区青年湖南街 13 号　邮政编码 100011）
印　　装：三河市君旺印务有限公司
787mm×1092mm　1/16　印张 17　字数 400 千字
2025 年 9 月北京第 1 版第 1 次印刷

购书咨询：010-64518888　　　　售后服务：010-64518899
网　　址：http://www.cip.com.cn
凡购买本书，如有缺损质量问题，本社销售中心负责调换。

定　　价：89.00 元

前言

知识图谱是一种以节点、属性和关系来表达对客观世界的理解与认知的一种语义网络。其中节点表达了客观世界中的人、事、物等实体，而关系则表达了不同实体之间的联系。所以，知识图谱提供了一种更好地组织、管理和理解客观世界海量知识的方式，是一种广泛应用于搜索结果优化、智能推荐、智能客服等领域的知识管理技术，具有极大的发展潜力和应用前景。

本书在讲述知识图谱的定义、原理以及知识描述语言的基础上，系统地讲述了构建一个完整知识图谱所需的技术和流程，为创建企业级知识管理系统奠定坚实的基础。

第 1 章介绍了知识图谱的基础知识，包括知识图谱、语义网络和本体的定义，进行知识存储和推理的基本技术，并对传统本体语言和面向 Web 的标记本体语言两种本体描述语言进行了概述。

第 2 章介绍了用于构建本体的形式语言，即本体描述语言。目前有 20 多种本体语言，应用最为普及的是由万维网联盟 W3C 推荐的资源描述框架 RDF、RDF 模式 RDFS 和 OWL，本章重点对这三者的规则、组成元素、语法等内容进行讲解，使读者明了知识表示的规范，为后续构建、应用知识图谱做好铺垫。

第 3 章介绍了建设知识图谱的原则、开发流程，明确了开发流程中的知识建模、知识抽取和知识融合等六个步骤及每个步骤的工作内容。

第 4 章介绍了知识建模的工作内容和相关技术。知识建模是设计和构建本体的过程，主要工作包括确定领域知识的范围、识别和定义领域中的实体和概念，建立实体和概念之间的关系。

第 5 章介绍了知识获取的内容和相关技术。知识获取是抽取实体及其属性的过程，主要工作是通过各种技术手段，将结构化、半结构化和非结构化数据来源中的知识统一转化为知识表达方式。本章讲述了实体的命名规范、抽取、实体属性及关系抽取技术，以数据库到 RDF 的映射引擎 D2RQ 和自然语言处理工具库 spaCy 为基础，描述了知识获取的实现。

第 6 章介绍了知识融合的工作内容和相关技术。知识融合是优化知识、消除矛盾和歧义、提升知识质量、形成全局统一的知识表示的关键步骤，主要工作包括实体对齐、实体消歧和指代消解等。

第 7 章介绍了知识存储的工作内容和相关技术。知识存储是指将知识进行组织、管理和存储，以便于应用的过程。本章重点讲述了知识存储方案选择、图数据库 Neo4j 基础知识、RDF 数据与 Neo4j 进行交互的技术，结合实例代码介绍了如何创建、查询和编辑知识。

第 8 章介绍了知识计算和应用的工作内容和相关技术。知识计算和应用是使用图论中的定理、推论和算法，借助相应的工具进行知识的补全和理解，也是挖掘知识、发挥知识价值的应用过程。本章重点讲述了知识推理技术、Neo4j 图数据科学 GDS 工具等。

本书中的实例全部由 Python 语言编写，读者可通过化学工业出版社网站及 QQ 号 420165499 联系索取实例代码。读者在阅读和使用过程中，有任何问题，可通过 QQ 在线咨询，笔者将竭诚为您服务。

著　者

2025 年 2 月

目录

8 知识计算和应用-推理引擎 220

附录 262

1 知识图谱基础知识

在人工智能领域中，“智能”是指人类所特有的智力行为，包括感知能力、记忆能力、归纳能力、演绎能力、推理能力、学习能力等。因此，人工智能技术可理解为用计算机来模拟人类智能的技术，其目标是通过计算机模仿人的思维活动来解决现实世界中的一些复杂问题。

知识图谱（Knowledge Graph，KG）是人工智能（Artificial Intelligence，AI）技术中的一个重要组成部分，它以知识为研究对象，研究知识的获取、知识的表示和知识的使用。知识图谱技术集大数据技术及人工智能技术于一体，对知识的表示、知识的创造和知识的应用进行综合规划、管理，是知识管理的一种实现方式。虽然本书聚焦于知识图谱构建实战，但是为了使各位读者能够更快、更好地掌握、融进知识图谱构建的各个环节，本章将以浅显易懂的方式简述知识图谱的基础知识。

1.1 知识图谱定义和分类

知识图谱是一种广泛应用于搜索结果优化、智能推荐、智能客服、智能金融风控等领域的知识管理技术，具有非常大的发展潜力和应用前景。2012 年 5 月，Google 首次推出了知识图谱产品，并将其用于搜索引擎中；2017 年 7 月，国务院印发的《新一代人工智能发展规划》将知识图谱作为“新一代人工智能关键共性技术体系”的重要组成部分，将其看作一种人工智能的关键核心技术。

图 1-1 展示了知识图谱发展的历史。

图 1-1 中 1968 年奎林提出的语义网络（Semantic Network）与 1998 年蒂姆·伯纳斯-李提出的语义网（Semantic Web）是有区别的。语义网是对语义网络思想在万维网环境下的扩展和应用，两者都关注通过结构和语义来丰富知识的表示和处理，但应用的领域和重点不尽相同，语义网络更侧重于知识表示和推理，而语义网则更关注于在万维网环境下实现语义信息的共享和交换。

根据维基百科的定义，知识图谱是结构化的语义知识库，用于以符号形式描述物理世界中的概念及其相互关系，其基本组成单位是“实体-关系-实体”和“实体-属性-属性值”三元组。这一个个的知识三元组将实体相互连接，使杂乱无章的知识变得有序，最终编织成为一个有结构的知识网络。图 1-2 为一个简单的知识图谱示例。

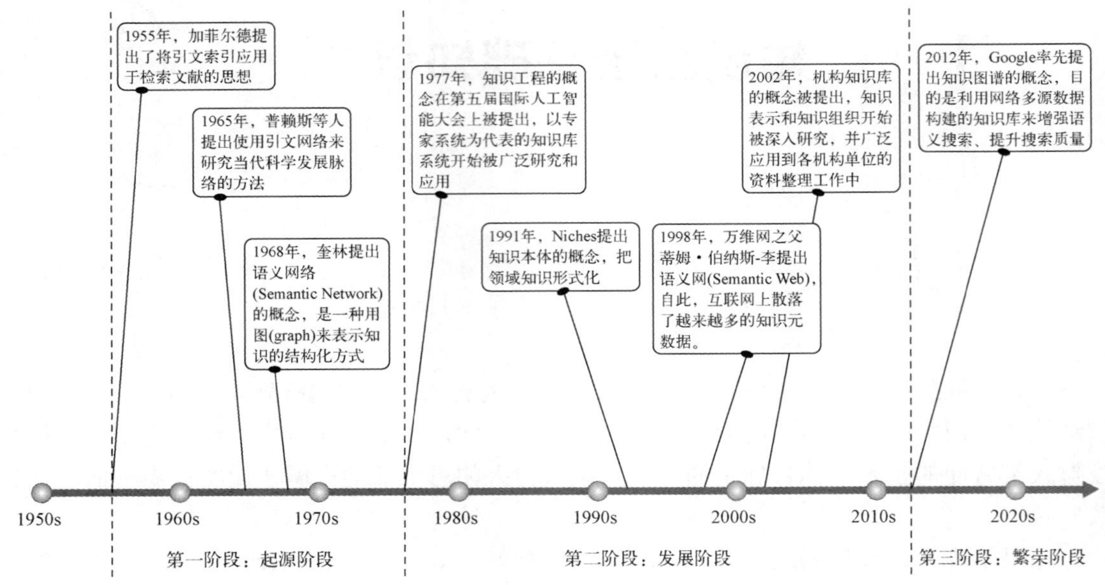

图 1-1　知识图谱发展历史

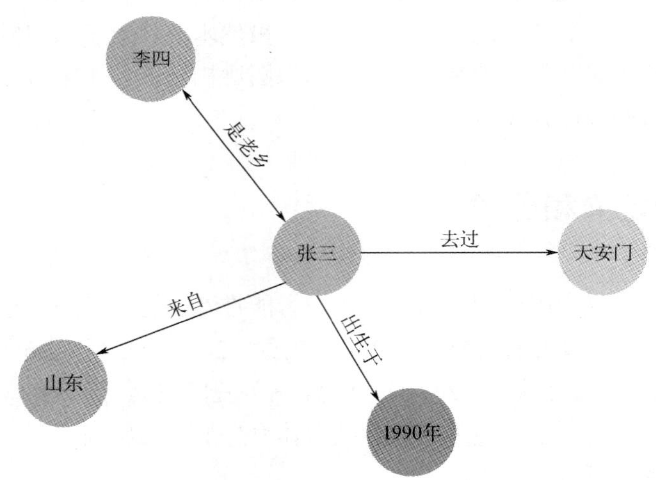

图 1-2　简单知识图谱示例

综合以上描述，知识图谱是一种结构化的语义知识库，也就是说，它是一种语义知识的结构化存储和应用系统。所以，要想学习好知识图谱的构建和应用，需要真正理解、掌握知识图谱的定义，明确“语义”“知识”及“结构化的语义知识库”等几个概念。

（1）语义

语义(semantic)就是语言所表达的含义。人机对话的主要挑战是语义理解，即让机器理解人类语言的含义。作为一种符号系统，语言（如一段文字）是以符号（如中文是以方块文字为符号，英语是以 26 个英文字母组合为符号）作为载体的，而语言符号本身是没有任何意义的，它们只有在被赋予一定含义的情况下才能够被有意义地使用，从而使得语言能够转化为信息。我们把作为人类思维载体的语言所蕴含的意义称为“语义”。

从信息技术的角度来看，语言是一种数据（如一段文字），语义是这种数据所对应的物理世界（现实世界）中的事物所代表的概念的含义，以及这些含义之间的关系，它是数据在某个领域上的解释和逻辑表示。数据可以分为非结构化数据（如文本、图片、声音等）、半结构化数据（如 HTML、Json 等）和结构化数据（如关系型数据库表中的数据）。而知识图谱是由语言符号（承载语义）作为基本项所组成的知识库。

（2）知识

按照 GB/T 23703.1—2009《知识管理 第 1 部分：框架》中的定义：知识（knowledge）是通过学习、实践或探索所获得的认识、判断或技能。知识可以是显性的，也可以是隐性的；知识可以是组织的，也可以是个人的；知识可包括事实知识、原理知识、技能知识和人际知识。通俗地说，知识是人类在实践中认识客观世界(包括人类自身)的成果，它包括客观事实、概念、定理和公理等多种形式，例如：天安门广场位于北京（事实），心电图检测仪测量出的心电图曲线（信息），阴天下雨的概率大（总结），等等。而人类的自然语言及图画、音乐、数学公式、物理化学概念等都是人类知识的表示形式和传承方式。人工智能研究的核心就是如何用计算机以易于处理的方式表示、学习和处理各种各样的知识。

美国著名认知心理学家约翰·罗伯特·安德森（John Robert Anderson）以“知道什么”和“知道如何”为区别将知识划分为陈述性知识和程序性知识：

陈述性知识也称为描述性知识，是关于事物及其关系的知识，或者说是关于“是什么”的知识，包括对事实、规则、事件等信息的表达。主要用来说明事物的性质、特征和状态，用于区别和辨别事物。这类知识具有静态的性质。

程序性知识也称为操作性知识，是关于完成某项任务的行为或操作步骤等的知识，或者说是关于“如何做”的知识。它包括一切为了进行信息转换活动而采取的具体操作程序。这类知识主要用来解决“做什么”“怎么做”的问题，具有动态的性质。例如：

① 班主任老师快步走向教室。

② 张三每天下午都去打篮球。

③ 一个三角形中已知∠A 和∠B，∠C 等于多少？

在知识图谱中，概念或实体是人们从经验中获得和抽象出来的。概念与知识相关联，并由知识组成。例如“羽毛”是概念“鸟”的一种语义属性，概念“三角形”的特征是由三条边首尾相连组成的图形。

知识表示是为了描述某个领域知识所做的一组约定，以便实现知识的符号化，从而实现对知识的管理。知识表示的方法有多种，主要有语义网络表示法、一阶谓词表示法、产生式表示法、框架表示法、脚本表示方法、过程性表示法、Petri 网表示法和面向对象表示法等等。不同的知识表示方法适用于不同的知识类型，如规则适合用产生式表示法，生成过程适合用过程性表示法，概念之间的关系适合用语义网络表示法等。

（3）结构化的语义知识库

结构化意味着有秩序、存在着规律。结构化可以使一个个本身孤立的、不成体系的语义知识相互连接，形成一个语义网络，使我们能够系统化、专业化地解决各种问题。

作为一种结构化的语义知识库，知识图谱对语义知识进行了有效的组织，这也是知识图谱能够进行推理、导出新知识的内在原因。目前，有很多存储语义知识的数据库，称为“图数据库(graph Database)”。图数据库基于图理论，使用带有节点（node，也称为顶点 vertex）、属性（attribute/property）和边（edge）的图结构表示和存储知识数据，并且相邻节点之间互联，是一种 NoSQL 数据库，在构建知识图谱应用方面有着天然的优势，主要有 Neo4j、JanusGraph、Giraph、DGraph、TigerGraph、InfoGrid 等。

知识图谱可以应用于众多场景，例如逻辑推理、可解释性推荐、复杂任务分析，或者仅仅作为一个更好的信息存储方式。按照所覆盖的知识范围，知识图谱可以分为领域知识图谱 DKG（domain knowledge graph）和通用知识图谱 GKG（general knowledge graph），实际上两类图谱本质上是相同的,主要区别在于覆盖范围与使用方式上，两者区别如表 1-1 所示。

表 1-1　通用知识图谱和领域知识图谱的区别

类别 条目	通用知识图谱	领域知识图谱
产品形态	面向结构化的百科知识	面向特定领域的专业系统
应用场景	用于知识获取的场景，要求知识全面，如搜索引擎、知识问答等	面向特定领域，如金融、电信、教育等
数据来源	互联网、常识、知识课程等	行业内部数据、互联网数据、第三方数据等
具备特点	强调知识的广度，融合更多实体；使用者一般为普通用户	强调知识的准确度，属性往往具有行业意义；使用者一般为特定行业人员
图谱举例	谷歌知识图谱、微软概念知识图谱、搜狗知立方	中文医学知识图谱 CMeKG2

通用知识图谱，也称为开放领域知识图谱（open domain knowledge graph），可以看作一个面向通用领域的结构化的百科知识库，其中包含了大量的物理世界（现实世界）中的常识性知识,覆盖面广。通用知识图谱又可以分为百科知识图谱（encyclopedia knowledge graph）和常识知识图谱（common sense knowledge graph）。百科知识图谱集成了“非黑即白”的确定性百科知识；常识知识图谱则集成了语言知识和概念常识，通常关心的是带有某种确定性概率的事实，因此需要挖掘常识图谱的语言关联或发生概率。

领域知识图谱，也称为行业知识图谱（industry knowledge graph）或垂直知识图谱（vertical knowledge graph），通常面向某一特定领域，可看成是一个基于语义技术的行业知识库，是很多企业组织正在规划和进行的项目。本书后面也将以领域知识图谱的构建为例讲述。

1.2　知识图谱基本技术

知识图谱为我们展示了一个由各种“实体”构成的语义网络，它的主要目标就是用来描述真实世界中间存在的各种实体、概念以及它们之间的关联关系。而图（graph）是存储知识图谱中各种知识的数据模型，它可以使我们得到用扁平化的技术（如关系型数据模型）很难得到的效果。

既然知识图谱是一种语义网络，那它就有语义网络的一般特征。所以，为了更彻底地了解和掌握知识图谱，我们先从语义网络的相关知识开始介绍。

1.2.1 语义网络概述

语义网络（semantic network）是由认知科学家奎林（M. Ross Quillian）于 1968 年提出的一种用于组织和存储知识的框架，通过图模型（graph model）以人类易于理解的方式展示概念及实体之间的关系。所以，语义网络也称为关联网络（associative network）。

1.2.1.1 语义网络的结构

在语义网络中，使用图模型，通过带标签的节点和有向边（弧）表示知识。其中节点可以表示实体对象、概念、事件等等，边可以表示节点之间的各种关系，如图 1-3 所示。实际上，图形化的、易于理解的知识表达方式正是语义网络被广泛使用的一个原因所在。

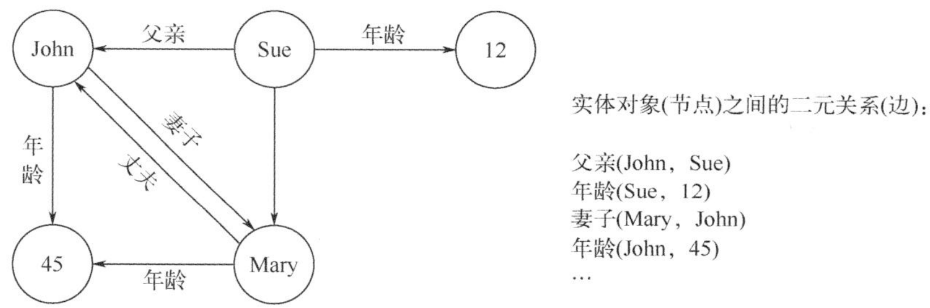

图 1-3　语义网络示例（节点为实体对象）

语义网络由下列四个相关部分组成。

（1）词汇（Lexical）

词汇是构成语义网络的基础元素，是领域中表示知识的符号集合，包含了领域中使用的所有术语和概念，也就是表示实体或概念的节点、表示节点之间关系的连接（边），以及表示特定关系的链接标签。每个词汇都有一个明确的定义和意义，是表达和传递信息的基本单位。

（2）结构（Structure）

结构定义了词汇之间的关系（排列的约束规则），通过这些关系将词汇连接起来以形成有机的网络。结构描述了节点（词汇）通过边（关系）进行连接的组织形式，指定了各边连接的节点对。

（3）语义（Semantic）

语义描述了词汇及其结构所表达的实际意义，也就是连接（边）和节点标签所表达的含义，是建立节点关系的依据。它涉及词汇之间的关系、词汇的属性以及它们之间的逻辑关系，是理解网络中词汇含义的关键。

（4）过程（Procedure）

过程涉及语义网络的使用和操作方式。例如如何查询、更新、推理和使用语义网络中的信息，如何将语义网络与其他技术和工具集成。过程涉及语义网络的动态方面，它影响着我们如何与语义网络进行交互以及如何利用语义网络解决实际问题。

以上四个部分相互关联，共同定义了语义网络的功能、结构和应用方式，把各节点之间的关系以明确、简洁的方式表示出来，提供了一种组织和处理知识的有效方法，体现了人类思维的联想过程，符合人们表达事物间关系的习惯，可比较容易把自然语言转换成语义网络。作为一种直观的知识表示方法，语义网络有如下特点：

① 实体或概念可以表示成层次结构，例如：动物->鸟->金丝雀；

② 实体或概念在任何给定的层次上都有许多相关的属性，例如：动物->有皮肤、吃东西；

③ 一个实体或概念节点可以是其他节点的父级节点，例如：节点“动物”是节点“鸟”的父级节点，与此相对的就是节点“鸟”是节点“动物”的子节点；

④ 一个实体或概念的子节点继承了父节点的所有属性；

⑤ 一个实体或概念的某些实例可以不具备这个实体或概念的某些属性，例如“鸵鸟”是一种“鸟”，但不具备“飞行”属性。

1.2.1.2 基本的语义关系

在语义网络中，有向边（弧）表示节点之间的各种语义关系。常用的基本语义关系包括：

① 实例关系（ISA）；

② 分类关系（AKO）；

③ 成员关系（A-Member-of）；

④ 属性关系（Have/Can/Age/…）；

⑤ 包含关系（Part-of）；

⑥ 时间关系（Before/After/…）；

⑦ 位置关系（Located-on/Located-under/…）。

下面我们对以上基本语义关系做一一介绍。

（1）实例关系（ISA）

实例关系表示一个事物（节点）是另一个事物（节点）的实例，表示具体与抽象的关系。这非常类似面向对象编程 OOP（Object Oriented Programming）语言中的对象和类的关系。如图 1-4 所示。

实例关系的主要特点是属性的继承性，具体事物（如雷锋、景山中学）可以继承抽象事物（如军人、中学）的所有属性。

（2）分类关系（AKO）

分类关系表示一个事物是另一个事物的一种类型，表示是一种隶属关系，体现了某种类的层次。这非常类似面向对象编程语言中的子类和父类的关系。如图 1-5 所示。

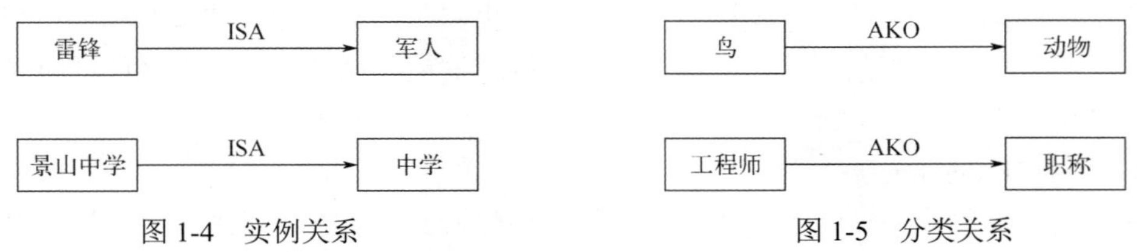

图 1-4 实例关系　　图 1-5 分类关系

分类关系的主要特点是下层事物（如鸟、工程师）不仅可以继承上层事物（如动物、职称）的属性，还可以细化、补充上层事物的属性。

（3）成员关系（A-Member-of）

成员关系表示一个事物（节点）是另一个事物（节点）的成员。这非常类似于编程语言中数组元素和数组的关系。如图 1-6 所示。

成员关系体现了个体与集体的关系。

（4）属性关系（Have/Can/Age/…）

属性关系是指事物与其行为、能力、状态、特征等属性之间的关系，因此属性关系可以有许多种。这非常类似面向对象编程语言中的类和其属性的关系。例如以下属性关系：

Have：表示一个事物（节点）具有另一个节点所描述的属性；

Can：表示一个事物（节点）能做另一个节点的事情；

Age：表示年龄关系。

属性关系如图 1-7 所示。

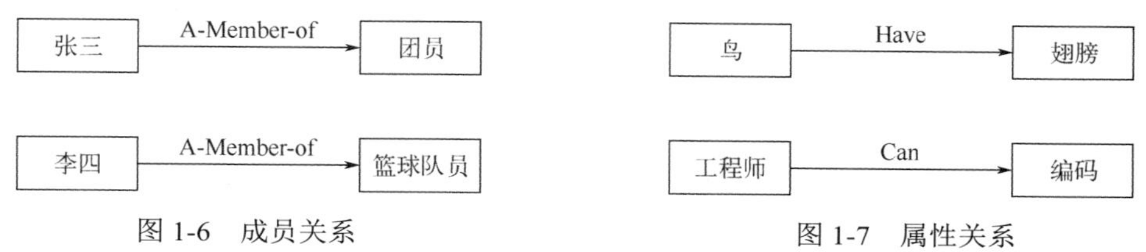

图 1-6 成员关系　　图 1-7 属性关系

（5）包含关系（Part-of）

包含关系是指具有结构特征的事物的部分与整体之间的关系，如图 1-8 所示。

包含关系与分类关系最主要区别在于包含关系一般不具备属性的继承性。

（6）时间关系（Before/After/…）

时间关系表示事物（事件）时间上的先后次序关系。常见的时间关系包括：

Before：表示一个事件在另一个事件之前发生；

After：表示一个事件在另一个事件之后发生。

时间关系如图 1-9 所示。

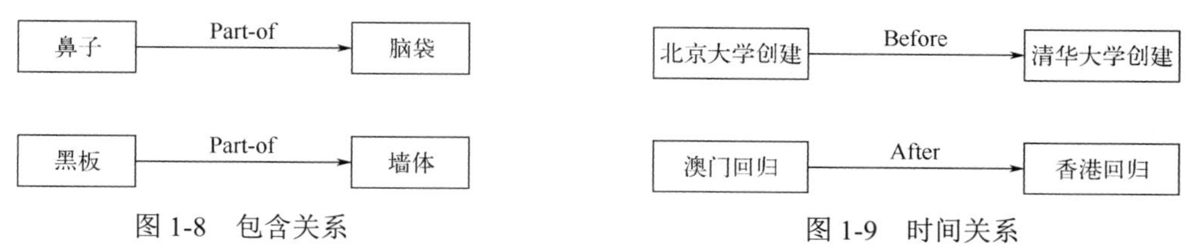

图 1-8 包含关系　　图 1-9 时间关系

（7）位置关系（Located-on/Located-under/…）

位置关系是指不同事物在位置方面的关系。常见的位置关系包括：

Located-on：表示某一物体在另一物体上面；

Located-at：表示某一物体所处的位置；

Located-under：表示某一物体在另一物体下方；

Located-inside：表示某一物体在另一物体内；

Located-outside：表示某一物体在另一物体外；

Located-beside：表示某一物体在另一物体旁边。

位置关系如图 1-10 所示。

我们知道，事物之间的关系是丰富多彩的，所以语义网络中的语义关系也是多种多样的。图 1-11 是一个较为完整的语义网络示例，表达了下述信息：张三年龄 33 岁，作为一名程序员，工作在一家位于望京 SOHO 的互联网公司。

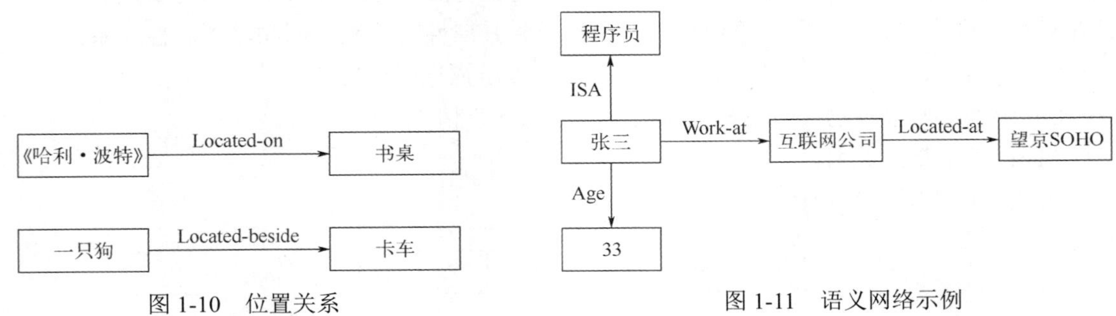

图 1-10　位置关系

图 1-11　语义网络示例

知识图谱本质上是一种语义网络的知识库，即具有图结构的一种知识库。下面我们将介绍图的有关知识。

1.2.2　图基本概念

这里的图不是指图像（picture 或 image），而是指一种抽象的数据结构，形式上更像化学分子式的结构。在现实世界中，有很多场景都可以用图结构来表示，例如民航飞机航线网络、物流路线图、全国铁路交通网、生物结构图、计算机网络等等。图是由节点（顶点）和边组成的集合，是一种网络，其中节点代表某些领域对象（如人、地点），边代表两个相连节点之间的关系，边也称为弧（arc）。如果两个节点之间是直接连接的，则称它们为邻居节点（相邻节点）。用数学的语言来表示图 G 的定义就是：G=(V,E,D) ，这里 V 表示顶点（vertex）的集合，E 表示边（edge）的集合，D 为边的权重（weight）集合。通常采用以下符号：

V(G)　　表示图 G 中节点的有限非空集；

|V|　　表示图 G 中的节点个数，称为图 G 的阶（rank）；

E(G)　　表示图 G 中节点之间的边（关系）集合；

|E|　　表示图 G 中节点之间的边的条数；

D(G)　　表示图 G 中权重数据的集合。如果每条边的权重都一样，可以忽略此项。

用图可以表示现实世界中的社交网络，如图 1-12 所示。

在图 1-12 中共有 5 个节点，6 条边，每个节点代表了不同的人，如张三、马丽等，边则表示两个人之间的某种关系，如老乡、同事等。其中张三和王晶是邻居节点，李四和王晶也是邻居节点，但是李四和李颖就不是邻居节点。

表 1-2 列举了图结构中常用的术语。

表 1-2 图结构中常用的术语

序号	术语	英文名称	说明
1	顶点	vertex	也称为节点。属于图中独立的数据元素
2	边	edge	也称为弧（arc）。两个节点之间的有向连接线，一般使用二元组（起点,终点）表示
3	无向边	undirected edge	双向连接的边
4	有向边	directed edge	单方向连接的边
5	加权边	weighted edge	带有数值的边
6	自回路	self-loop	也称为自环、自身环。是一条起点和终点为同一个节点的边
7	度	degree	无向图的顶点度量指标。与某个顶点相连接的边的数目，称为这个顶点的度
8	入度	indegree	有向图的顶点度量指标。其他顶点指向某个顶点的边的数目，此点为边的终点
9	出度	outdegree	有向图的顶点度量指标。某个顶点指向其他顶点的边的数目，此点为边的始点
10	邻接	adjacency	两个直接连接的节点称为邻接节点（邻居节点）
11	路径	path	由节点和邻居节点序列（序偶）构成的边所形成的序列
12	子图	subgraph	相对于包含所有顶点和边的全图而言。子图是由全图的部分顶点和边组成
13	环	cycle	是一个起始点和结束点为同一个节点的特殊路径（形成了闭环）
14	森林	forest	不包含环的图
15	树	tree	不包含环的连通图

1.2.2.1 有向图和无向图

在图 1-12 中两个邻居节点之间的关系（边）是没有方向的，因此此图称为无向图（undirected graph）。注意：边没有方向不是表示这两个节点没有关系，而是指这两个节点之间的关系是双向的，是对称的，例如张三和李四之间的关系可以是“同事”关系，他们互为“同事”，关系是对称的、相互的。在有些情况下，邻居节点的边（关系）不是双向的，如微博博主与其粉丝之间的关系。设李四是博主张三的粉丝，但是张三并不是李四的粉丝，则这两个节点之间的边（关系）就是单向的，此时则构成有向图（directed graph），如图 1-13 所示。

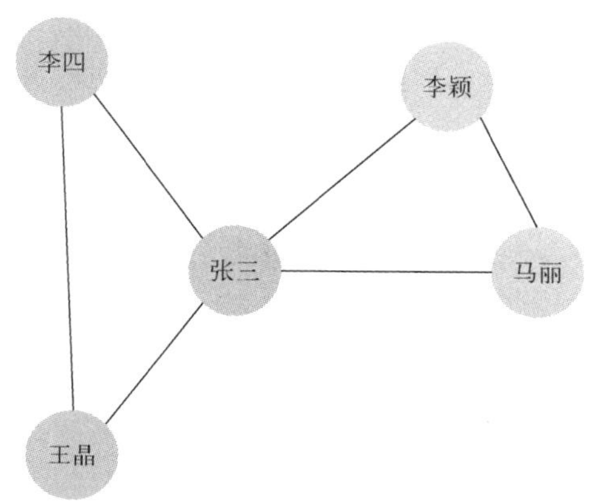

图 1-12 图示例之一

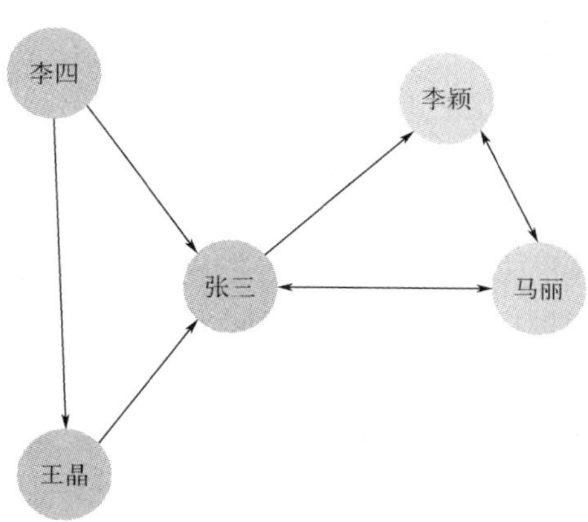

图 1-13 图示例之二

在一个有向图中，有些边（关系）可以是单向的，有些边（关系）也可以是双向的。

1.2.2.2 加权图和无加权图

在一个图中，边不仅可以具有方向，也可以具有权重（权重用来表示两个邻居节点之间关系的强弱程度），其中有权重的图称为加权图（weighted graph），否则称为无加权图（unweighted graph）。例如：在一个微博社交网络图中，粉丝王晶跟博主张三互动非常频繁，则可以用一个更大的权重数值来表示，见图 1-14。

注意：无加权图并不是说明邻居节点之间没有关系，而是指这个图中所有的边（关系）的权重都是一样的，没有必要通过权重数值来区别关系的强弱。

1.2.2.3 连通图和非连通图

在一个无向图中，如果任意两个节点之间都会有一条路径连通，则称这个图为连通图（connected graph）；与连通图相反，非连通图（disconnected graph）是指至少存在一个节点无法到达的图。

1.2.2.4 完全图和非完全图

完全图（complete graph）是图中任意两个节点都是邻居节点的图，否则称为非完全图（non-complete graph）。完全图如图 1-15 所示。

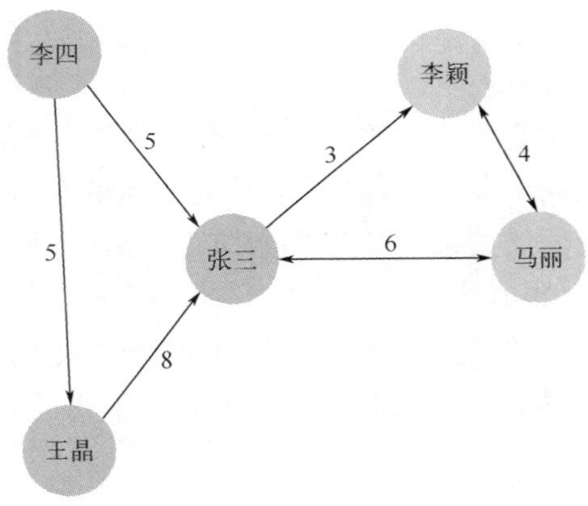

图 1-14 图示例之三

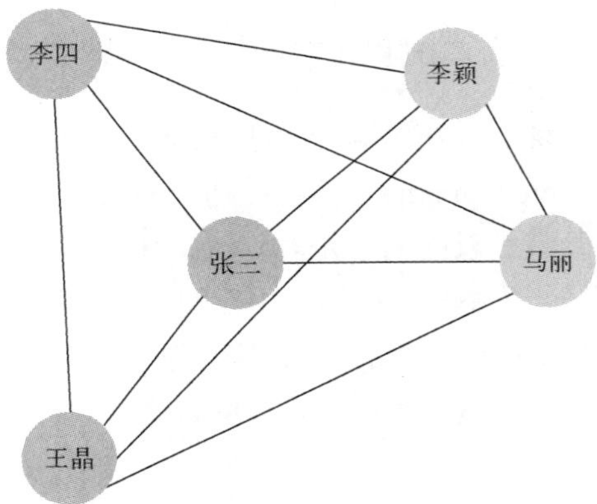

图 1-15 完全图示例

1.2.2.5 简单图和多重图

简单图是指不存在重复边，也不包含自回路（self-loop）的有向图或无向图；而多重图是指图中某两个节点之间的边数多于一条，或者包含自回路的有向图或无向图，如图 1-16 所示。

设一个简单图包含 m 条边、n 个节点，其存在如下关系：

如果是一个有向图，则 $m=n(n-1)$；

如果是一个无向图，则 $m=\frac{n(n-1)}{2}$；

如果是一个连通图，则 $m=n-1$；

如果是一棵树，则 $m=n-1$；

如果是一个森林，则 $m=n-1$；

如果是一个完全图，则 $m=\frac{n(n-1)}{2}$。

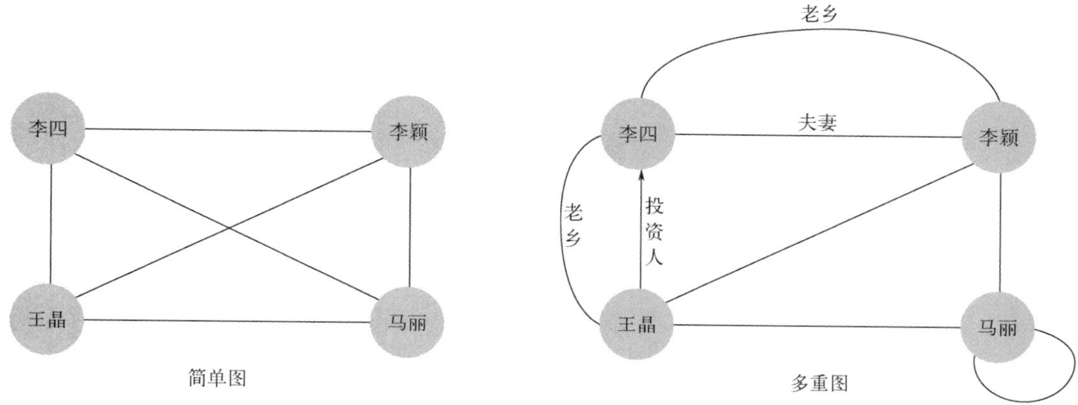

图 1-16 简单图和多重图示例

1.2.2.6 有向无环图

在一个有向图中，如果不存在从某个节点出发经过若干条边后回到该节点的路径，则称这个图称为有向无环图（DAG，Directed Acyclic Graph），也就是说有向无环图是不包含环（cycle）的有向图，如图 1-17 所示。

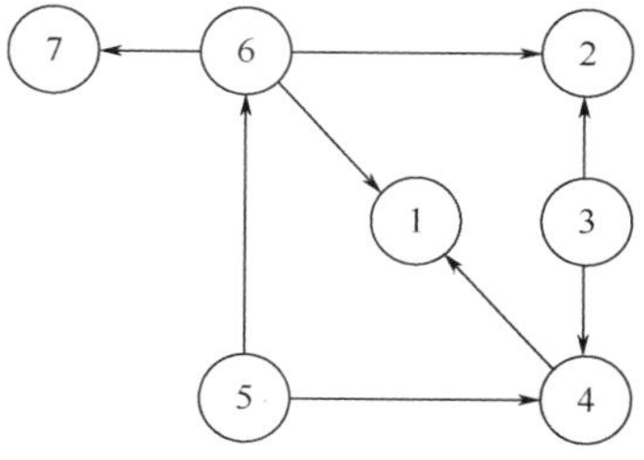

图 1-17 有向无环图示例

1.2.3 图表示和计算

图作为一种网络组织形式，采用什么样的数据结构来描述它，使之能够在计算机系统中被处理和应用，是我们最为关心的事情。

1.2.3.1 图表示方法

有多种方法可以表示图的结构，例如邻接矩阵表示法、邻接链表（邻接表）表示法、逆邻接链表（逆邻接表）表示法、关联矩阵表示法、弧表表示法和星形表示法等等。本书简要介绍比较容易理解的前两种方法：邻接矩阵表示法和邻接链表表示法。

（1）邻接矩阵表示法（Adjacency Matrix）

邻接矩阵是一种方阵，它的每个元素代表各节点之间是否有边相连。如果两个节点有边连接，则对应元素为 1，否则为 0。如果研究的是加权图，则对应元素也可以用大于 0 的值表示边的权重。图 1-18 展示了一个图和它对应的邻接矩阵。注意：节点到自身的边默认为不存在。

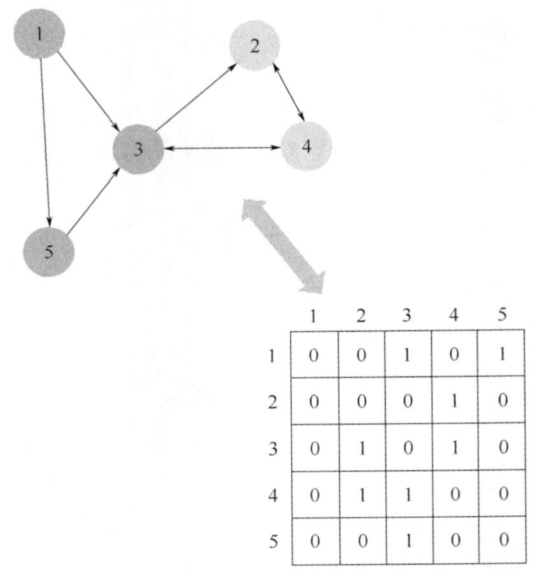

	1	2	3	4	5
1	0	0	1	0	1
2	0	0	0	1	0
3	0	1	0	1	0
4	0	1	1	0	0
5	0	0	1	0	0

图 1-18　图的邻接矩阵示例

在上面的示例图中有些边是单向的，有些边是双向的（混合图，mixed graph），这在邻接矩阵中对应着不同的值。我们写成矩阵表示为：

$$\boldsymbol{A}=\begin{pmatrix}0&0&1&0&1\\0&0&0&1&0\\0&1&0&1&0\\0&1&1&0&0\\0&0&1&0&0\end{pmatrix}$$

邻接矩阵表示方法有如下特点：

① 对无向图而言，邻接矩阵是对称的，而且主对角线元素为零，但副对角线元素不一定为零；对有向图而言，邻接矩阵不一定是对称的，但主对角线元素为零，而副对角线元素不一定为零。

② 用邻接矩阵表示法，最大需要 n^2 个存储点（n 为顶点个数）。由于无向图的邻接矩阵一定具有对称关系，所以扣除对角线元素外，仅需要存储上三角形或下三角形的数据即可，因此仅需要 $n(n-1)/2$ 个存储点。

③ 在无向图中，顶点 v_i 的度为第 i 列（行）所有非零元素的个数；在有向图中，顶点 v_i 的出度为第 i 行所有非零元素的个数，而入度为第 i 列所有非零元素的个数。

④ 适用于稠密图（边较多的图）。

（2）邻接链表表示法（Adjacency List）

邻接链表表示法是采用一个单向链表的数组，数组中每个单向链表元素包含了一个节点的邻接节点（出度），如图 1-19 所示。

与邻接矩阵相比，由于邻接链表仅存储存在的边的信息，所以更节约空间。邻接链表表示法有如下特点：

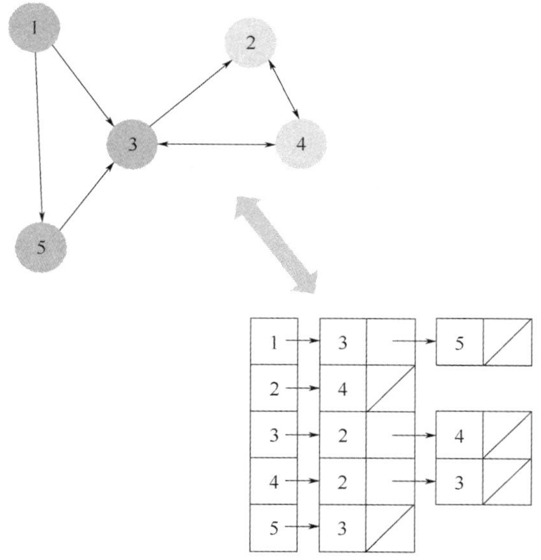

图 1-19 图的邻接链表表示法示例

① 对于无向图，邻接链表节点数是边数的两倍；

② 在无向图中，顶点 v_i 的度等于第 i 个链表中的节点数；在有向图中，第 i 个链表中的节点数等于节点 v_i 的出度；

③ 在邻接链表上可以很容易地找到任一顶点的第一个邻接点和下一个邻接点；

④ 适用于边稀疏的图。

从图 1-19 可以看出，邻接链表反映了顶点出度的情况；与之对应的是逆邻接链表，它反映的是顶点入度的情况。通过邻接链表可以很容易查询每个节点的出度情况，但是如果需要查找某个节点的入度情况，就需要遍历整个邻接链表，效率低下；而逆邻接链表正好相反，它可以很容易查询出某个节点的入度情况。

注意：图是一种比树（tree）更为复杂的数据结构。树的节点之间是一对多的关系，并且存在父节点与子节点的层级划分；而图的顶点之间是多对多的关系，并且所有顶点之间都是平等的，没有父节点和子节点的层级划分。

1.2.3.2 图计算方法

图计算（graph processing）是对图结构进行分析的过程，也就是以图作为数据模型来表达问题和解决问题的过程。图计算不仅深入应用在知识图谱中，在社交网络、推荐系统、网络安全、文本检索和生物医疗等领域也有广泛的应用。

与传统扁平式的关系型数据结构相比，图数据结构是一种立体式模型，不过两者可以进行适当的转换，如图 1-20 所示，这里展示了在存储“客户-账户”信息时两种不同结构的区别和关系。

可以看出，图数据结构在表达问题时具有直观明了的特点。

通过使用图结构表达数据，不仅能够解决更多、更复杂的问题，在解决一般问题时也会变得更简洁、方便。图 1-21 展示了使用传统数据库查询语言 SQL 和图查询语言 PGQL 在解决同一个问题时的应用对比。待解决的问题是：查询两个客户的所有共享账户中超过 1500 元的客户名单。可以看出，图查询语言在解决问题时体现出了简明扼要的特点。

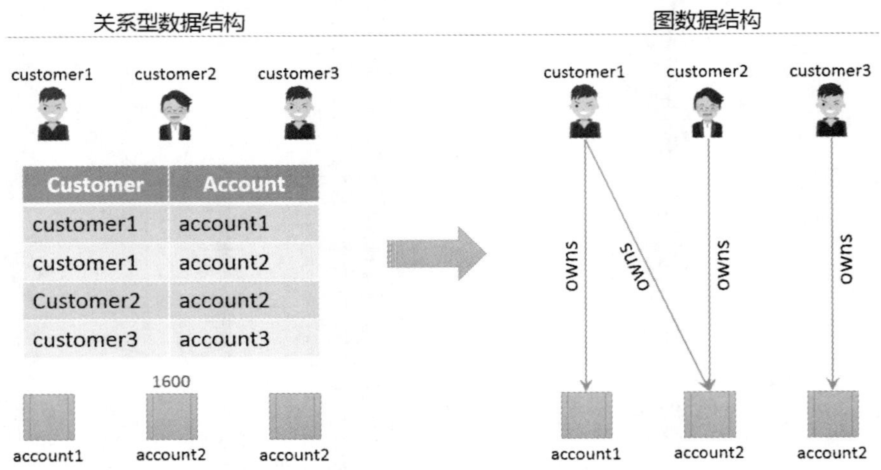

图 1-20　传统关系型数据结构转换为图数据结构

关系型数据查询语言SQL

```
SELECT c1.name, c2.name
FROM
  customers c1, customers c2,
  accounts a, owns owns1, owns owns2
WHERE
  c1.id = owns1.customer_id AND
  c2.id = owns2.customer_id AND
  owns1.account_id = owns2.account_id AND
  a.account_id = owns1.account_id AND
  a.balance > 1500
```

图查询语言PGQL

```
SELECT c1.name, c2.name
FROM
  accounts_graph
MATCH
  (c1:customer)-[:owns]->(a:account),
  (c2:customer)-[:owns]->(a:account)
WHERE
  a.balance > 1500
```

图 1-21　采用 SQL 与 PGQL 的对比

PGQL 是 Oracle 公司为其 PGX（Parallel Graph analytiX）引擎开发的图查询语言。其他图查询语言还有 Cypher、Gremlin、G-CORE 等。

当然，图计算能够解决的问题远不止这类简单的问题。图计算能够通过各种图计算方法从关联数据中挖掘各种图信息，为过于复杂而难以解决的难题提供解决方案。常用的图计算法包括图遍历方法、节点重要性算法、社区检测算法、最短路径算法、最小生成树算法和网络流算法等等。这里对这些算法进行概述，不做详细论述。

1.2.3.2.1　图遍历算法

图遍历（graph traversal）是最基本的图计算方法，是指以某一顶点为起始点，按照一定搜索规则沿着图中的边遍历图结构中所有的连通节点，使每个节点仅被访问一次。图遍历可以确定最佳路径，如识别最快的工具线路等，遍历过程中得到的顶点序列称为图遍历序列。

根据搜索规则不同，图遍历主要包括广度优先遍历（BFT）、深度优先遍历（DFT）和 A*搜索算法。

（1）广度优先遍历（BFT）

广度优先遍历也称为广度优先搜索（BFS，Breadth First Search）。其搜索原理为：首先访问起始节点，接着由起始节点出发，依次访问其各个未访问过的邻接节点，然后再依次访问这些邻接节点的所有未访问过的邻接节点，以此类推，直到图中所有节点都被访问过。

广度优先遍历是一种分层的查找过程，为了实现逐层访问，算法必须借助一个辅助队列，以记录正在访问的节点的下一层节点。该算法可以实现最短路径的查找。

（2）深度优先遍历（DFT）

深度优先遍历也称为深度优先搜索（DFS，Depth First Search），其搜索原理与广度优先遍历类似，不过该算法以深度为先，之后再往广度扩延。

（3）A*搜索算法

A*搜索算法是一种启发式搜索算法，其搜索原理的核心涉及一个估值函数：$f(n)=g(n)+h(n)$。其中$f(n)$是每个可能试探点的估值，$g(n)$表示从起始搜索点到当前点的代价（通常用某节点在搜索树中的深度来表示），$h(n)$表示当前节点到目标节点的估值。

1.2.3.2.2 节点重要性算法

节点重要性是在网络分析中用以衡量网络中一个节点在整个网络中接近中心的程度的指标，因此节点重要性算法也称为中心性算法，主要用于识别网络中特定节点的角色及其对网络的影响，广泛应用于社交网络分析、城市基础设施分析等领域。例如，在社交网络分析中确定最有影响力的人，在互联网或城市网络分析中确定关键基础设施节点，在疾病传播分析中确定超级传播者。

由于节点重要性的定义有很多种，所以重要性指标的计算也有所不同。例如在社交网络分析中，衡量一个用户的重要性可以使用其粉丝数、用户的点击数等指标。目前主要的度量指标包括度中心性、接近中心性、中介中心性和特征向量中心性等四种。

（1）度中心性

度中心性（degree centrality）在网络分析中用于测量一个节点与所有其他节点相联系的程度，度中心性越大就意味着这个节点越重要。对于一个拥有N个节点的无向图，某个节点的度中心性就是此节点与其他$N-1$个节点的直接联系总数。

（2）接近中心性

接近中心性（closeness centrality）衡量网络中某一节点与其他节点之间的接近程度。不同于度中心性考虑直接相连的情况，接近中心性需要考虑此节点到其他节点的最短路径的平均长度。接近中心性在数值上等于一个节点到所有其他可达节点的最短距离的倒数进行累积归一化后的值，其值越高，说明该顶点与其他顶点的距离越短，同时也说明此节点在图中的位置越靠近中心。接近中心性适用于社交网络中关键节点发掘等场景。

（3）中介中心性

中介中心性（between centrality）衡量图中任意两个节点之间所有最短路径当中，经过某节点的最短路径所占的比例，比例越高，此节点越重要（作为中介），也即中介中心性测量某个节点在多大程度上能够成为“中介”，具有多大程度的控制力或影响力。如果一个节点处于多个节点之间，则可以认为该节点起到重要的“中介”作用。

（4）特征向量中心性

特征向量中心性（eigenvector centrality）的原理是：一个节点的重要性既取决于其邻居节点的数量（即该节点的度），也取决于其邻居节点的重要性，与之相连的邻居节点越重要，则该节点就越重要。

特征向量中心性和度中心性不同，度中心性高的节点，其特征向量中心性不一定高，特征向量中心性高也并不意味着度中心性高。

1.2.3.2.3 社区检测算法

社区检测（community detection）算法又称为社区发现算法，用于挖掘网络中蕴含的组织结构信息，评估图中节点组如何聚类或分区，以及它们增强或分离的趋势，是一种揭示网络聚集行为的技术。这里，社区实际上是一个包含特定顶点和边的子图。每个社区内的节点是密集连接的，多个社区中的节点是可以重叠的，也就是说，社区内联系紧密，社区间联系松散。社区检测可用于社交网络中寻找潜在朋友、为用户推荐产品、识别诈骗团伙等。社区检测在功能应用上非常类似于机器学习中的聚类。常用的社区检测算法主要包括 Infomap 算法、LPA 算法和 Louvain 算法等。

（1）Infomap 算法

Infomap 算法又称 map equation 算法，它基于信息理论的层次编码原理，通过建立分组，为图上的随机游走提供最短的描述长度，描述长度是通过编码随机游走路径所需的每个顶点的预期比特数来测量的。这是一种多级网络聚类算法，可发现非重叠社区。

（2）LPA 算法

LPA（label propagation algorithm）算法的基本思想是为网络中所有的节点赋予不同的标签，并设计一个传播规则，这个传播规则定义了网络的社区结构，即网络中每个节点选择加入的社区是它的最多数量的邻居节点所属的社区，标签根据这个规则在网络上迭代传播，直到所有节点的标签传播达到稳定状态；最后将具有相同标签的节点划分到一个社区中。在每次迭代传播时，每个节点的标签都更新为最多数量的邻居节点拥有的标签。

（3）Louvain 算法

Louvain 算法是一种基于模块度（modularity）的社区发现算法，其基本思想是网络中的节点尝试遍历所有邻居社区，选择模块度增量最大的社区，然后将其看成一个新的节点，依此重复直到模块度不再增大。

注：模块度是评估一个社区网络划分好坏的度量方法，它的物理含义是社区内的节点连接边数与随机情况下的边数之差，它的取值范围是[−1/2,1)。

1.2.3.2.4 最短路径算法

最短路径算法是图论研究中的一个经典算法。在一个图中，从某起始点出发，沿图的边（有权重）到达某终点所经过的路径中，各边权重之和最小的一条路径叫做最短路径。解决最短路径问题的算法主要包括 Dijkstra 算法、Bellman-Ford 算法和 Floyd-Warshall 算法。

（1）Dijkstra 算法

Dijkstra 算法是由荷兰计算机科学家狄克斯特拉（Edsger Wybe Dijkstra）于 1959 年提出的，中文称为狄克斯特拉算法或迪杰斯特拉算法、迪科斯彻算法。Dijkstra 算法解决的是单源最短路径问题，即在图中求出给定顶点到其他任一顶点的最短路径。其主要原理是从起始点开始，采用贪心算法策略，每次遍历起始距离最小且未访问过的顶点的邻接节点，直至扩展到终点为止。Dijkstra 算法无法搜索含负权边的最短路径。

（2）Bellman-Ford 算法

Bellman-Ford 算法，即贝尔曼-福特算法，是由理查德·贝尔曼（Richard Bellman）和莱斯特·福特（Lester Ford）创立的，也是一种求解单源最短路径问题的算法。与 Dijkstra 算法不同的是，它可以求解包含负权图的单源最短路径问题。其原理为连续进行松弛操作（更新两点间的最短路径），在每次松弛时把每条边都更新一下，直到再也不能更新为止。Bellman-Ford 算法一般常用 SPFA（shortest path fastest algorithm）算法进行优化。

（3）Floyd-Warshall 算法

Floyd-Warshall 算法是解决任意两点间的最短路径的一种算法，适用于有向图、带负权边的图等。其基本思想是：如果从一个点直接到另一个点的路径不是最短的，则最短路径肯定要经过第三个点，因此就把所有的点都当一次中间点插入到当前两点间最短路径中，判断是不是任意两点之间经过中间点路程会减小。Floyd-Warshall 算法的输出结果将是一个矩阵，代表任意一个顶点到其他顶点之间的最短路径。

1.2.3.2.5 最小生成树算法

最小生成树算法是在一个加权图中寻找一个子图，该子图连接了所有的顶点，但是子图边的总长度（或权重之和）达到最小，这个子图就是最小生成树。最小生成树算法在现实生活中具有重要的应用场景，例如需要在几个城镇之间修路，使得任意两个城镇都有路相连，找出一个最短的路径，以便使修建成本最低。

最小生成树具有以下三个性质：

① 最小生成树不能有回路；

② 最小生成树可能是一个，也可能是多个；

③ 最小生成树边的个数等于顶点的个数减 1。

常用的最小生成树算法包括 Kruskal 算法和 Prim 算法。

（1）Kruskal 算法

Kruskal 算法的原理是：首先将图中所有的 n 个边按照权重大小做升序排序，然后从权重最小的边开始选择，只要此边不和已选择的边一起构成环路，就可以选择它组成最小生成树。当加入的边数为 $n-1$ 时，就找到了这个连通图的最小生成树。Kruskal 算法适合于稀疏图。

（2）Prim 算法

Prim 算法的原理是：选择一个顶点作为最小生成树的根节点，然后找到以这个点为邻边的最小权重边上的点，并将其加入最小生成树中，再重复查找这棵最小生成树的权重最小的边的点，加入其中。(如果产生回路，就跳过这条边)。当所有节点都加入最小生成树中时，就找到了这个连通图的最小生成树。Prim 算法适合边稠密图。

1.2.3.2.6 网络流算法

网络流（network flow）指网络上传输的数据流，网络流量的大小对网络架构（网络是一种图）的设计具有重大影响，这类似交通道路设计需要考虑来往车辆的多少和流向。网络流算法可应用于通信、交通运输、金融、电力等众多领域，例如交通网络中的人流、车流、货流分析，金融系统中的现金流分析，通信系统中的信息流分析等。与网络流算法相关的重要术语主要有以下几个：

① 流量（flow）：在一个流量网络（图）中每条边都会有一个流量指标，类似于水管中的水流量。

② 容量（capacity）：指流量网络中每条边可承受的最大流量，类似于水管的规格。

③ 残量（residual）：残量=容量-流量。

④ 源点（sources）：即起点，它会源源不断地产生流量。

⑤ 汇点（sinks）：即终点。它会无限地接收流量。

⑥ 残量网络（residual graph）：拥有源点和汇点且每条边都有残量的网络。

网络流算法主要解决最大流问题，即在满足容量限制的条件下，计算从源点 S 到汇点 T 的所有路径中的最大流量之和。常用的网络流算法包括 FF 算法（Ford-Fulkerson 算法）、EK 算法（Edmond-Karp 算法和 Dinic 算法等。

（1）FF 算法

FF 算法是一种贪婪算法，首先将图中所有边的流量初始化为零值，然后开始进入循环：如果在残量网络中可以找到一条从源点到汇点的增广路径（可用路径），那么需要找到这条路径上残量值最小的边，然后根据该值来更新残量网络。当残量网络中不存在增广路径时，该图已经达到最大网络流。

（2）EK 算法

EK 算法实际上是基于广度优先遍历算法的 FF 实现。EK 算法的核心是反复寻找源点 S 到汇点 T 之间的增广路径，如果发现增广路径，则找出增广路径上每一段残量的最小值，如果不存在增广路径了，则结束。在寻找增广路径时，采用 BFT 算法并且更新残量网络的值。

（3）Dinic 算法

Dinic 算法是对 FF 算法的优化，它首先使用广度优先遍历算法对网络进行分层（根据从源点 S 到各个点的最短距离），然后再使用深度优先遍历算法寻找增广路径。

1.2.4 实体、关系和属性

从前面的讲述我们知道，知识图谱是一个语义网络知识库，为了方便计算机的理解和处理，它采取结构化、符号化的三元组（triple）形式来描述具体的知识，并以图结构的形式对其进行存储和展示，具有语义丰富、结构友好、易于理解的优点。建议读者结合前面介绍的语义网络的知识学习后续的内容。

一个知识图谱是一个有向图，图中的每个节点代表一个实体，实体可以是一个命名实体（named object），例如“陈景润”，也可以代表一个概念（concept），例如“重力”，甚至在某些特定情况下也可以是一个字符串值（literal values），例如“日期：1969.03.24”。知识图谱中的一条边代表了两个节点之间的一种关系，例如“朋友”。节点和边构成了知识图谱中最基本的知识单元，称之为事实（fact）。通常有两种表达事实的方式：

① HRT：<head, relation, tail>；

② SPO：<subject, predicate, object>。

这两种方式均为三元组（triplet）的形式，是等价的，只是名称上不同而已。

（1）HRT 三元组

头和尾（Head and Tail）：H 和 T 两者都是实体，分别称为头实体、尾实体，以节点表示；

关系（Relation）：R 代表头实体和尾实体之间的连接关系，以边表示。在前面介绍语义网络时，我们列举过多种语义关系。

（2）SPO 三元组

主语和宾语（subject，object）：与 HRT 三元组一样，两者都表示实体；

谓语（predicate）：与 HRT 三元组一样，代表主语和宾语之间的连接关系。

例如：三元组<天安门,位于,北京>，就表示“天安门位于北京”这个事实。其中，“天安门”、“北京”分别是两个实体，“位于”是两个实体间的关系。一个实体可以有多个关系，用以表示不同的知识。随着知识的不断丰富，最终会形成一个由成千上万条不同的事实三元组组成的、包含了海量知识的庞大网络。

在知识图谱中，另外一个非常重要的概念是属性（attribute/property）。知识图谱中的实体和关系都可以有各自的一个或多个属性。属性也是以三元组的形式表示，具体为：

<实体/关系，属性名称，属性值>

属性是实体和关系的重要组成部分，包含了大量有针对性的语义信息，可以用于定性或定量地描述实体和关系，还可以作为它们的标签使用。在知识的表示学习和消歧过程中也会起到重要的作用。读者需要注意的是，有些书籍中，认为属性也是一种关系，本书作者认为，虽然两者在某些环境下很难严格区别，但是两者还是有区别的：属性是一个实体或关系内在固有的特性，它只描述一个类或关系，所以称为特性更为合适；而关系是不同实体间的外在关联，它将两个类关联在一起，两者是不同的。所以，虽然目前很多资料中，甚至一些本体描述语言（例如后面将介绍的 OWL），将两者不加区别，但是作者认为还是对两者进行区别对待为好。如图 1-22 所示。

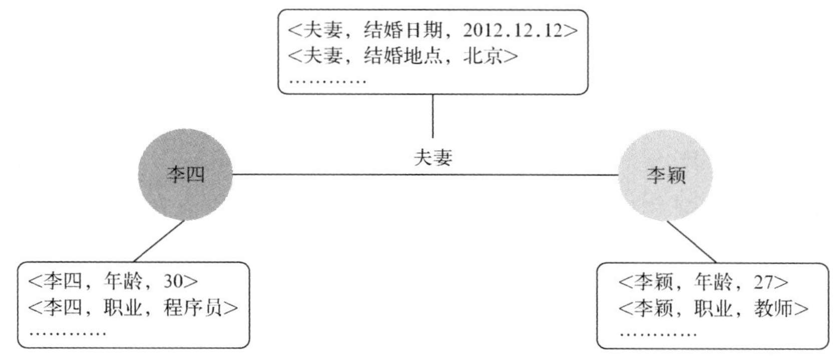

图 1-22　实体、关系、属性示例图

在上图中，“夫妻”是两个实体“李四”和“李颖”之间的关系，而实体“李四”“李颖”，以及关系“夫妻”都有自己的一个或多个属性。例如，关系“夫妻”的属性可以包括“结婚日期”“结婚地点”等等。

知识图谱是“关系”最有效的表示方式，它把某一领域内不同种类的事实信息连接在一起而得到一个语义关系网络。正是这些“关系”使得知识图谱变得独一无二。

1.2.5 本体（知识体系）

虽然目前业界对本体没有一个统一明确的定义，但是最被广泛接受的本体定义是由斯坦福教授托马斯·格鲁伯(Thomas Gruber)于 1993 年提出的。格鲁伯教授在文献《Toward Principles for the Design of Ontologies Used for Knowledge Sharing》中提出：本体是一种清晰、明确的概念化规范（An ontology is an explicit specification of a conceptualization.）。所以，本体实际上是一种“概念模型”。

对于一个行业（领域）的知识图谱来说，它由两个层次的内容组成：模式层和数据层。其中数据层记录了这个行业中的知识数据(事实)，模式层则包含了对知识数据的描述和定义。这些对知识数据进行描述和定义的元数据（元信息）组成了知识图谱的知识体系，即本体。本体给出了一个领域内的概念描述及其概念与概念之间的关系描述，它可以作为机器之间或者人与机器之间进行交流的基础，是知识共享和重用的桥梁。

1.2.5.1 本体的定义

从前面的讲述我们知道，知识图谱是一种结构化信息的数据库，包含了实体（如个人、地点、组织等）以及实体间的关系等信息。“结构化”不仅意味着规则、秩序和层次，也意味着结构中的元素实体属于某种类（class)，关系也属于某种类。而正是这些类及关系的层次结构组成了知识图谱的“模样”，这种“模样”刻画了知识图谱的知识体系。一般把实体的类及其层次定义、关系的类及其层次定义，以及实体之间的关系统称为知识图谱的本体(ontology)，也称为知识图谱的模式（Schema），这是一种以结构化的、有组织的方式表示领域知识的方式，它决定了知识图谱的数据结构。

类是对具有相同特点或属性的实体集合的抽象，是实体存在形式的定义，表述为一组概念定义和概念之间的层级关系;类可以构建出一个树状结构的框架,形成了知识图谱的模式。知识图谱知识体系的构建就是类的定义、模式的构建过程，它们定义了知识图谱的本体（架构)。所以，知识图谱构建过程的第一步是对知识体系（本体或模式）的定义和描述，然后才是实体和关系的抽取、融合。本节之所以和上一节“实体和关系”顺序颠倒，主要是先让读者对知识图谱的具体内容（实体和关系）有个认识，这样从具体到抽象，读者就能够更快、更好地理解和掌握知识图谱。

需要读者特别注意的是，类本身也是一种实体，并且类之间也具有需要通过边来表示的关系（如继承等)，它们既是对一般的实体、关系的定义，也是更上一层的抽象。图 1-23 是一个知识图谱本体（模式）的简单示例，图中边表示的关系就是语义网络中的实例关系 ISA。其中“事物”表示所有实体（概念）的通用类，类似于面向对象程序设计语言中的最基础的基类，例如 Java 语言中的 Object 类，是所有类的父类。

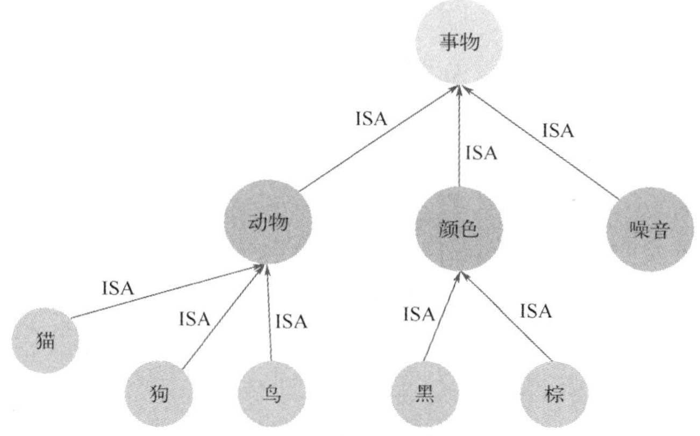

图 1-23　知识图谱本体（模式）示例

1.2.5.2　本体的组成

在知识图谱的开发过程中，主要就是对类、实例、关系、属性进行建模。但是对于一个完整的知识图谱来说，包括了类、实例、关系、属性、函数、约束、规则、公理等多种知识元素（建模元语），这些都是不必再细分的、独立的知识单元。

（1）类（classes）

类，即实体类型，也称为类别或概念，是为了通用推理而对具体对象进行抽象的对象集合，如人（对学生、工人、教师等的一个个人员的抽象）、职业（对教师、工人、记者、演员、厨师等工作的抽象）等。可以想象，类一般是有子类的，不同的子类层次代表不同的抽象程度，而子类将继承于父类。

（2）实例（individuals）

实例是类的实例化对象，也称为个体。如果把“类”看作是“建筑蓝图”，则“实例”就是一幢幢可以居住或办公的楼房，这实际上就是面向对象编程 OOP（Object-Oriented Programming）中类和对象的关系。

类实现了对实例的信息封装，描述了对象的“结构”，而实例是类的可用对象。每个实例都是其类的不同副本。我们可以把类和实例共同组成一棵树，实例就是这棵树的叶子节点，叶子节点以上全部都归属于类的范畴。如图 1-24 所示。

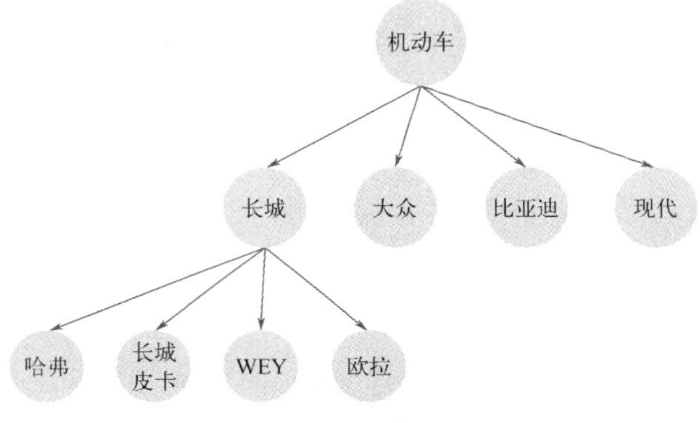

图 1-24　类和实例示意图

（3）关系（relations）

实体的存在不是孤立的，是相互关联的。关系是指不同实体（类或实例）之间的某种语义联系。例如：实体“张三”和实体“李四”之间是“同事”的关系，“迎春花”和“花卉”之间是“是一种”的关系。实体之间的关系是多种多样的。

（4）属性（attributes）

属性是实体（类或实例）固有的特征，例如学生是一个类，那么学生具有姓名、年龄、性别等属性。所以，对象（和类）所可能具有的特征（特性、特点）和参数等都是属性。

（5）函数（function）

函数是一类特殊的关系，可用来代替具体术语的特定关系所构成的复杂结构。在这种关系中前（n−1）个元素可以唯一决定第 n 个元素，如 father-of 关系就是一个函数，father-of（x，y）表示 y 是 x 的父亲，x 可以唯一确定它的父亲 y。函数代表了实体之间的映射关系。

（6）约束（restrictions）

使一个陈述或断言（assertion，明确的陈述）成立的形式化描述（条件）。

（7）规则（rules）

形式为 if-then 的语句，即产生式规则，用以描述可以从特定形式的断言中得出的逻辑推理。其中 if 部分称为规则的前项（antecedent），then 部分为规则的后项（consequent）。所以，形式通常为：

if（前项） then（后项）

示例：if(A->B && B->C) then A->C。

（8）公理（axioms）

公理表示领域中永真的陈述，它是一个知识片段，代表本体内存在的事实，例如一个规则就是一个公理。公理可以对本体中的类或者关系进行约束，如“实体 1 属于实体 2 的范围”等等。通常是指所有采取一定逻辑形式的断言（包括规则在内）所共同构成的理论，包括依据公理型声明所推导得出的理论。一般来说，公理代表了推理规则。公理也称为陈述（statement）或者命题（proposition）。

（9）事件（events）

实体的属性或关系的变化称为事件，事件可以弥补以实体和实体关系为核心的知识图谱知识表达能力不足的问题。实际上，通常称以事件为核心的知识图谱为事件知识图谱。注意：一个知识图谱可以同时包含实体和事件，事件可视为一种特殊的实体。

（10）动作（actions）

事件的类型称为动作。

1.2.5.3 本体描述语言

本体描述语言，简称本体语言（ontology language），是用于构建本体的形式语言。形式语言（Formal language）是一种人为设计的、使用精确的数学或机器可处理的公式定义的语言，包含语法和语义两个方面。例如数学家所使用的数字和运算符号、化学家所使用的分子式，C++等编程语言也是一种形式语言。目前描述本体的语言多种多样，已经超过 20 种，可以分为传统本体语言和面向 Web 的标记本体语言两个类别。

（1）传统本体语言

传统本体语言包括：

① 通用逻辑语言 CL（Common Logic）；

② Cyc 语言（Cyc Language）。Cyc 是一个包含物理世界如何运行的概念和规则的人工智能项目；

③ DOGMA 语言。DOGMA 表示 Developing Ontology-Grounded Methods and Applications；

④ 框架逻辑语言 F-Logic（Frame Logic）；

⑤ 扩展的一阶逻辑语言 FO-dot；

⑥ 知识交换格式语言 KIF（Knowledge Interchange Format）；

⑦ 基于 KIF 的 Ontolingua 语言；

⑧ KL-ONE 语言；

⑨ KM 编程语言；

⑩ LOOM 语言；

⑪ 操作性概念建模语言 COML（Operational Conceptual Modelling Language）；

⑫ 开发知识库连接语言 OKBC（Open Knowledge Base Connectivity）；

⑬ 部件库语言 PLIB（Parts LIBrary）；

⑭ RACER 语言。

（2）标记本体语言

标记语言是指采用某种标记（Markup）方案进行编码的语言，目前最为常用的标记语言仍然是 XML（eXtensible Markup Language）。标记本体语言主要有以下几种：

① DAML+OIL 语言。DAML 代表 DARPA Agent Markup Language，OIL 代表 Ontology Inference Layer，也是一种本体标记语言。DAML+OIL 是专门为语义网（Semantic Web）设计的本体语言，对网络本体语言 OWL 有较大影响。注：DARPA（Defense Advanced Research Projects Agency）即美国国防高级研究计划局。

② SHOE 语言（Simple HTML Ontology Extensions）；

③ 资源描述框架 RDF（Resource Description Framework）；

④ RDF 模式 RDFS（RDF Schema）；

⑤ Web 本体语言 OWL（Web Ontology Language）。

在所有的本体描述语言中，资源描述框架 RDF、RDF 模式 RDFS 和 Web 本体语言 OWL 等三种语言是万维网联盟 W3C（World Wide Web Consortium）推荐的本体描述语言。这里我们简述一下这三种语言，具体介绍将放在后面的章节。

（1）资源描述框架 RDF

资源描述框架 RDF 定义了三个对象模型：资源 Resources、属性 Properties 和陈述 Statements，并规定了主-谓-宾这种三元组的描述形式来表示资源之间的关系，用一个标记的、有方向的图来表示，称为 RDF 图。

下面我们举一个简单的例子说明 RDF 是如何描述资源的，把下面的陈述（语句）转换为 RDF 形式：潘风文是《PMML 建模标准语言基础》的作者。

其 RDF 三元组的形式为：

```
Subject/Resource: http://www.shujujie.cn/潘风文
Predicate/Property: 作者
Object/Literal: "《PMML 建模标准语言基础》"
```

正式的 RDF 表达式的为：

```
<?xml version="1.0"?>
<rdf:RDF
    xmlns:rdf="http://www.w3.org/1999/02/22-rdf-syntax-ns#"
    xmlns:mybook="http://www.pfwstudy.com/bookinfo">
    <rdf:Description rdf:about="http://www.shujujie.cn/潘风文">
        <mybook:author>《PMML 建模标准语言基础》</mybook:author>
    </rdf:Description>
</rdf:RDF>
```

关于 RDF 的详细描述我们将在本书后面介绍。

（2）RDF 模式 RDFS

资源描述框架模式 RDFS 在模式层面对 RDF 数据进行定义，定义了 Class、subClassOf、type、Property、subPropertyOf、Domain、Range 等语义词汇来描述客观世界，增强了 RDF 对资源的描述能力。

实际上 RDFS 只是对 RDF 进行了扩展，本质上它仍然是 RDF。所以 RDFS 的表达形式与 RDF 的形式类似。举例如下：

```
<?xml version="1.0"?>
<rdf:RDF
    xmlns:rdf="http://www.w3.org/1999/02/22-rdf-syntax-ns#"
    xmlns:rdfs="http://www.w3.org/2000/01/rdf-schema#">
    <rdf:Description ID="MotorVehicle">
        <rdf:type rdf:resource="http://www.w3.org/2000/01/rdf-schema#Class"/>
        <rdfs:subClassOf
    rdf:resource="http://www.w3.org/2000/01/rdf-schema#Resource"/>
    </rdf:Description>
     <rdf:Description ID="PassengerVehicle">
         <rdf:type rdf:resource="http://www.w3.org/2000/01/rdf-schema#Class"/>
         <rdfs:subClassOf rdf:resource="#MotorVehicle"/>
     </rdf:Description>
     <rdf:Description ID="Truck">
         <rdf:type rdf:resource="http://www.w3.org/2000/01/rdf-schema#Class"/>
         <rdfs:subClassOf rdf:resource="#MotorVehicle"/>
     </rdf:Description>
</rdf:RDF>
```

在这个例子中，属性 rdf:resource 用于指定一个元素对应资源的 IRI。关于 RDFS 的详细描述我们将在本书后面介绍。

（3）Web 本体语言 OWL

Web 本体语言 OWL 是在 DAML+OIL 的基础上改进而来的，在保持了对 RDFS 兼容性的基础上，加强了语义表达的能力。作为一种 W3C 的推荐标准，其设计者针对各类特征的需求制定了三种相应的 OWL 的子语言，即 OWL Lite、OWL DL 和 OWL Full，而且各子语言的表达能力依次递增。

Web 本体语言 OWL 的示例如下：

```
<?xml version="1.0"?>
<Ontology xmlns="http://www.w3.org/2002/07/owl#"
     xml:base="http://www.semanticweb.org/igorm/ontologies/person-car-ontology"
     xmlns:rdf="http://www.w3.org/1999/02/22-rdf-syntax-ns#"
     xmlns:xml="http://www.w3.org/XML/1998/namespace"
     xmlns:xsd="http://www.w3.org/2001/XMLSchema#"
     xmlns:rdfs="http://www.w3.org/2000/01/rdf-schema#"
     ontologyIRI="http://www.semanticweb.org/igorm/ontologies/person-car-ontology">
   <Prefix name="" IRI="http://www.semanticweb.org/igorm/ontologies/person-car-ontology#"/>
    <Prefix name="dc" IRI="http://purl.org/dc/elements/1.1/"/>
    <Prefix name="owl" IRI="http://www.w3.org/2002/07/owl#"/>
    <Prefix name="rdf" IRI="http://www.w3.org/1999/02/22-rdf-syntax-ns#"/>
    <Prefix name="xml" IRI="http://www.w3.org/XML/1998/namespace"/>
    <Prefix name="xsd" IRI="http://www.w3.org/2001/XMLSchema#"/>
    <Prefix name="rdfs" IRI="http://www.w3.org/2000/01/rdf-schema#"/>
    <Declaration>
        <Class IRI="#Car"/>
    </Declaration>
    <Declaration>
        <DataProperty IRI="#hasVIN"/>
    </Declaration>
    <Declaration>
        <ObjectProperty IRI="#hasCar"/>
    </Declaration>
    <Declaration>
        <ObjectProperty IRI="#isCarOf"/>
    </Declaration>
    <Declaration>
        <DataProperty IRI="#hasMakeModel"/>
    </Declaration>
    <Declaration>
        <Datatype abbreviatedIRI="xsd:int"/>
    </Declaration>
    <Declaration>
        <Datatype abbreviatedIRI="xsd:string"/>
    </Declaration>
    <Declaration>
```

```
        <DataProperty IRI="#hasName"/>
    </Declaration>
    <Declaration>
        <DataProperty IRI="#hasSNN"/>
    </Declaration>
    <Declaration>
        <Class IRI="#Person"/>
    </Declaration>
    <SubClassOf>
        <Class IRI="#Car"/>
        <DataMinCardinality cardinality="1">
            <DataProperty IRI="#hasVIN"/>
            <Datatype abbreviatedIRI="xsd:int"/>
        </DataMinCardinality>
    </SubClassOf>
    <SubClassOf>
        <Class IRI="#Person"/>
        <DataMinCardinality cardinality="1">
            <DataProperty IRI="#hasSNN"/>
            <Datatype abbreviatedIRI="xsd:int"/>
        </DataMinCardinality>
    </SubClassOf>
    <InverseObjectProperties>
        <ObjectProperty IRI="#hasCar"/>
        <ObjectProperty IRI="#isCarOf"/>
    </InverseObjectProperties>
    <FunctionalObjectProperty>
        <ObjectProperty IRI="#isCarOf"/>
    </FunctionalObjectProperty>
    <InverseFunctionalObjectProperty>
        <ObjectProperty IRI="#hasCar"/>
    </InverseFunctionalObjectProperty>
    <ObjectPropertyDomain>
        <ObjectProperty IRI="#hasCar"/>
        <Class IRI="#Person"/>
    </ObjectPropertyDomain>
    <ObjectPropertyDomain>
        <ObjectProperty IRI="#isCarOf"/>
        <Class IRI="#Car"/>
    </ObjectPropertyDomain>
    <ObjectPropertyRange>
        <ObjectProperty IRI="#hasCar"/>
        <Class IRI="#Car"/>
    </ObjectPropertyRange>
    <ObjectPropertyRange>
        <ObjectProperty IRI="#isCarOf"/>
        <Class IRI="#Person"/>
```

```
    </ObjectPropertyRange>
    <FunctionalDataProperty>
        <DataProperty IRI="#hasMakeModel"/>
    </FunctionalDataProperty>
    <FunctionalDataProperty>
        <DataProperty IRI="#hasName"/>
    </FunctionalDataProperty>
    <FunctionalDataProperty>
        <DataProperty IRI="#hasSNN"/>
    </FunctionalDataProperty>
    <FunctionalDataProperty>
        <DataProperty IRI="#hasVIN"/>
    </FunctionalDataProperty>
    <DataPropertyDomain>
        <DataProperty IRI="#hasMakeModel"/>
        <Class IRI="#Car"/>
    </DataPropertyDomain>
    <DataPropertyDomain>
        <DataProperty IRI="#hasName"/>
        <Class IRI="#Person"/>
    </DataPropertyDomain>
    <DataPropertyDomain>
        <DataProperty IRI="#hasSNN"/>
        <Class IRI="#Person"/>
    </DataPropertyDomain>
    <DataPropertyDomain>
        <DataProperty IRI="#hasVIN"/>
        <Class IRI="#Car"/>
    </DataPropertyDomain>
    <DataPropertyRange>
        <DataProperty IRI="#hasMakeModel"/>
        <Datatype abbreviatedIRI="xsd:string"/>
    </DataPropertyRange>
    <DataPropertyRange>
        <DataProperty IRI="#hasName"/>
        <Datatype abbreviatedIRI="xsd:string"/>
    </DataPropertyRange>
    <DataPropertyRange>
        <DataProperty IRI="#hasSNN"/>
        <Datatype abbreviatedIRI="xsd:int"/>
    </DataPropertyRange>
    <DataPropertyRange>
        <DataProperty IRI="#hasVIN"/>
        <Datatype abbreviatedIRI="xsd:int"/>
    </DataPropertyRange>
    <HasKey>
        <Class IRI="#Car"/>
```

```
            <DataProperty IRI="#hasVIN"/>
        </HasKey>
        <HasKey>
            <Class IRI="#Person"/>
            <DataProperty IRI="#hasSNN"/>
        </HasKey>
</Ontology>
```

关于 OWL 的详细描述我们将在本书后面介绍。

1.3 知识图谱构建方法和评价指标

知识图谱的构建包括模式层（本体库）的构建和数据层（知识事实）的构建两大块内容，其中本体库的建设既可以通过手工方式构建，也可以通过自动方式构建。手工构建是借助于本体编辑软件，如 Protégé、OntoEdit、Ontolingua 等，进行手工方式构建，这种方式需要对本领域业务非常熟悉的专家参与；自动构建方式是基于特定领域的已有本体库，采用数据驱动的方式进行自动化更新，完善本体库，这种方式是目前研究和应用的热点。

从知识图谱的构建方法来看，可以分为自顶向下（top-down）的方式和自底向上（bottom-up）两种方法。这里“顶”是指知识图谱的模式层（本体），“底”是指知识图谱数据层（事实）。

（1）自顶向下方法

自顶向下的构建方式是在知识图谱构建的初期先构建知识图谱的本体或模式层，预先定义知识图谱的组织结构。

对于特定行业的知识图谱来说，行业术语、行业数据都相对比较清晰，可以采用自顶向下的方式。通常首先会找一个基础的参考模型，基于参考模型，业务专家等实施人员参照行业的相关数据标准，整合标准中对数据的要求，逐步形成一个基础的数据模型，然后再根据实际行业知识、收集的数据，来完善数据模型。

（2）自底向上方法

与自顶向下方法不同的是，自底向上的构建方式在初期没有预定义的组织结构，而是从数据源的模式层中不断提取更新概念和概念之间的组织结构，通过数据层来指导模式层的构建。

对于特定行业的知识图谱来说，基于收集到的数据集合，借助一定的技术手段提取出各种实体，选择其中置信度较高的信息，加入到知识库中，并在此基础上构建顶层的数据模式（本体）。例如 Google 的 Knowledge Vault 和微软的 Satori 知识库就是采用这种方式自动建立的，这符合互联网数据内容知识产生的特点。

一个好的知识图应该有一个细粒度的本体结构，可以精确地表达现实世界中的信息，并且类的实例和知识三元组应该能够充分利用本体的类及其属性。我们知道，知识图谱中主要包括概念（类型）、实体、实体属性等三类数据，以及概念之间的关系、概念与实体之间的关系、实体之间的关系等三类关系。一个知识图谱质量的评价指标主要围绕这三类数据和三类关系。所以通常从完整性、准确性、一致性和及时性等四个维度评价一个知识图谱的质量。

（1）完整性

完整性关注知识图谱对研究领域知识的覆盖程度。一个知识图谱应当覆盖其所支撑应用系统对知识的需求。

（2）准确性

准确性关注实体以及知识三元组的准确程度。高质量的知识是知识图谱能够发挥作用的前提条件。

（3）一致性

一致性关注知识图谱中的相关知识之间有无矛盾，是否一致。知识的一致性是知识图谱能够实现正确推理的必要条件。

（4）时效性

时效性关注知识图谱中的知识在时间变化中的正确程度，知识必须能够反映需求所需的时效性，否则会导致知识推理分析得出的结论失去决策意义。

1.4　典型知识图谱介绍

目前，包括百度、腾讯、阿里、谷歌、微软等公司都已经推出了自研的知识图谱，为用户在搜索、社交、购物等方面提供了便利。为了扩展读者对知识图谱的知识面，本节将概述性地介绍几个典型的知识图谱产品。

（1）百度知识图谱

百度研发了基于互联网大数据的通用知识图谱构建技术，打造了规模庞大的多源异构中文知识图谱，覆盖超过 50 亿实体和 5500 亿事实，在百度搜索、推荐、智能交互等多个产品中广泛应用。同时，建成了医疗、法律、金融和能源等多个行业知识图谱，助力各行各业的智能化升级。

百度知识图谱基于百度自研的原生图数据库引擎 BGraph，能支持超大规模的图数据，支持业界流行的 Property Graph 模型和 Gremlin 语言并进行扩展，具有高可用性和极高的查询性能，提供复制和分片技术，进行分布式扩展，支持批量加载和实时更新，从而能够轻松构建基于图数据库的企业级应用，实时分析关联数据，挖掘数据价值。可将它应用在金融风控、推荐引擎和公共安全等场景。

注：百度开源的图数据库是 HugeGraph，于 2018 年转交给 Apache 基金会。

（2）腾讯知识图谱 Topbase

腾讯知识图谱 Topbase 是由腾讯 TEG-AI 平台部构建并维护的一个专注于通用领域的知识图谱，覆盖 51 个领域的知识，涉及 226 种概念类型，共计 1 亿多实体，三元组数量达 22 亿组。在技术上，Topbase 已完成图谱自动构建和更新的整套流程，支持重点网站的监控、数据的及时更新入库，同时具备非结构化数据的抽取能力。目前 Topbase 主要应用在微信搜一搜、信息流推荐以及智能问答产品。

注：Topbase 的存储是基于开源的分布式图数据库 JanusGraph，而不是腾讯的云图数据库 KonisGraph。

（3）阿里巴巴开放数字商业知识图谱 AliOpenKG

阿里巴巴开放数字商业知识图谱 AliOpenKG（Ali Open Business Knowledge Graph）秉承利用开放的商业知识发现社会经济价值、开放促进互联、连接创造价值的理念，目前已包含了超过 18 亿的知识三元组、多达 67 万的核心概念、2681 类关系。基于图谱中的商业要素知识，有助于深度理解零售数据，有利于数智驱动商品运营、商家成长，优化市场供需匹配，产生更多贴近场景需求的智能应用。另外，依托于开放图谱中的行业知识与标准规范，有利于商业生态中各类数据要素的融合与流通，有利于数字商业和经济生态的深入发展，进一步帮助中小企业实现数智化转型。利用开放的商业知识发现社会经济的价值，还可以促进数字经济等领域的交叉学科研究，服务数字经济健康发展的国家战略需求。

注：阿里巴巴也有自研的云图数据库 GDB（Graph Database）。

（4）谷歌知识图谱

谷歌知识图谱使用语义检索，从多种来源收集信息，以提高 Google 搜索的质量，于 2012 年 5 月正式发布。谷歌知识图谱的数据主要来源于各种公共信息，以及获得授权的体育赛事、股票和天气等信息。截至 2020 年 5 月，谷歌知识图谱包含了 50 亿个实体和 5000 亿个事实，其中用户最熟悉的界面是知识面板（knowledge panel），知识面板是在 Google 上搜索实体(如人、地点、组织、事物)时出现的信息框，能够帮助用户根据谷歌对网上可用内容的理解，快速浏览某个主题的信息。

谷歌知识图谱可以直接回答问题，例如埃菲尔铁塔是多高、2016 年夏季奥林匹克在哪里举办的等等。其目标是发现并展示已知的、有用的事实性的信息。

（5）微软概念知识图谱

微软概念知识图谱（Microsoft Concept Graph）建立在 Probase 之上（Probase 是一个通用的概率分类法），由从 Web 上挖掘的实体和概念组成。它以概念层次体系（Taxonomy）为核心，主要包含了概念间关系，如“IsA”“isPropertyOf”“Co-occurance”以及实体。其中每一个关系均附带一个概率值，用于对概念进行界定，因此在语义消歧中作用很大。

目前，微软概念知识图谱拥有超过 500 多万个概念、1200 多万个实例以及 8500 万个 IsA 关系（正确率约为 92.8%），同时提供了 API 调用。

（6）DBpedia

Dbpedia 是一个基于社区的众包式的开放知识图谱，于 2007 年由莱比锡大学的 Sören Auer 和 Jens Lehmann 以及柏林大学（现为曼海姆大学）的 Christian Bizer 在 OpenLink 的支持下启动。DBpedia 旨在从各种 Wikimedia（维基媒体）项目中创建的信息中提取结构化内容，它以机器可读的形式存储知识，并为收集、组织、共享、搜索和利用信息提供了一种手段，可供 Web 上的每个人使用。可以使用标准 Web 浏览器、自动爬虫或使用类似 SQL 的查询语言（例如 SPARQL）提出复杂的查询来浏览这个事实网络。

由于 DBpedia 为数百万个概念定义了链接数据 URI，各种数据提供者已经开始设置从他们的数据集到 DBpedia 的 RDF 链接，使 DBpedia 成为新兴的数据网络的中心互连枢纽之一。

（7）OpenCyc

OpenCyc 是 Cyc 项目的开源版本，是一个全面的通用知识库和常识推理引擎，具有以下特点：

① 丰富的领域建模；

② 特定领域的专家系统；

③ 文本的理解；

④ 语义数据集成以及 AI 算法等。

（8）Wikidata

Wikidata 即维基数据，是维基百科（https://www.wikipedia.org/）的一个项目。Wikidata 是一个免费的、协作的、多语言的知识数据库，收集结构化数据以支持维基百科的各种项目，例如 Wikipedia, Wikivoyage, Wiktionary, Wikisource 等。它具有以下特点：

① 免费。Wikidata 中的数据适用于知识共享协议 CC0 1.0（公共领域贡献），使用者可以自由复制、修改、分发和执行数据，甚至用于商业目的，而无需征得许可。

② 协作性。数据是由 Wikidata 的所有编辑者输入和维护，他们决定内容创建和管理的规则。自动化机器人也将数据输入到维基数据中。

③ 多语种。编辑、使用、浏览和重用数据是完全多语言的。任何一种语言的输入数据可以立即以其他语言使用。

④ 次级数据库。Wikidata 不仅记录数据，还记录数据的来源以及与其他数据库的连接，反映了可用知识的多样性。

⑤ 结构化数据。数据的高度结构化使得用户使用更容易，并使计算机能够处理和“理解”。

（9）YAGO

YAGO（Yet Another Great Ontology）由位于德国萨尔布吕肯的马克斯·普朗克计算机科学研究所开发，这是一个开源的大型知识库，知识一般是从维基百科、WordNet、GeoNames 以及其他来源中自动抽取的。YAGO 目前最新版本是 4.0。YAGO 4.0 是以 RDFS 语言表示的知识库，每个事实由主语（subject）、谓语（predicate）和宾语（object）组成。YAGO 4.0 具有以下特点：

① 所有的实体标识符和属性标识符都是人类易读的；

② 顶层类实体来自于 schema.org 和 bioschemas.org，底层类实体来自 Wikidata；

③ 属性来自于 schema.org；

④ 包含了符合结构性约束语言 SHACL 规范的语言约束，从而可保证数据干净，易于进行逻辑推理。

注：结构性约束语言 SHACL（SHApes Constraint Language）是 W3C 发布的正式推荐标准，是一种依据条件来验证 RDF 图的语言。这些条件是以结构体（shapes）形式和其他以 RDF 图的形式表示的。在 SHACL 中，以这种方式使用的 RDF 图被称为“结构图（shapes graphs）”，依据结构图验证的 RDF 图被称为“数据图（data graphs）”。除了可用于验证外，这种描述还有多种不同用途，例如用于用户界面构建、代码生成以及数据集成等。

1.5 本章小结

知识图谱是集成了大数据及人工智能等新技术，广泛应用于搜索结果优化、智能推荐、智能客服、金融风控、安全与安防、生产制造等领域的知识管理技术，具有极大的发展潜力和应用前景。

按照所覆盖的知识范围，知识图谱可以分为领域知识图谱 DKG 和通用知识图谱，这两类图谱本质上是相同的,主要区别在于覆盖范围与使用方式上。

语义网络是由认知科学家奎林于 1968 年提出的一种直观的知识表示方法，通过图模型（graph model），以人类易于理解的方式展示概念、理念及实体之间的关系。它由四个相关部分组成：词汇、结构、语义、过程。

一个知识图谱由两个层次的内容组成：模式层和数据层。其中数据层记录了知识图谱中的知识数据（事实），模式层则包含了对知识数据的描述和定义。这些对知识数据进行描述和定义的元数据（元信息）组成了知识图谱的知识体系，即本体。本体是知识共享和重用的桥梁。

一个完整的本体包括类、实例、关系、属性、函数、约束、规则、公理、事件、动作等组成部分。本体是某个领域中形式化的共享术语集，具有结构化的特点，能够形式化地表达领域内的对象类型或概念及其属性和相互关系。所以，本体可以用来定义该领域，即对该领域进行建模，所以它非常适合在计算机系统中使用。作为一种关于现实世界或其中某个组成部分（领域）的知识表达形式，本体可深入应用于人工智能、语义网络（包括知识图谱）、软件工程、生物医学信息学、图书馆学以及信息架构等领域。

用于构建本体的形式语言称为本体描述语言，简称本体语言，可分为传统本体语言和面向 Web 的标记本体语言。传统本体语言包括通用逻辑语言 CL、CycL 语言、DOGMA 语言和框架逻辑语言 F-Logic 等。面向 Web 的标记本体语言包括 DAML+OIL 语言、SHOE 语言、资源描述框架 RDF、RDF 模式 RDFS 和 Web 本体语言 OWL 等。在所有的本体描述语言中，资源描述框架 RDF、RDF 模式 RDFS 和 Web 本体语言 OWL 等三种语言是万维网联盟 W3C 推荐的本体描述语言。

一个知识图谱由模式层和数据层组成，所以知识图谱的构建包括模式层（本体库）的构建和数据层（知识事实）的填充两大部分。其中本体库既可以通过手工方式构建，也可以通过自动方式构建。

2 本体描述语言

2.1 Web 资源标识符

在各种本体语言中，经常需要对 Web 上的资源进行标识，目前统一资源标识符 URI（包括国际化资源标识符 IRI）、统一资源定位符 URL 和统一资源名称 URN 是应用最为广泛的标识资源的方式。

（1）URI 和 IRI

URI（Uniform Resource Identifier），即统一资源标识符，是一个利用位置信息或名称，或者两者（位置信息和名称）唯一标识 Web 资源的字符序列，如 HTML 文档、图像、视频等都是通过一个个 URI 来定位的。URI 的统一性（uniform）意味着不同类型资源的标识符能够适应于不同访问机制的环境中，并对未来新资源类型提供了兼容性和扩展性。

URI 的语法组成为以一个模式开始，后跟一个冒号，然后是与特定模式相关的部分。目前最为常用的模式是 http、https、ftp、mailto、news 等。下面是几个 URI 的例子：

```
ftp://ftp.is.co.za/rfc/rfc1808.txt
http://www.ietf.org/rfc/rfc2396.txt
ldap://[2001:db8::7]/c=GB?objectClass?one
mailto:John.Doe@example.com
news:comp.infosystems.www.servers.unix
tel:+86-010-65433456
telnet://192.0.2.16:80/
urn:oasis:names:specification:docbook:dtd:xml:4.1.2
```

IRI（Internationalized Resource Identifier）是 URI 的国际化版本，是对 URI 的扩展，可以使用字符集 Unicode/ISO10646 中的字符序列。URI 只能包含 US-ASCII 字符集中的字母和数字，而 IRI 还可以包含中文字符、欧洲字符和希腊字符等。

IRI/URI 可细分为统一资源定位符 URL、统一资源名称 URN，如图 2-1 所示。

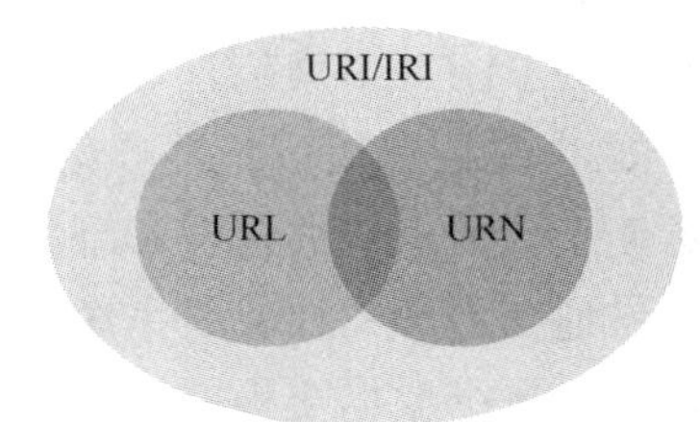

图 2-1　URI 与 URL、URN 的关系

（2）URL

URL（Uniform Resource Location）即统一资源定位

符，是 IRI/URI 的一个子集。

一个 URL 除了能够唯一标识一个 Web 资源外，还通过访问机制（如网络地址）提供了一种定位资源的途径。URL 的组成以用于访问资源的协议名称开始，后跟一个冒号，然后是与特定模式相关的部分。

目前最为常用的模式是 http、https 和 ftp 等。下面是几个 URL 的例子：

```
https://jwt.io
https://auth0.com/docs/get-started#learn-the-basics
https://identicons.dev/static/icons/mono/png/icon-access-token.png
mailto:yourfriend@somewhere.com
ftp://ftpserver.com/myfolder
```

可以看出，URL 的语法与 IRI/URI 的语法基本是一样的。URL 建立在域名服务(DNS)上，以定位物理主机，并使用类似文件路径的语法来标识主机上的特定资源。因此，将 URL 映射到物理资源非常简单，并且可以通过各种 Web 浏览器来实现资源的访问。

（3）URN

URN（Uniform Resource Name）即统一资源名称，也是 IRI/URI 的一个子集，IRI/URI 是 URN 的父类，URN 是 IRI/URI 的一种具体形式。

统一资源名称 URN 可以标识下面两种 IRI/URI：

① 模式 URN 下的 URI，目标是即使资源不再存在或不可访问时，依旧能够保持全局唯一性。其语法模式为：urn:<命名空间>:<与命名空间相关的部分>。

例如：

```
urn:isbn:1234567890
urn:ISSN:0167-6423
urn:ietf:rfc:2648
```

② 任何具有名称属性的其他 URI。

需要注意的是：URN 并不意味着能够保证此标志资源的可获得性，它是一个独立于位置（location-independent）的资源标识符，其设置宗旨是使其他名称空间能够方便地映射到 URN 空间中。

2.2 资源描述框架 RDF

资源描述框架 RDF 是万维网联盟 W3C 于 1996 年提出的一个用于描述网络资源的解决方案，并于 1999 年被 W3C 采纳为推荐标准，2004 年发布 RDF 1.0 规范，最新版本是 2014 年发布的 RDF 1.1 规范。

RDF 文档使用可扩展标记语言 XML 编写，实际上是一种基于 XML 的扩展文档，其目的是便于计算机能够读取和理解，而不是为了展示给人类。也正因为如此，RDF 信息可以非常容易地在不同的计算机系统和不同的应用之间进行信息交互。目前，RDF 已经成为一个在互联网上进行数据交换的标准模型，它使用 IRI/URI 来命名资源之间的链接以及链接两端的资源，形成一个个事实三元组。

2.2.1 RDF规则

资源描述框架RDF使用国际化资源标识符IRI标识资源，使用属性和属性值描述资源。

资源描述框架RDF使用两种数据结构表达网络资源：RDF图（RDF graph）和RDF数据集（RDF dataset）。其中RDF数据集是RDF图的集合，由一个默认RDF图，以及零个或多个命名的RDF图组成。所以，RDF图是资源描述框架RDF的基本单元。

由于网络资源也是一种数据，所以RDF数据集实际上是一种基于图的数据模型（graph-based data model）。其基本单元RDF图是一个“主语-谓语-宾语”的三元组（subject-predicate-object triple），其中主语是一个由IRI标识的资源，也可以是一个空白节点（没有IRI的资源），谓语和宾语用来描述主语的某种属性信息，例如名称、位置、功能等等。在RDF图中，宾语可以是一个IRI表示的资源、空白节点或者类型化的字面常量（datatyped literal），而谓语只能是一个IRI表示的资源，用来表示主语和宾语的关系。

RDF图三元组如图2-2所示。这种表示资源之间关系的三元组代表了一个标记的、有方向的图。

一个IRI或者类型化的字面常量代表了某个事物，称为资源（resource），这与知识图谱中的实体是一个概念。

与RDF图对应的断言称为RDF陈述（statement），它同样表达了主语和宾语指定的资源之间存在着谓语指定的关系。注意，谓语本身是一个由IRI标识的属性。所以RDF框架定义了三个对象模型：资源（Resources）、属性（Properties）和陈述（Statements）。

资源是任何拥有IRI/URI的事物。

属性是拥有名称的资源，可以看作是一种表示二元关系的资源。每一个属性都有特定的意义，用来定义它的属性值（Property Value）和它所描述的资源形态，以及和其他属性的关系。

特定的资源、属性和属性值的组合形成了一个RDF陈述，其中资源是主语（Subject），属性是谓语（Predicate），属性值则是宾语（Object），陈述中的宾语可能是一个字符串，也可能是其他的资料形态，或是一个资源。需要注意的是，一个陈述的宾语可以是另一个陈述的主语，如图2-3所示。

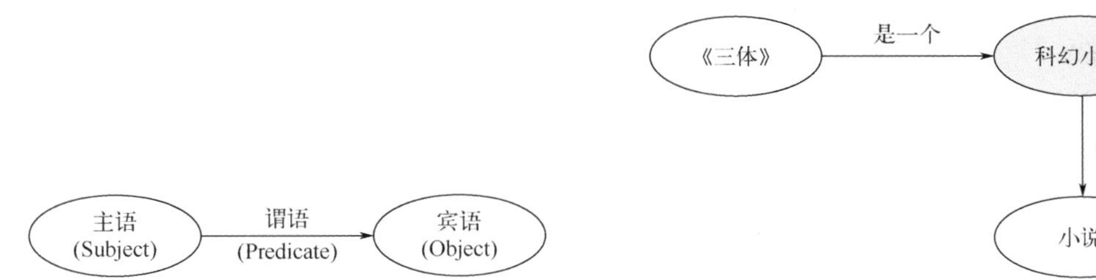

图2-2　RDF三元组结构（主语和宾语两个节点资源及一个谓语关系）

图2-3　主语和宾语关系示例

目前，一个RDF文档对RDF数据进行表示的方式有多种，主要包括RDF/XML、N-Triples、Turtle、RDFa（Resource Description Framework in attributes）、JSON-LD（JSON for Linking Data）trix等几种。其中RDF/XML是标准的表达方式，所以本章中的例子统一采用

RDF/XML 形式。

需要读者注意的是，RDF 只是定义了表达陈述的方式，但是并没有在语义层面验证这个陈述是否为真（是否有效）。

2.2.2 RDF 元素

为了简单起见，在 RDF 文档中，经常使用命名空间前缀来代替较长的 IRI 标识符。例如：

使用“rdf:”代表“http://www.w3.org/1999/02/22-rdf-syntax-ns#”。

使用“xsd:”代表“http://www.w3.org/2001/XMLSchema#”。

常用的资源描述框架 RDF 的元素主要包括：

① 根元素<rdf:RDF> ；

② 资源描述元素<rdf:Description>；

③ <rdf:Bag>元素；

④ <rdf:Seq>元素；

⑤ <rdf:Alt>元素。

2.2.2.1 RDF 基础元素

RDF 基础元素主要包括根元素<rdf:RDF> 和资源描述元素<rdf:Description>。

<rdf:RDF>是 RDF 文档的根元素，它把一个 XML 文档定义为一个 RDF/XML 文档，包含了对 RDF 命名空间的引用，相当于 HTML 网页中的<html>标签，例如：

```
1. <?xml version="1.0"?>
2.
3. <rdf:RDF xmlns:rdf="http://www.w3.org/1999/02/22-rdf-syntax-ns#">
4.   ...Description goes here...
5. </rdf:RDF>
```

在这里例子中，第一行是 XML 文档的声明，然后是 RDF 文档的根元素：<rdf:RDF> ，而根元素的属性 xmlns:rdf 指定了 RDF 的命名空间，规定了带有前缀 rdf 的元素来自命名空间 "http://www.w3.org/1999/02/22-rdf-syntax-ns#"。

<rdf:Description>元素可通过它的属性 rdf:about 标识一个资源。例如：

```
<?xml version="1.0"?>

<rdf:RDF
xmlns:rdf="http://www.w3.org/1999/02/22-rdf-syntax-ns#"
xmlns:study="http://www.pfwstudy.com/info#">

<rdf:Description rdf:about="http://www.pfwstudy.com/info/students/zhangsan">
   <study:name>张三</study:name>
   <study:grade>五年级</study:grade>
   <study:sex>男</study:sex>
</rdf:Description>
```

```
</rdf:RDF>
```

在这个例子中，元素<rdf:Description>的属性 about（以 rdf:about 表示）指定了一个资源"http://www.pfwstudy.com/info/students/zhangsan"。

注意：这段代码中，除了命名空间 xmlns:rdf 外，在根元素<rdf:RDF>中还声明了另外一个命名空间 xmlns:study，它规定了带有前缀 study 的元素来自命名空间“http://www.pfwstudy.com/info”。例如后面出现的<study:name>、<study:grade>等元素都来自这个命名空间。这个命名空间在 RDF 之外，并非 RDF 固有的组成部分。所以，RDF 只是定义了一个框架，而 name、grade 等元素必须被其他人（公司、组织或个人等）进行定义，例如由 http://www.pfwstudy.com/info#这个统一资源标识符 IRI 指定资源。

2.2.2.2 RDF 容器

RDF 容器（container）用于描述一组事物，例如制作某个网站的所有开发人员。RDF 提供了元素<rdf:Bag>、<rdf:Seq>以及<rdf:Alt>来实现容器的功能，其中的元素称为成员（member）。有一点需要注意：容器中的元素在应用中是允许改变的，比如增加或减少等。

<rdf:Bag>元素用于描述一个无序的值的列表，并且允许包含重复的值。举例如下：

```
<?xml version="1.0"?>

<rdf:RDF
xmlns:rdf="http://www.w3.org/1999/02/22-rdf-syntax-ns#"
xmlns:study="http://www.pfwstudy.com/info">

<rdf:Description rdf:about="http://www.pfwstudy.com/info/courses">
  <study:courses>
    <rdf:Bag>
        <rdf:li>语文</rdf:li>
        <rdf:li>数学</rdf:li>
        <rdf:li>历史</rdf:li>
        <rdf:li>地理</rdf:li>
      </rdf:Bag>
    </study:courses>
</rdf:Description>

</rdf:RDF>
```

在上面的代码中，通过容器元素<rdf:Bag>的子元素<rdf:li>列出了每一个成员。

<rdf:Seq>元素用于描述一个有序的值的列表，并且也可以包含重复的值。举例如下（对学生按照姓名升序排列）：

```
<?xml version="1.0"?>

<rdf:RDF
xmlns:rdf="http://www.w3.org/1999/02/22-rdf-syntax-ns#"
xmlns:study="http://www.pfwstudy.com/info">

```

```
<rdf:Description rdf:about="http://www.pfwstudy.com/info/students">
 <study:students>
  <rdf:Seq>
    <rdf:li>Fang litao</rdf:li>
    <rdf:li>Liu zhifeng</rdf:li>
    <rdf:li>Niu lili</rdf:li>
    <rdf:li>Wu sihai</rdf:li>
   </rdf:Seq>
  </study:students>
</rdf:Description>

</rdf:RDF>
```

在上面的代码中，通过容器元素<rdf:Seq>的子元素<rdf:li>列出了每一个成员。

<rdf:Alt>元素用于描述一个可替换的值的列表，即表示用户仅可选择这些值的一个。举例如下：

```
<?xml version="1.0"?>

<rdf:RDF
xmlns:rdf="http://www.w3.org/1999/02/22-rdf-syntax-ns#"
xmlns:study="http://www.pfwstudy.com/info">

<rdf:Descriptio rdf:about=" http://www.pfwstudy.com/info/sports">
 <study:sports>
  <rdf:Alt>
    <rdf:li>篮球</rdf:li>
    <rdf:li>排球</rdf:li>
    <rdf:li>乒乓球</rdf:li>
   </rdf:Alt>
  </study:sports>
</rdf:Descriptio>

</rdf:RDF>
```

在上面的代码中，通过容器元素<rdf:Alt>的子元素<rdf:li>列出了每一个成员。

2.2.2.3 RDF 集合

除了上面讲述的容器元素能够描述一组成员外，RDF 还提供了另外一种描述一组成员的元素：集合（collection）。集合中的元素是不允许改变的，也就是说，集合中的元素在定义时即已确定，不允许更改。

集合是通过属性 rdf:parseType="Collection" 来描述的。举例如下：

```
<?xml version="1.0"?>

<rdf:RDF
xmlns:rdf="http://www.w3.org/1999/02/22-rdf-syntax-ns#"
xmlns:cd="http://recshop.fake/cd#">
```

```

<rdf:Description rdf:about="http://recshop.fake/cd/Beatles">
 <cd:artist rdf:parseType="Collection">
  <rdf:Description rdf:about="http://recshop.fake/cd/Beatles/George" />
   <rdf:Description rdf:about="http://recshop.fake/cd/Beatles/John" />
   <rdf:Description rdf:about="http://recshop.fake/cd/Beatles/Paul" />
   <rdf:Description rdf:about="http://recshop.fake/cd/Beatles/Ringo" />
  </cd:artist>
 </rdf:Description>

 </rdf:RDF>
```

2.2.3 RDF实例

表 2-1 中列举了两个关于 CD 唱片的信息资源，我们将使用 RDF 文档进行表示。

表 2-1 RDF 示例数据

Title	Artist	Country	Company	Price	Year
Empire Burlesque	Bob Dylan	USA	Columbia	10.90	1985
Hide your heart	Bonnie Tyler	UK	CBS Records	9.90	1988

与上面资源信息对应的 RDF 文档如下：

```
<?xml version="1.0"?>

<rdf:RDF
xmlns:rdf="http://www.w3.org/1999/02/22-rdf-syntax-ns#"
xmlns:cd="http://www.recshop.fake/cd#">

<rdf:Description
rdf:about="http://www.recshop.fake/cd/Empire Burlesque">
 <cd:artist>Bob Dylan</cd:artist>
  <cd:country>USA</cd:country>
  <cd:company>Columbia</cd:company>
  <cd:price>10.90</cd:price>
  <cd:year>1985</cd:year>
 </rdf:Description>

 <rdf:Description
 rdf:about="http://www.recshop.fake/cd/Hide your heart">
  <cd:artist>Bonnie Tyler</cd:artist>
  <cd:country>UK</cd:country>
  <cd:company>CBS Records</cd:company>
  <cd:price>9.90</cd:price>
  <cd:year>1988</cd:year>
 </rdf:Description>
 .
```

```
25. .
26. .
27. </rdf:RDF>
```

在上面的 RDF 文档片段中，第一行是 XML 文档声明，第二行是 RDF 文档的根元素：<rdf:RDF>。

在 RDF 文档的根元素中，其属性 xmlns:rdf 命名空间表示在文档中所有以 rdf:为前缀的元素来自名称空间：http://www.w3.org/1999/02/22-rdf-syntax-ns#。

其属性 xmlns:cd 命名空间表示在文档中所有以 cd:为前缀的元素来自名称空间：http://www.recshop.fake/cd#。

在 RDF 文档的资源描述元素<rdf:Description>中，包含了由 rdf:about 属性标识的资源的描述。而<cd:artist>、<cd:country>、<cd:company>等元素都是这个资源的属性。

下面我们以前面 2.2.2.1 节中讲述资源描述元素<rdf:Description>的代码为例，以三元组和 RDF 图表示形式展示其中的资源。这里再重复一下 RDF 文档代码如下：

```
<?xml version="1.0"?>

<rdf:RDF
xmlns:rdf="http://www.w3.org/1999/02/22-rdf-syntax-ns#"
xmlns:study="http://www.pfwstudy.com/info#">

<rdf:Description rdf:about="http://www.pfwstudy.com/info/students/zhangsan">
  <study:name>张三</study:name>
  <study:grade>五年级</study:grade>
  <study:sex>男</study:sex>
</rdf:Description>

</rdf:RDF>
```

以上代码生成的三元组如表 2-2 所示：

表 2-2　RDF 三元组示例

序号	主语	谓语	宾语
1	http://www.pfwstudy.com/info/students/zhangsan	http://www.pfwstudy.com/info#name	张三
2	http://www.pfwstudy.com/info/students/zhangsan	http://www.pfwstudy.com/info#grade	五年级
3	http://www.pfwstudy.com/info/students/zhangsan	http://www.pfwstudy.com/info#sex	男

以上代码生成的 RDF 图如图 2-4 所示：

需要读者注意的是，资源描述框架 RDF 是一种通用的资源描述语义，它只规定了使用“主语-谓语-宾语”这种描述形式来表示一个陈述（事实知识），但是却不能表达出谓语和宾语到底是什么含义。总的来说，RDF 的表达能力有限，无法区分类和实例，也无法定义和描述类之间的关系。而 RDF 模式 RDFS 这种模式语言能够弥补 RDF 表达能力有限的缺点。

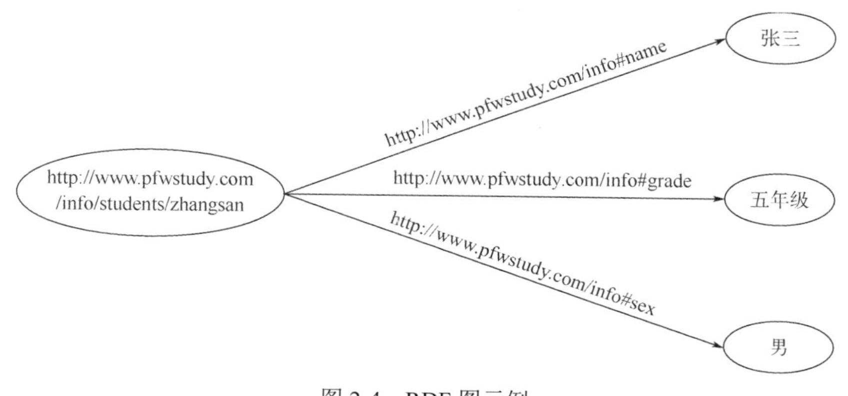

图 2-4　RDF 图示例

2.2.4　RDF 图和知识图谱

知识图谱的核心在于知识模型：一个相互关联的概念、实体、关系和事件的集合。知识图谱通过语义元数据（描述数据的含义、类型、范围、关系等信息的元数据）将不同来源的数据置于统一的模型环境中，为数据集成、统一分析和共享应用提供了一个框架。这个框架的关键特征是实体之间的相互关联，正是这种连接关系成就了知识图谱，体现了知识的语义内涵。

通常情况下，我们使用 RDF 图来表示知识，并创建知识图谱。但是，需要注意的是：两者不能画等号，即并不是每个 RDF 图都是知识图谱。如果一个 RDF 图并没有描述实体间的关系，那这个 RDF 图并不能称为知识图谱。例如，假设我们要建立一个医疗知识图谱，其中包含疾病、药物、症状、治疗方法等实体以及它们之间的关系，我们可以用 RDF 语言来表示这些实体和它们之间的关系，但是需要明确的是 RDF 语言并不是决定是否为知识图谱的关键因素，关键因素是要建立的实体之间的连接关系，如疾病和症状之间的关系、药物和治疗方法之间的关系等，这些连接关系可以用任何一种表示数据的语言来描述，它们是知识图谱的核心。通过这些连接关系，我们可以更好地理解和分析医疗领域的知识，并提供更好的医疗服务。因此，决定是否为知识图谱的关键因素是实体之间连接关系，而不是表示数据的语言（例如 RDFS、OWL 等）。

下面我们举一个使用 RDF 图表示知识图谱的例子（使用 RDF/XML 格式）：

```
<?xml version="1.0" encoding="UTF-8"?>
<rdf:RDF xmlns:rdf="http://www.w3.org/1999/02/22-rdf-syntax-ns#"
      xmlns:foaf="http://xmlns.com/foaf/0.1/"
      xmlns:dc="http://purl.org/dc/elements/1.1/">
  <rdf:Description rdf:about="http://example.org/john">
    <foaf:name>John Smith</foaf:name>
    <foaf:knows rdf:resource="http://example.org/jane"/>
    <foaf:age>30</foaf:age>
  </rdf:Description>
  <rdf:Description rdf:about="http://example.org/jane">
```

```
    <foaf:name>Jane Doe</foaf:name>
    <foaf:knows rdf:resource="http://example.org/john"/>
  </rdf:Description>
  <rdf:Description rdf:about="http://example.org/article1">
    <dc:title>Introduction to RDF</dc:title>
    <dc:creator rdf:resource="http://example.org/john"/>
  </rdf:Description>
</rdf:RDF>
```

在这个例子中，我们定义了三个实体：John Smith、Jane Doe 和一篇文章。每个实体都有一个唯一的标识符，以 rdf:about 属性表示。每个实体也有一些属性，例如姓名、年龄和认识的人。这些属性都用不同的命名空间进行标识，并用 RDF 属性（例如 foaf:name 和 foaf:knows）进行表示。此外，我们还定义了一些关系，例如：John 认识 Jane，Jane 认识 John，以及 John 是文章的作者，这些关系也用 RDF 属性进行表示，并使用 rdf:resource 属性将它们与其他实体链接起来。这个例子只是一个简单的示例，但可以很容易地扩展到更复杂的知识图谱。通过使用 RDF/XML 格式，我们可以表示各种实体和它们之间的关系，并为它们提供唯一的标识符，从而构建出一个完整的知识图谱。

下面我们再举一个虽然使用了 RDF 图，但不能称为知识图谱的例子，这个例子中包含了不同城市信息，虽然也是以 RDF 图表示，但是它并不是一个知识图谱。请看代码：

```
<?xml version="1.0"?>
<rdf:RDF xmlns:rdf="http://www.w3.org/1999/02/22-rdf-syntax-ns#"
         xmlns:city="http://example.org/city#">
  <rdf:Description rdf:about="http://example.org/city#London">
    <city:name>London</city:name>
    <city:population>8900000</city:population>
    <city:weather>Cloudy</city:weather>
  </rdf:Description>
  <rdf:Description rdf:about="http://example.org/city#Paris">
     <city:name>Paris</city:name>
     <city:population>2200000</city:population>
     <city:weather>Sunny</city:weather>
   </rdf:Description>
   <rdf:Description rdf:about="http://example.org/city#NewYork">
     <city:name>New York</city:name>
     <city:population>8600000</city:population>
     <city:weather>Rainy</city:weather>
   </rdf:Description>
</rdf:RDF>
```

在这个 RDF 图中，每个城市都表示为一个 RDF 资源，它们有不同的属性，例如城市名称、人口和天气状况。虽然这个 RDF 图包含有关城市的信息，但它不足以形成一个知识图谱，因为这个 RDF 图只提供了有关城市的信息，没有建立城市之间的关系。知识图谱的目的是帮助我们了解事物之间的关系。

图 2-5 更加清晰地展示 RDF 图和知识图谱的关系。

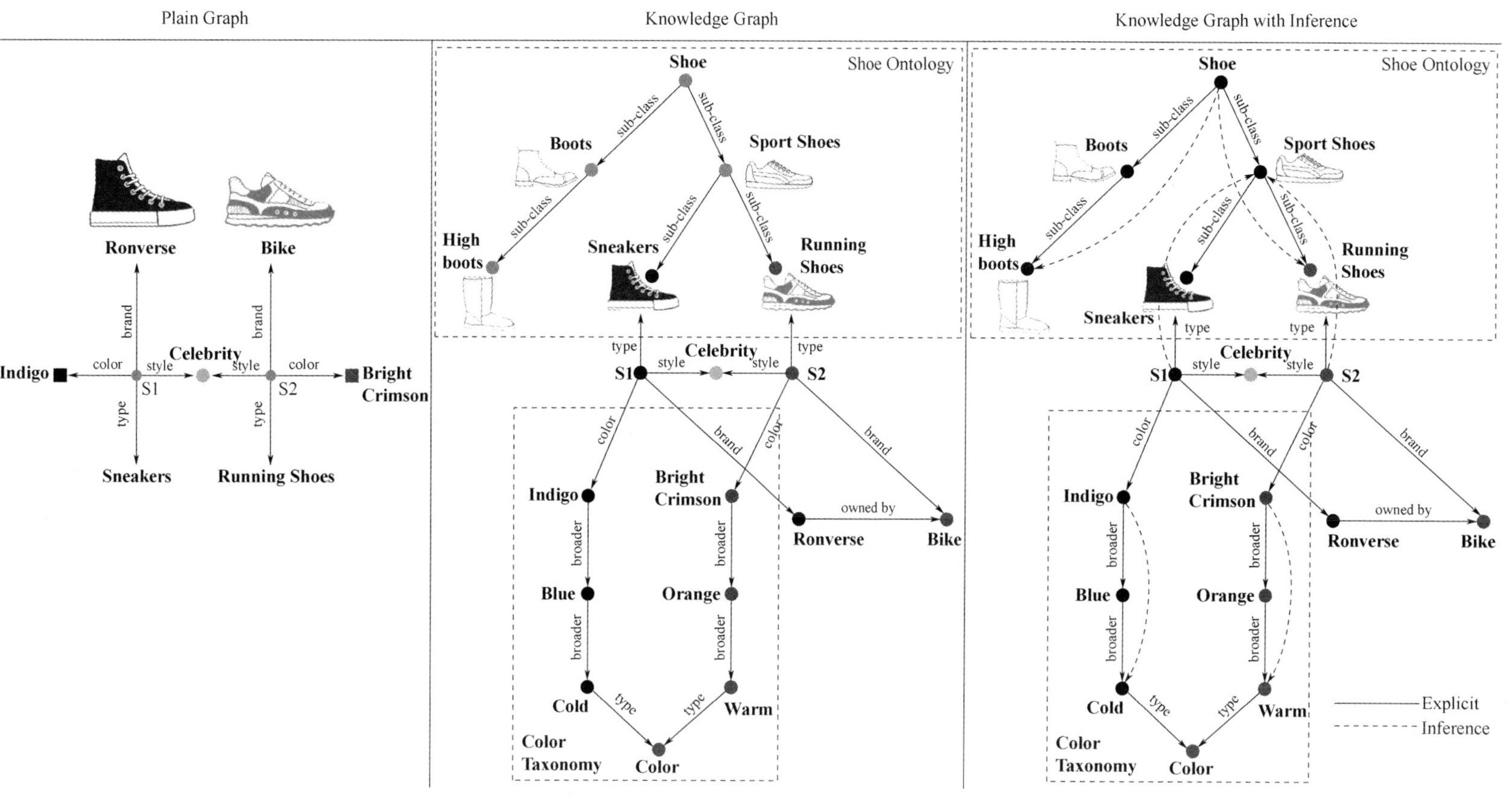

图 2-5 RDF 图和知识图谱的关系

2.3 RDF 模式 RDFS

RDFS（RDF Schema）有时也简写为 RDF(S)、RDF-S 或者 RDF/S，是万维网联盟 W3C 于 1999 年提出的基于 RDF 进行扩展而形成的本体描述语言，于 2002 年被 W3C 采纳为推荐标准。RDFS 在模式层面（Schema）对 RDF 数据进行定义，定义了类、属性、属性值来描述客观世界，并且通过定义域和值域来约束资源，克服了 RDF 的缺点，更加形象化地表达了知识。更有意义的是，通过已定义的元素，可以在两个独立的应用之间进行数据共享。

RDFS 不是用来取代 RDF 的，而是用来补充完善 RDF 的，它增强了 RDF 对资源的描述能力。RDF 只是设计了“主语-谓语-宾语”这种资源描述形式，虽然它允许用户使用自己的词汇表来描述资源，但是它本质上是领域无关的，没有任何领域的语义。而 RDFS 是一个描述 RDF 资源属性和类的词汇表，提供了关于这些属性和类的层次结构的语义。

简单来说，RDFS 是 RDF 的“元数据”。RDF 只是陈述了事实（知识），就像关系型数据库某个表中的记录一样。这些记录的含义是由表的结构（模式）来定义的，RDFS 就相当于这个表的结构描述，定义了每个字段的业务含义。所以说，RDF 是数据，RDFS 是 RDF 的模型（模式）。

在 RDFS 中，通过定义类来对 RDF 所描述的资源赋予含义（语义）。实际上，在 RDFS 中，资源、属性都可以定义为类，类具有层次和继承的关系。

2.3.1 RDFS 元素

我们知道，RDF 是对具体事物的描述，无法区分类和对象，缺乏抽象能力，无法对同一类别的事物进行定义和描述，也无法定义和描述类的关系/属性，所以需要模式（Schema）的引入。RDFS 扩展了 RDF 的词汇集，也扩充了某些 RDF 元素的定义，例如它设置了属性的定义域（domain）和值域（range），并使用 RDFS 词汇来描述类和属性的分类法则，从而能够定义 RDF 的模式。

RDFS 在模式层面对 RDF 数据进行定义，主要包括如下语义元数据术语：Class、subClassOf、type、Property、subPropertyOf、Domain、Range 等，基于这些简洁的表达组件可以描述类、类与类之间的关系，能够构建某个特定领域的类层次体系和属性体系，从而增强了 RDF 对资源的描述能力。RDFS 的这种类和属性体系有点类似于面向对象编程的语言（如 Java），但是与之不同的是：RDFS 不是根据类的实例（对象）所具有的属性来定义一个类，而是根据所应用的资源类来描述属性，提供一种从“属性”或“关系”角度分析问题的能力。例如：我们可以定义一个属性：eg:author，这个属性有一个资源类定义域 eg:Document（domain）和一个资源类值域 eg:Person（range）。这种以属性为中心（property-centric）的方法可以通过定义域 eg:Document 或者值域 eg:Person 很容易扩展出其他属性（关系）。

2.3.1.1 RDFS 类

这里简要描述 RDFS 中重要的类。在 RDF 中，通常使用 IRI 来表示类别或类型，例如

"http://xmlns.com/foaf/0.1/Person"可表示"Person"类型。

2.3.1.1.1 rdfs:Resource

在 RDF 中，任何可以被标识的事物，例如文档、网页、图像、音频、视频、文本等，都称为资源，资源使用 rdfs:Resource 表示。

rdfs:Resource 是 RDFS 中一个预定义的词汇，表示任何资源的抽象概念。它是 RDF 模型的基础，是所有 RDF 资源的父类（根类或超类），即所有 RDF 资源都是 rdfs:Resource 的一个子类或子类的子类，包括资源的实例、类、属性和关系等。rdfs:Resource 提供了一些基本的元属性，如 rdf:type 和 rdfs:label 等，用于表示所有 RDF 资源的共同特征，用来描述其他类和实例。另外，通过继承 rdfs:Resource 的属性和关系，还可以创建新的类，定义自己的属性和关系，从而更好地描述资源和关系。

2.3.1.1.2 rdfs:Class

在 RDFS 中，每个类都是 RDFS 资源，所有类都是 rdfs:Resource 的子类，所以 rdfs:Class 也是 rdfs:Resource 的子类，继承了 rdfs:Resource 的所有属性和方法。

rdfs:Class 提供了一些基本的元属性，例如 rdfs:subClassOf 和 rdfs:label 等，可以用来描述一个类及其关系，不仅可以描述某个类型的实例，还可以作为其他类的超类或子类。rdfs:Class 还可以用于定义属性的域和范围，以限制属性的使用范围。例如，可以定义一个属性“hasFather”，并将它的定义域定义为“Person”，将它的值域定义为“Person”，这意味着这个属性只能用于描述两个人之间的父子关系。rdfs:Class 是 RDF 数据模型中最基本的元素之一，它为 RDF 提供了更高层次的语义描述和结构化表示。

rdfs:Resource 表示所有 RDF 资源的顶层类别，而 rdfs:Class 表示所有 RDFS 类的顶层类别。

2.3.1.1.3 rdfs:Literal

在 RDFS 中，rdfs:Literal 是 rdfs:Resource 的子类，它继承了 rdfs:Resource 的所有属性和方法。

rdfs:Literal 是 RDFS 中的一个预定义类，用于表示字符串、数字、日期等基本类型字面常量的值，以及自定义数据类型的值。它可以与其他 RDFS 类一起使用，例如，可以将其作为属性值与资源关联起来。此外，rdfs:Literal 还有一些自己的属性和方法，例如 rdfs:Literal 的数据类型属性 rdf:type，可以用于指定 rdfs:Literal 的数据类型，如 xsd:string 表示字符串类型，xsd:integer 表示整数类型等。在 RDF 中，经常使用 rdfs:Literal 来表示文本信息，例如书名、作者、出版日期等。

在 RDF 图中，一个字面常量（literal）由两个或三个部分组成，具体取决于该字面常量是否具有语言标签或数据类型。这些部分分别是：

① 字面值（Value）。字面常量的实际内容部分，例如一个字符串或数字，必须是 Unicode 字符。

② 数据类型（Datatype）。通过一个 IRI 指定一个数据类型。如果该字面常量具有数据类型，则需要指定该数据类型。数据类型可以是 RDF Schema 定义的数据类型（如 xsd:string、 xsd:integer)，也可以是用户定义的数据类型。数据类型部分是可选的，如果没有指定数据类型，则默认为 xsd:string 类型。

③ 语言标签部分（Language tag）。如果该字面常量是一个语言标记字符串（language-tagged string），则它具有一个 ISO 语言代码的标签，例如"@en"表示英语。语言标签部分是可选的，只有数据类型的 IRI 为 http://www.w3.org/1999/02/22-rdf-syntax-ns#langString 时才是必选的；如果该字面值不是语言标记字符串，则不需要此部分。

需要注意的是，rdfs:Literal 是一种特殊的 RDF 资源类型，它不是类或属性，而是 RDF 图中的一个节点。因此，它不能被定义为类的子类或实例。然而，RDFS 定义了一些数据类型，例如 xsd:string、xsd:integer 等，它们都是 rdfs:Class 的子类，这些数据类型的实例都是 rdfs:Literal 的实例。

2.3.1.1.4 rdfs:Datatype

在 RDFS 中，rdfs:Datatype 是一个特殊的 RDFS 类，用于定义 RDF 资源中的属性和字面量的数据类型，是 rdfs:Class 的子类，表示包括字符串、整数、浮点数、日期等在内的各种数据类型。它既是 rdfs:Class 的一个子类，也是 rdfs:Class 的一个实例。每一个 rdfs:Datatype 的实例都是 rdfs:Literal 的子类。

在 RDFS 中，基于 rdfs:Datatype 定义了各种数据类型的子类，例如 xsd:string、xsd:integer、xsd:boolean 等，这些子类实际上是 RDF Schema 的扩展，提供了更丰富的数据类型来描述 RDF 图中的值。它在 RDF 数据建模和描述中扮演着重要的角色，它使得 RDF 可以描述和处理各种类型的数据。例如，通过将一个 RDF 资源的属性值与特定的数据类型相关联，可以限制该属性的值必须是该数据类型的实例。这样，RDF 可以更准确地描述和处理 RDF 图中的数据，提高数据的可信度和一致性。

2.3.1.1.5 rdf:langString

在 RDFS 中，rdf:langString 是 rdfs:Datatype 的一个实例，也是 rdfs:Literal 的一个子类，特指 RDF 图中具有语言标签的文本字符串。rdf:langString 由文本字符串和与之关联的语言标签组成，语言标签通常是 ISO 639-1 语言代码，用于描述文本字符串所属的语言。例如，"Hello"@en 表示英语中的“Hello”，其中“@en”是语言标签，指定文本字符串所属的语言为英语。

rdf:langString 可以用来描述根据语言环境而变化的字符串，例如网站的本地化文本或多语言文本翻译。因此，rdf:langString 在 RDF 数据建模和描述中扮演着重要的角色，帮助 RDF 描述和处理各种类型的文本字符串。

2.3.1.1.6 rdf:HTML

在 RDFS 中，rdf:HTML 是 rdfs:Datatype 的一个实例，rdfs:Literal 的一个子类，特指一段 HTML 文字。

2.3.1.1.7 rdf:XMLLiteral

在 RDFS 中，rdf:XMLLiteral 是 rdfs:Datatype 的一个实例，rdfs:Literal 的一个子类，特指一段 XML 文字。

2.3.1.1.8 rdf:Property

在 RDFS 中，rdf:Property 是 rdfs:Class 的一个实例，表示描述两个资源之间关系的属性。一个属性可以被看作是一个关系，它将主体（主语）和客体（宾语）联系在一起。属性用在 RDF 语句中，其中主语、谓语（属性）和宾语都是资源。例如，属性“hasColor”可以用于描述汽车（主语）与其颜色（宾语）之间的关系。谓语“hasColor”将主语和宾语链接在 RDF 语句中。属性可以具有多个值，并且可以用于创建资源之间复杂的关系图。

2.3.1.2 RDFS 属性

这里简要描述 RDFS 中重要的属性。

2.3.1.2.1 rdfs:range

在 RDFS 中，rdfs:range 是 rdf:Property 的一个实例，定义了属性的值域。例如，如果一个属性具有 "xsd:string"的 RDFS range，那么它意味着该属性只能具有字符串值。例如一个三元组：P rdfs:range C，这个描述表明了三个事实：

① P 是 rdf:Property 类的实例。这意味着 P 是一个属性，可用于描述资源。

② C 是 rdfs:Class 类的实例。这意味着 C 是一个类，用于描述一组具有共同特征的资源。

③ 当一个三元组的谓词是 P 时，其宾语所表示的资源是类 C 的实例。这意味着 P 描述了一种关系，将某些资源与类 C 相关联。

2.3.1.2.2 rdfs:domain

在 RDFS 中，rdfs:domain 是 rdf:Property 的一个实例，定义了属性的定义域。例如，如果 rdfs:domain 是"xsd:integer"，则表示该属性描述的值必须是整数类型。例如一个三元组：P rdfs:domainC，这个描述表明了三个事实：

- P 是 rdf:Property 类的实例。这意味着 P 是一个属性，可用于描述资源。
- C 是 rdfs:Class 类的实例。这意味着 C 是一个类，用于描述一组具有共同特征的资源。
- 当一个三元组的谓词是 P 时，其主语所表示的资源是类 C 的实例，这种关系可以用来描述语义上的约束和规范，使得资源的描述更加准确和语义化。

2.3.1.2.3 rdfs:type

在 RDFS 中，属性 rdfs:type 是类 rdf:Property 的一个实例，用以指定一个资源是一个类的实例。例如：R rdfs:type C，在这个陈述中，C 是类 rdfs:Class 的实例，R 是类 C 的一个实例。

2.3.1.2.4 rdfs:subClassOf

在 RDFS 中，属性 rdfs:subClassOf 是类 rdf:Property 的一个实例，用以定义类之间的层次关系，表示一个类是另一个类的子类，意味着第一个类是第二个类的更具体的版本。例如三元组：C1 rdfs:subClassOf C2，在这个陈述中，C1、C2 都是类 rdfs:Class 的实例，但是 C1 是 C2 的子类。

rdfs:subClassOf 关系是可传递的，因此如果 A 是 B 的子类，B 是 C 的子类，那么 A 也是 C 的子类。

2.3.1.2.5 rdfs:subPropertyOf

在 RDFS 中，属性 rdfs:subPropertyOf 是类 rdf:Property 的一个实例，用以指明属性之间的层次关系。它表示一个属性是另一个属性的子属性，意味着第一个属性是第二个属性的更具体的版本。例如三元组：P1 rdfs:subPropertyOf P2，在以上陈述中 P1、P2 都是类 rdfs:Property 的实例，但是 P1 是 C2 的子类。

rdfs:subPropertyOf 关系是可传递的，因此如果 A 是 B 的子属性，B 是 C 的子属性，那么 A 也是 C 的子属性。

2.3.1.2.6 rdfs:label

在 RDFS 中，属性 rdfs:label 是类 rdf:Property 的一个实例，用以提供一个人可以阅读的资源名称。例如三元组：R rdfs:label L，在以上陈述中，L 是资源 R 的一个可读名称。

注意：rdfs:label 的定义域（rdfs:domain）是 rdfs:Resource，而 rdfs:label 的值域（rdfs:range）是 rdfs:Literal。通过 rdf:langString 可以支持多语言标签。

2.3.1.2.7 rdfs:comment

在 RDFS 中，属性 rdfs:comment 是类 rdf:Property 的一个实例，用以提供一个人可以阅读的资源描述。例如三元组：R rdfs:comment L，在以上陈述中，L 是资源 R 的一个的描述。

注意：rdfs:comment 的定义域（rdfs:domain）是 rdfs:Resource，而 rdfs:comment 的值域（rdfs:range）是 rdfs:Literal。通过 rdf:langString 可以支持多语言资源描述。

2.3.2 RDFS 实例

下面我举一个 RDFS 的例子，并对例子进行简要的说明。

```
<rdf:RDF xmlns:rdf="http://www.w3.org/1999/02/22-rdf-syntax-ns#"
     xmlns:rdfs="http://www.w3.org/2000/01/rdf-schema#">
  <!-- 定义一个 RDFS 类 -->
  <rdfs:Class rdf:about="http://example.org/Animal">
    <rdfs:label>Animal</rdfs:label>
    <rdfs:comment>A class of animals</rdfs:comment>
  </rdfs:Class>
  <!-- 定义一个 RDFS 属性 -->
  <rdf:Property rdf:about="http://example.org/eats">
    <rdfs:label>eats</rdfs:label>
    <rdfs:comment>The food that an animal eats</rdfs:comment>
    <rdfs:domain rdf:resource="http://example.org/Animal"/>
    <rdfs:range rdf:resource="http://example.org/Food"/>
  </rdf:Property>
  <!-- 定义一个 RDFS 子类 -->
  <rdfs:Class rdf:about="http://example.org/Carnivore">
    <rdfs:label>Carnivore</rdfs:label>
    <rdfs:comment>An animal that eats meat</rdfs:comment>
    <rdfs:subClassOf rdf:resource="http://example.org/Animal"/>
  </rdfs:Class>
```

```
<!-- 定义一个 RDFS 实例 -->
<rdf:Description rdf:about="http://example.org/Lion">
  <rdf:type rdf:resource="http://example.org/Carnivore"/>
  <rdfs:label>Lion</rdfs:label>
  <rdfs:comment>A large cat that is a carnivore</rdfs:comment>
  <rdf:eats rdf:resource="http://example.org/Zebra"/>
</rdf:Description>
<!-- 定义一个 RDFS 实例 -->
<rdf:Description rdf:about="http://example.org/Zebra">
  <rdf:type rdf:resource="http://example.org/Animal"/>
  <rdfs:label>Zebra</rdfs:label>
  <rdfs:comment>An African mammal with black and white stripes</rdfs:comment>
</rdf:Description>
<!-- 定义一个 RDFS 实例 -->
<rdf:Description rdf:about="http://example.org/Grass">
  <rdf:type rdf:resource="http://example.org/Food"/>
  <rdfs:label>Grass</rdfs:label>
  <rdfs:comment>A type of vegetation</rdfs:comment>
</rdf:Description>
</rdf:RDF>
```

这个例子定义了一个 Animal 类，它有一个 eats 属性，表示某个 Animal 所吃的食物。Animal 类的子类 Carnivore 表示肉食动物，它继承了 Animal 类的特征，并且有一个特定的 eats 属性范围。Lion 和 Zebra 是 Animal 类的实例。Grass 是一个 Food 类的实例，表示植物类食物。这个例子展示了 RDFS 如何定义 RDF 资源的类别、属性、子类和实例。

2.4 Web 本体语言 OWL

与 RDFS 类似，Web 本体语言 OWL（Web Ontology Language）也是对资源描述框架 RDF 的词汇扩展，但是比 RDFS 能力更强。因此，本质上 OWL 也是一种 RDF。但是 OWL 允许用户定义自己的类、属性和关系，从而更精细地描述资源和关系，并且 OWL 引入了并、或、补等布尔算子，递归构建复杂的类，还提供了全称量词约束、存在量词约束等功能，描述属性具有传递性、对称性、函数性等性质。所以，OWL 具有丰富的知识表示和推理能力，而这是 RDFS 所不具备的。

OWL 是在 DAML+OIL 的基础上改进而来的，并于 2004 年被 W3C 采纳为推荐标准。OWL 一方面保持了对 DAML+OIL/RDFS 的兼容性，另一方面又保证了更加强大的语义表达能力，同时还要保证描述逻辑 DL（Description Logic）的可判定推理，因此，W3C 的设计者针对各类特征的需求制定了三种相应的 OWL 的子语言，即 OWL Lite、OWL DL 和 OWL Full。

① OWL Lite。OWL Lite 是表达能力最弱的子语言。它是 OWL DL 的一个子集，但是通过降低 OWL DL 中的公理约束，保证了迅速高效的推理。它支持基数约束，但基数值只能为 0 或 1。因为 OWL Lite 表达能力较弱，为其开发支持工具要比其他两个子语言容易一些。OWL

Lite 适合仅需要一个分类层次和简单约束的本体构建。

② OWL DL。OWL DL（OWL 描述逻辑）将可判定推理能力和较强表达能力作为首要目标，而忽略了对 RDFS 的兼容性。OWL DL 包括了 OWL 语言的所有语言成分，但使用时必须符合一定的约束，受到一定的限制。OWL DL 提供了描述逻辑的推理功能，描述逻辑是 OWL 的形式化基础。

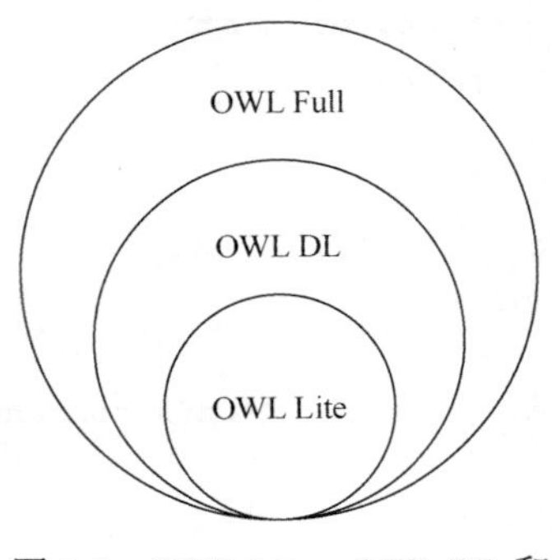

图 2-6 OWL Lite、OWL DL 和 OWL Full 之间的关系

③ OWL Full。OWL Full 包含 OWL 的全部语言成分并取消了 OWL DL 中的限制，它将 RDFS 扩展为一个完备的本体语言，支持那些不需要可计算性保证但需要最强表达能力和完全自由的情况。在 OWL Full 中，一个类可以看成是个体的集合，也可以看成是一个个体。由于 OWL Full 取消了基数限制中对可传递性质的约束，因此不能保证可判定推理。

OWL Lite、OWL DL 和 OWL Full 的关系如图 2-6 所示。

2.4.1 OWL 元素

OWL 可以认为是一种强大的通用知识建模语言，建模的结果就是“本体”。OWL 2 的目标就是把某一领域的知识公式化，以便能够进行交换共享、推理应用。图 2-7 展示了 OWL 2 中的主要组成部分及其关系。

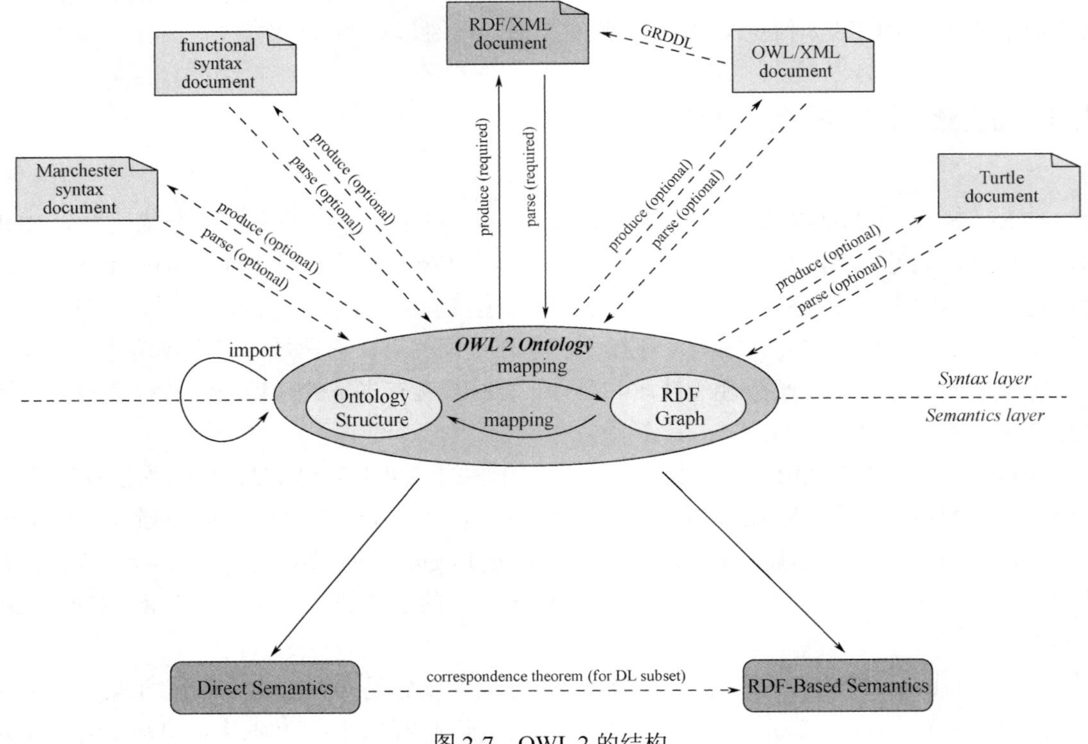

图 2-7 OWL 2 的结构

在上图中，中间椭圆形节点代表 OWL 2 表达的本体，可以想象为一个抽象的本体结构或 RDF 图，图中上部是用于序列化本体和共享交换本体信息的语法组件，图中底部是两个定义本体的语义规范。

为了深入理解 OWL 2 如何表示知识，这里介绍几个 OWL 中的最基本的概念：公理、实体和表达式。其中公理和实体两个概念前面已有介绍，不过这里从 OWL 的角度还是重复介绍一下。

① 公理（axiom）：OWL 中本体表达的基本事实陈述（语句或命题）。

实际上，OWL 2 的本体是由大量的“知识片段”组成的集合，这些“知识片段”被称为陈述（statement），或者命题（proposition）。例如：“天正在下雨”“每个人都需要吃饭”就是典型的陈述或命题。在 OWL 2 中，本体中的这种陈述称为“公理”。一般情况下，对这种公理的断言（assert）都是真的。

在 OWL 中，一个陈述（语句）可以是其他陈述的结果。这意味着当其他陈述成立（为真）时，我们可以断言这个陈述也是成立（为真）的。用 OWL 的语言来说就是：一组陈述 A 蕴含了一个陈述 a，如果在任何情况下，A 中的所有陈述都是成立（为真）的，那么这个潜在的陈述 a 也是成立（为真）的。

② 实体（entity）：用于指代（代表）现实世界中对象的 OWL 元素。

在 OWL 本体中，一个公理（陈述）都是有内部结构的。一个陈述通常说明现实世界中的对象，描述对象间的关系，例如一个对象属于一个类别（“马丽是女性”）、一个对象与另一个对象的关系（“马丽与王晶结婚了”）。一个陈述中的所有原子成分，无论是对象、类别还是关系，都称为实体。在 OWL 2 中，我们将对象称为实例或个体（individual），将类别称为类（class），将关系称为属性（property）。实际上，在 OWL 2 中，属性除了包含实体之间的关系，还包括实体本身具有的特征属性（features 或者 attributes），例如一个人的性别、年龄等。在构建本体时，常常把属性称为槽位（slot，也称为插槽），而对属性的约束部分称为侧面（facet，也称为构面）。本章后面我们会详细讲述槽位和侧面的内容。

属性还可以进一步细分为对象属性（Object property）、数据类型属性（datatype property）和注释属性（Annotation property）。其中对象属性描述对象与对象之间的关联关系(例如，某个人与其配偶的关系)，也就是三元组中实体间的关系；数据类型属性将个体对象与一个 XML Schema 数据类型值关联起来(例如，把一个年龄值赋给某个人)，OWL 充分利用了 XML Schema 定义的各种数据类型；注释属性用于对本体（类、属性、个体等）进行各种注释，添加元信息。注释属性也称为标注属性，它没有子属性，也不能成为其他属性的子属性，且不能使用 domain 和 range。OWL 预定了 owl:versionInfo、rdfs:comment、rdfs:seeAlso 等多个预定义的注释属性，当然用户也可以添加自定义注释属性。

③ 表达式（expression）：由基本的实体组合而成的复杂描述，用来表示实体之间的关系和属性。

通过构造器（如逻辑中的交集、并集、补集操作等）能把实体的名称组合成复杂的表达式是 OWL 的一个核心特性。例如，一个原子类别“女性”和另一个原子类别“教授”通过结合可形成一个新的表达式，标识一个新的类别“女性教授”。所以，从这个意义上看，一个表达式可以看作是有一定结构的“实体”。

2.4.1.1 类、属性和个体

下面我们使用一个陈述（statement）说明个体和类的关系。

```
<Person rdf:about="马丽"/>
```

在这个陈述中，描述了一个名称为“马丽”的个体（实例），并且说明这个个体是一个人“Person”。我们也可描述为：“马丽”是类“Person”的一个成员（is a member of），或者“马丽”是类“Person”的一个实例（is an instance of）。

类（class）是用来对具有相同特性的个体进行归类，所以本质上类代表了个体的集合。所以，我们也可以使用下面的陈述（语句）表示“马丽”是一个“Woman”：

```
<Woman rdf:about="马丽"/>
```

从上面的两个陈述例子也可以看出，一个个体的类成员属性并不是唯一的：我们可以对个体使用不同的规则进行归类，例如性别、年龄，甚至所穿鞋子的鞋号大小等。所以，一个个体可能同时属于不同的类。

在上面的例子中，涉及两个类：Person 和 Woman。这两个类是有一定关系的：Person 比 Woman 更普遍一些，也就是说：如果一个个体是一个 Woman，那这个个体一定是类 Person 的实例。在 OWL 2 中，这是通过子类公理实现的。RDF/XML 代码如下：

```
<owl:Class rdf:about="Woman">
  <rdfs:subClassOf rdf:resource="Person"/>
</owl:Class>
```

上面这个子类公理的存在使得推理机能够推导出如下结果：任何一个类“Woman”的实例必定同时也是类“Person”的实例。

在本体建模中，也是使用这种子类陈述（语句）来指定整个研究领域中所有类的层次。比如，我们还想声明所有的母亲（mother）也是女人（Woman）。RDF/XML 代码如下：

```
<owl:Class rdf:about="Mother">
  <rdfs:subClassOf rdf:resource="Woman"/>
</owl:Class>
```

从上面两个陈述的代码中，推理机不仅能够推导出一个“Mother”的个体一定是一个“Woman”（自然也是一个“Person”），而且也能推导出“Mother”肯定是“Person”的子类，这意味着子类关系是可传递的（transitive）。

除此之外，我们也可以说，类是自反的（reflexive），即一个类是它本身的子类。在 OWL 中，如果两个类指向同一个实体集合，则这两个类是语义上等价的（equivalent）。例如，“Person”和“Human”均表示“人”，也就是任何一个“Person”的实例，也是“Human”的实例，反之亦然。使用 RDF/XML 代码表示如下：

```
<owl:Class rdf:about="Person">
  <owl:equivalentClass rdf:resource="Human"/>
</owl:Class>
```

这个陈述中标识“Person”和“Human”是等价的，即“Person”是“Human”的子类，“Human”也是“Person”的子类。

在前面我们说过，一个个体可以同时是多个类的实例。但是在某些情况下，一个个体一

旦是某个类的实例，它就不能是另外一个类的实例。例如：考虑到类“Man”和“Woman”，我们知道没有一个个体能够既是“Man”的实例，同时也是“Woman”的实例，这种情况表示了类的不相交性质（class disjointness）。使用 RDF/XML 代码表示如下：

```
<owl:AllDisjointClasses>
  <owl:members rdf:parseType="Collection">
    <owl:Class rdf:about="Woman"/>
    <owl:Class rdf:about="Man"/>
  </owl:members>
</owl:AllDisjointClasses>
```

结合前面的代码，在给定这个公理陈述后，推理机可以推导出：“马丽”不是一个“Man”。

除了类与类之间具有关系外，个体之间也具有一定的关系。例如在一个陈述“马丽是张三的妻子”中，通过 RDF/XML 代码表示为：

```
<rdf:Description rdf:about="张三">
  <hasWife rdf:resource="马丽"/>
</rdf:Description>
```

在上面的代码中，描述个体间关系的实体（“hasWife”）称为属性（property）。当然，也存在一些描述个体间不具有某些关系的实体（属性），此时需要用到否定属性断言。例如“马丽不是李四的妻子”。RDF/XML 代码如下：

```
<owl:NegativePropertyAssertion>
  <owl:sourceIndividual rdf:resource="Bill"/>
  <owl:assertionProperty rdf:resource="hasWife"/>
  <owl:targetIndividual rdf:resource="Mary"/>
</owl:NegativePropertyAssertion>
```

否定属性有特殊的用途，因为在 OWL 中，默认是一切皆有可能，除非我们特别指出某些关系不存在。

在 OWL 中，一个类属性可以蕴含着另一个 类属性。例如下面的代码：

```
<owl:ObjectProperty rdf:about="hasWife">
  <rdfs:subPropertyOf rdf:resource="hasSpouse"/>
</owl:ObjectProperty>
```

这段代码说明了属性“hasWife”是属性“hasSpouse”的子类属性。

与 RDFS 类似，OWL 也是以属性为中心的知识表示。一个陈述实际上就是以某个属性连接两个个体的语句，例如：张三的妻子是马丽，在这个陈述中，个体“张三”和“马丽”是以属性“hasWife”为中心的两个实体，这两个实体对应着前面讲述的三元组的主语和宾语。除此之外，一个属性还蕴含了其他信息：对应的主语和宾语有各自的取值范围，也就是主语对应的定义域（domain）和宾语对应的值域（range）。使用 RDF/XML 代码表示如下：

```
<owl:ObjectProperty rdf:about="hasWife">
  <rdfs:domain rdf:resource="Man"/>
  <rdfs:range rdf:resource="Woman"/>
</owl:ObjectProperty>
```

一旦确定了这些公理，如果设定 A 和 B 通过属性“hasWife”进行了关联，那么可以推出：A 是类“Man”的一个实例，B 是类“Woman”的一个实例。

在 OWL 中，如果需要说明两个名称不同的个体是不同的实体，使用 RDF/XML 代码表示如下：

```
<rdf:Description rdf:about="John">
  <owl:differentFrom rdf:resource="Bill"/>
</rdf:Description>
```

在上面的代码中，说明“John”和“Bill”是两个不同的个体。

如果需要说明两个名称不同的个体是同一个实体，使用 RDF/XML 代码表示如下：

```
<rdf:Description rdf:about="James">
  <owl:sameAs rdf:resource="Jim"/>
</rdf:Description>
```

在上面的代码中，说明“John”和“Bill”是两个不同的个体。

经过上面的介绍，我们已经知道了如何通过类成员属性、个体间关系来描述一个个体。除此之外，还可以通过数据值来描述个体。例如一个人的出生日期、年龄、Email 地址等。为此，OWL 专门提供了一类属性：数据类型属性（Datatype properties）。这类属性使一个个体与某个数据值相关联，而不是与其他个体。下面的陈述使用了数据类型属性，说明张三的年龄是 51。RDF/XML 代码如下：

```
<Person rdf:about="张三">
  <hasAge rdf:datatype="http://www.w3.org/2001/XMLSchema#integer">51</hasAge>
</Person>
```

对于数据类型属性，也可以像对于对象属性一样，指定定义域和值域。在这种情况下，值域将是一个数据类型，而不是一个类。下面的例子说明了属性“hasAge”仅用于将“人”与非负整数相关联：

```
<owl:DatatypeProperty rdf:about="hasAge">
  <rdfs:domain rdf:resource="Person"/>
  <rdfs:range rdf:resource="http://www.w3.org/2001/XMLSchema#nonNegativeInteger"/>
</owl:DatatypeProperty>
```

2.4.1.2 类的高级关系

本章节将介绍在 OWL 中，如何使用已有类、属性和个体作为组件构建新类。

为了能够对复杂知识进行建模，OWL 借用了集合论中逻辑与、或、非的概念，提供了可对已有类进行交（intersection）、并（union）、补（complement）操作的类构造器。

两个已有类之间相交可以构成一个新类，表示新类的实例必须同时是两个已有类的实例。两个类的相交的结果如图 2-8 所示的阴影部分。

下面的代码描述了一个新的类“Mother”，它的实例同时满足“Woman”和“Parent”的要求。RDF/XML 代码如下：

```
<owl:Class rdf:about="Mother">
   <owl:equivalentClass>
     <owl:Class>
       <owl:intersectionOf rdf:parseType="Collection">
         <owl:Class rdf:about="Woman"/>
```

```
            <owl:Class rdf:about="Parent"/>
          </owl:intersectionOf>
        </owl:Class>
      </owl:equivalentClass>
    </owl:Class>
```

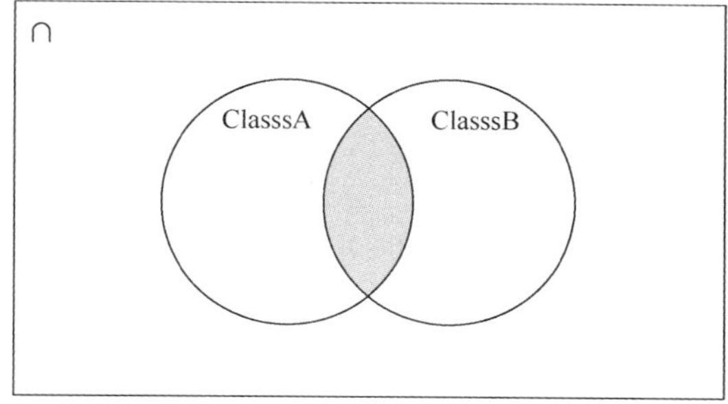

图 2-8　两个类的交集

从上面的新类“Mother”中，一个合理的推论就是类“Mother”的所有实例也是类“Parent”的实例。

两个已有类之间的并集也可以构成一个新类，表示新类的实例只要属于两个已有类的一个或者两个就可以。两个类的并操作的结果如图 2-9 所示的阴影部分。

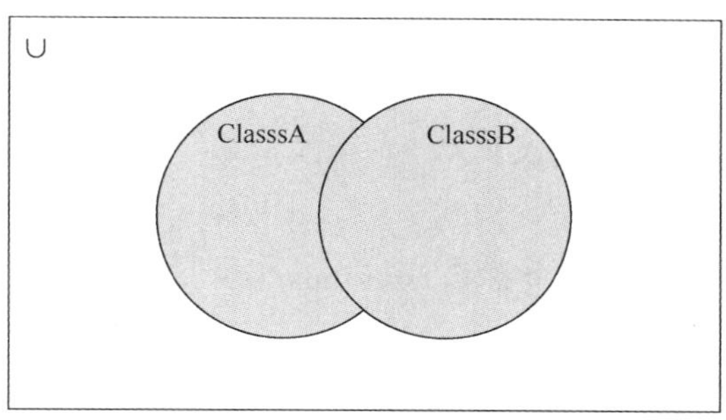

图 2-9　两个类的并集

下面的代码描述了一个新的类“Parent”，它的实例或者属于“Mother”，或者属于“Father”。RDF/XML 代码如下：

```
<owl:Class rdf:about="Parent">
  <owl:equivalentClass>
    <owl:Class>
      <owl:unionOf rdf:parseType="Collection">
        <owl:Class rdf:about="Mother"/>
        <owl:Class rdf:about="Father"/>
      </owl:unionOf>
    </owl:Class>
  </owl:equivalentClass>
</owl:Class>
```

最后，一个已有类的补集也可以创建一个新类，标识新类是由所有不属于已有类的实例构成。一个类的补集如图 2-10 所示的阴影部分。其中 ClassU 是指类的全集。

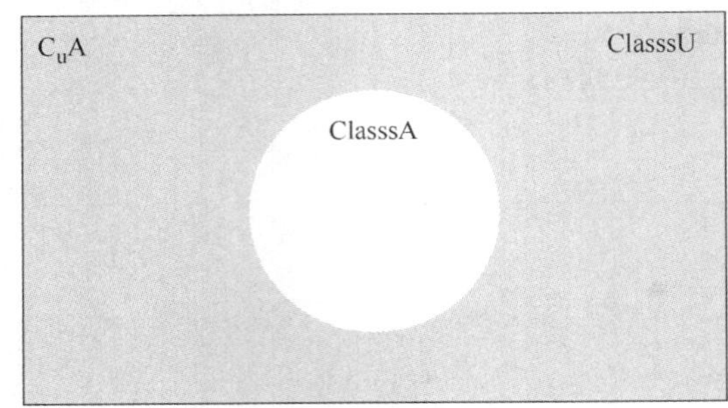

图 2-10　一个类的补集（相对全集）

下面的代码使用类构造函数的嵌套技术定义了一个无子女人员的新类"ChildlessPerson"。RDF/XML 代码如下：

```
<owl:Class rdf:about="ChildlessPerson">
  <owl:equivalentClass>
    <owl:Class>
      <owl:intersectionOf rdf:parseType="Collection">
        <owl:Class rdf:about="Person"/>
        <owl:Class>
          <owl:complementOf rdf:resource="Parent"/>
        </owl:Class>
      </owl:intersectionOf>
     </owl:Class>
  </owl:equivalentClass>
</owl:Class>
```

这里先简单介绍两个概念：全称量词（universal quantifier）和存在量词（existential quantifier）。

在逻辑学中，短语"所有的""任意一个""一切""除此之外什么都没有"等称为全称量词，如果一个陈述语句（命题）中含有全称量词，则称这个语句为全称量词命题（universal proposition）；短语"存在一个""至少有一个""有些"、"有的"等称为存在量词，如果一个陈述语句（命题）中含有存在量词，则称这个语句为存在量词命题（existential proposition）。

在 OWL 中，我们可以使用这两种概念对属性加以约束，从而构造新的类。与上面两个概念对应的实现方法分别是全称量词化（universal quantification）和存在量词化（existential quantification）。

可以想象，利用全称量词化方法定义的新类的实例必须是另外给定类的实例。例如，下面的例子说明只有一个人的所有孩子都是快乐的人，他才能是一个快乐的人。RDF/XML 代码如下：

```
<owl:Class>
  <owl:Class rdf:about="HappyPerson"/>
  <owl:equivalentClass>
    <owl:Restriction>
      <owl:onProperty rdf:resource="hasChild"/>
```

```
      <owl:allValuesFrom rdf:resource="HappyPerson"/>
    </owl:Restriction>
  </owl:equivalentClass>
</owl:Class>
```

这个例子也说明了 OWL 中是运行类的自我引用的：类“HappyPerson”用在等价语句的两侧。

同样可以想象，利用存在量词化方法定义的新类的实例将通过特定属性与另外一个类的实例进行关联。例如：新类“Parent”是具有“hasChild”的“Person”类。RDF/XML 代码如下：

```
<owl:Class rdf:about="Parent">
  <owl:equivalentClass>
    <owl:Restriction>
      <owl:onProperty rdf:resource="hasChild"/>
      <owl:someValuesFrom rdf:resource="Person"/>
    </owl:Restriction>
  </owl:equivalentClass>
</owl:Class>
```

从上面这个例子中，我们可以推出一个类“Parent”的实例至少有一个孩子，而“孩子”是类“Person”的实例。

在上面的属性约束描述中，我们知道：全称量词描述某个类的所有个体，而存在量词则描述至少一个个体。但是在某些情况下，我们需要具体地指定约束中的个体数，此时就需要属性基数约束。下面的例子中说明 John 最多有四个孩子，而它们自己本身也是父母“Parent”。RDF/XML 代码如下：

```
<rdf:Description rdf:about="John">
  <rdf:type>
    <owl:Restriction>
      <owl:maxQualifiedCardinality rdf:datatype="http://www.w3.org/2001/
XMLSchema#nonNegativeInteger">
        4
      </owl:maxQualifiedCardinality>
      <owl:onProperty rdf:resource="hasChild"/>
      <owl:onClass rdf:resource="Parent"/>
    </owl:Restriction>
  </rdf:type>
</rdf:Description>
```

注意：这个例子允许 John 有任意多个本身不是父母的孩子。

与上面例子相似的是，也可以声明 John 至少有 2 个本身是父母的孩子。RDF/XML 代码如下：

```
<rdf:Description rdf:about="John">
  <rdf:type>
    <owl:Restriction>
      <owl:minQualifiedCardinality rdf:datatype="http://www.w3.org/2001/
XMLSchema#nonNegativeInteger">
```

```
        2
      </owl:minQualifiedCardinality>
      <owl:onProperty rdf:resource="hasChild"/>
      <owl:onClass rdf:resource="Parent"/>
    </owl:Restriction>
  </rdf:type>
</rdf:Description>
```

如果需要设置一个确定的数据值，例如：John 正好有 3 个本身也是父母的孩子，则代码如下：

```
<rdf:Description rdf:about="John">
  <rdf:type>
    <owl:Restriction>
      <owl:qualifiedCardinality rdf:datatype="http://www.w3.org/2001/
XMLSchema#nonNegativeInteger">
        3
      </owl:qualifiedCardinality>
      <owl:onProperty rdf:resource="hasChild"/>
      <owl:onClass rdf:resource="Parent"/>
    </owl:Restriction>
  </rdf:type>
</rdf:Description>
```

某些情况下，最直接明了地描述一个类的方法是列出它的所有实例。例如，通过枚举方法可以创建生日宴会客人的新类“MyBirthdayGuests”。RDF/XML 代码如下：

```
<owl:Class rdf:about="MyBirthdayGuests">
  <owl:equivalentClass>
    <owl:Class>
      <owl:oneOf rdf:parseType="Collection">
        <rdf:Description rdf:about="Bill"/>
        <rdf:Description rdf:about="John"/>
        <rdf:Description rdf:about="Mary"/>
      </owl:oneOf>
    </owl:Class>
  </owl:equivalentClass>
</owl:Class>
```

注意：这个例子构建了一个新类“MyBirthdayGuests”，其成员包括“Bill”“John”和“Mary”，除此之外，这个新类的成员仅仅包括“Bill”“John”和“Mary”。这种定义的新类称为封闭类（closed class）或者枚举集（enumerated set）。所以，如果有一个个体“Jeff”是类“MyBirthdayGuests”的实例，则可以肯定的是：“Jeff”只能是以上三个成员中的一个。

2.4.1.3 属性的高级应用

在上面讲述的内容中，重点关注如何使用已有类和属性作为新类组成部分来构建和扩展本体的方法，本节我们将讨论一下 OWL 2 提供的属性特征扩展、属性链等方式构建本体的方法。

（1）属性特征扩展

通过对一个属性进行各种扩展，从而形成各种新的属性关系。这些关系包括方向反转关系（inverted）、非对称关系（asymmetric）、对称关系（symmetric）、不相交关系（disjoint）、自反关系（reflexive）、非自反关系（irreflexive）、函数式关系（functional）、传递关系（transitive）等。

通过一个属性作用的方向逆转，可以得到一个与原有属性作用方向相反的新关系。例如，属性“hasChild”方向逆转后，可以得到一个新的属性“hasParent”。RDF/XML 代码如下：

```
<owl:ObjectProperty rdf:about="hasParent">
  <owl:inverseOf rdf:resource="hasChild"/>
</owl:ObjectProperty>
```

从上面的代码可以推导出：如果个体 A 和 B 通过关系“hasParent”关联，则个体 B 和 A 将通过关系“hasChild”关联。下面的代码通过对属性作用方向取反定义了一个新类“孤儿（Orphan）”：

```
<owl:Class rdf:about="Orphan">
  <owl:equivalentClass>
    <owl:Restriction>
      <owl:onProperty>
        <owl:ObjectProperty>
          <owl:inverseOf rdf:resource="hasChild"/>
        </owl:ObjectProperty>
      </owl:onProperty>
      <owl:allValuesFrom rdf:resource="Dead"/>
    </owl:Restriction>
  </owl:equivalentClass>
</owl:Class>
```

对于某些属性，其作用与方向无关。此时我们称这个属性具有对称关系。例如，个体 A 和 B 具有配偶关系“hasSpouse”，则 B 和 A 同样具有配偶关系。RDF/XML 代码表示如下：

```
<owl:SymmetricProperty rdf:about="hasSpouse"/>
```

与某些属性具有对称关系相反，另外一些属性则具有非对称关系。例如个体 A 和 B 具有关系“hasChild”，不能推出 B 和 A 也有关系“hasChild”。RDF/XML 代码表示如下：

```
<owl:AsymmetricProperty rdf:about="hasChild"/>
```

与类之间可能存在着不相交关系类似，关系之间也有不相交关系。

如果没有两个个体被两个属性相连，则这两个属性是不相交的。例如：父母与孩子之间是不存在婚姻关系的，即属性“hasParent”和属性“hasSpoues”是不相交的。RDF/XML 代码表示如下：

```
<rdf:Description rdf:about="hasParent">
  <owl:propertyDisjointWith rdf:resource="hasSpouse"/>
</rdf:Description>
```

属性的自反关系描述了事物自身，也就是说它可以将一个个体与自身进行关联。例如每个人都是自己的亲属，使用 RDF/XML 代码表示如下：

```
<owl:ReflexiveProperty rdf:about="hasRelative"/>
```

注意：在 OWL 中，自反属性表示一个属性可以将一个个体与自身进行关联。但是，这并不意味着每个个体都与自身相同，因为个体可以具有不同的名称或标识符，尽管它们表示相同的实体。所以自反属性只是表示每个个体都与自己相关联，而不是每个个体都是相同的。

与自反关系相反，属性可以是非自反的，也就是没有个体与自身相关联。例如：没有人是自己的父母，使用 RDF/XML 代码表示如下：

```
<owl:IrreflexiveProperty rdf:about="parentOf"/>
```

属性的函数式关系是指一个个体通过这个属性最多与一个个体相关联。例如，一个人通过属性“hasHusband”最多只能与一个人关联。函数式属性可以用于确保本体中的数据一致性，因为它们限制了属性与值之间的关系。同时，如果属性被声明为函数式的，那么它必须是单值属性（只能与一个值相关联），否则会导致本体不一致。RDF/XML 代码表示如下：

```
<owl:FunctionalProperty rdf:about="hasHusband"/>
```

一个函数式属性的反转关系也是函数式属性。RDF/XML 代码表示如下：

```
<owl:InverseFunctionalProperty rdf:about="hasHusband"/>
```

这表明一个人最多只能是另外一个人的丈夫。

现在有一个关系祖先“hasAncestor”连接了个体 A 和 B，表明 B 是 A 的祖先；如果这个属性也连接了 B 和 C，表明 C 是 B 的祖先。很显然，C 也是 A 的祖先。我们称这种属性具有传递关系。RDF/XML 代码表示如下：

```
<owl:TransitiveProperty rdf:about="hasAncestor"/>
```

（2）属性链

在 OWL 中，属性链（property chain）是指将两个或多个属性通过某个对象进行关联，形成一个新的复合属性，用来描述实体之间的复杂关系，从而能够推理出符合某种复合关系的实体。属性链的使用可以简化本体描述的复杂度，提高本体的表达能力。下面的代码定义了一个属性“hasGrandparent”，RDF/XML 代码表示如下：

```
<rdf:Description rdf:about="hasGrandparent">
  <owl:propertyChainAxiom rdf:parseType="Collection">
    <owl:ObjectProperty rdf:about="hasParent"/>
    <owl:ObjectProperty rdf:about="hasParent"/>
  </owl:propertyChainAxiom>
</rdf:Description>
```

（3）Keys

在 OWL 2 中，数据属性或对象属性的集合可以作为一个类表达式的键，这意味着这个类的每个命名实例都可以由这个键值唯一标识。例如：可以通过社会保险号来识别一个人。RDF/XML 代码表示如下：

```
<owl:Class rdf:about="Person">
  <owl:hasKey rdf:parseType="Collection">
    <owl:DataProperty rdf:about="hasSSN"/>
  </owl:hasKey>
</owl:Class>
```

2.4.1.4 数据类型的高级应用

前面我们知道，个体可以通过数据类型属性与一个数值关联，正如个体通过对象数据与其他个体关联一样，事实上，我们可以按照这种方式扩展数据类型的更多应用。

通过约束或者组合现有的数据类型，可以定义新的数据类型。在下面的例子中，我们为一个人的年龄定义了一个新的数据类型“personAge”，将数据类型 integer 限制为 0 到 150 之间的值。RDF/XML 代码表示如下：

```
<rdf:Description rdf:about="personAge">
 <owl:equivalentClass>
   <rdfs:Datatype>
     <owl:onDatatype rdf:resource="http://www.w3.org/2001/XMLSchema#integer"/>
     <owl:withRestrictions rdf:parseType="Collection">
       <rdf:Description>
          <xsd:minInclusive rdf:datatype="http://www.w3.org/2001/XMLSchema#integer">0</xsd:minInclusive>
       </rdf:Description>
       <rdf:Description>
          <xsd:maxInclusive rdf:datatype="http://www.w3.org/2001/XMLSchema#integer">150</xsd:maxInclusive>
        </rdf:Description>
      </owl:withRestrictions>
    </rdfs:Datatype>
  </owl:equivalentClass>
</rdf:Description>
```

另外，就像类之间可以通过补集、交集和并集等操作创建新的类一样，数据类型也可以通过类似的操作定义新的数据类型。例如：我们已经有一个数据类型“minorAge”，那么可以通过从“personAge”中排除“minorAge”的所有数据值来定义数据类型“majorAge”。RDF/XML 代码表示如下：

```
<rdf:Description rdf:about="majorAge">
 <owl:equivalentClass>
   <rdfs:Datatype>
     <owl:intersectionOf rdf:parseType="Collection">
       <rdf:Description rdf:about="personAge"/>
       <rdfs:Datatype>
         <owl:datatypeComplementOf rdf:resource="minorAge"/>
       </rdfs:Datatype>
     </owl:intersectionOf>
    </rdfs:Datatype>
  </owl:equivalentClass>
</rdf:Description>
```

我们也可以通过枚举穷尽数据类型包含的数据值生成一个新的数据类型。RDF/XML 代码如下：

```
<rdf:Description rdf:about="toddlerAge">
 <owl:equivalentClass>
```

```
    <rdfs:Datatype>
      <owl:oneOf>
        <rdf:Description>
          <rdf:first rdf:datatype="http://www.w3.org/2001/XMLSchema#integer">1</rdf:first>
          <rdf:rest>
            <rdf:Description>
              <rdf:first rdf:datatype="http://www.w3.org/2001/XMLSchema#integer">2</rdf:first>
              <rdf:rest rdf:resource="http://www.w3.org/1999/02/22-rdf-syntax-ns#nil"/>
            </rdf:Description>
          </rdf:rest>
        </rdf:Description>
      </owl:oneOf>
    </rdfs:Datatype>
  </owl:equivalentClass>
</rdf:Description>
```

最后，我们举一个通过对数据类型属性进行约束定义新类的方法。下面的例子定义了一个新类“Teenager”，其所有对象的年龄在 13 岁到 19 岁之间。RDF/XML 代码如下：

```
<owl:Class rdf:about="Teenager">
  <rdfs:subClassOf>
    <owl:Restriction>
      <owl:onProperty rdf:resource="hasAge"/>
      <owl:someValuesFrom>
        <rdfs:Datatype>
          <owl:onDatatype rdf:resource="http://www.w3.org/2001/XMLSchema#integer"/>
          <owl:withRestrictions rdf:parseType="Collection">
            <rdf:Description>
              <xsd:minExclusive rdf:datatype="http://www.w3.org/2001/XMLSchema#integer">12</xsd:minExclusive>
            </rdf:Description>
            <rdf:Description>
              <xsd:maxInclusive rdf:datatype="http://www.w3.org/2001/XMLSchema#integer">19</xsd:maxInclusive>
            </rdf:Description>
          </owl:withRestrictions>
        </rdfs:Datatype>
      </owl:someValuesFrom>
    </owl:Restriction>
  </rdfs:subClassOf>
</owl:Class>
```

2.4.1.5 文档信息和注释

本节内容可能不会对本体中所表达知识的逻辑有所贡献，但是提供了关于本体本身、包含的公理，甚至单个实体的附件说明信息。

（1）公理和实体的注释

就像Java、C++等程序开发语言都提供的注释功能一样，OWL中的注释同样能够对某些公理、类或实体提供人类可读的文本注释信息。下面的代码展示了对一个类注释的方法。RDF/XML代码如下：

```
<owl:Class rdf:about="Person">
  <rdfs:comment>代表所有人的集合</rdfs:comment>
</owl:Class>
```

下面的代码是对一个公理（陈述）的注释：

```
<owl:Class rdf:about="Man">
  <rdfs:subClassOf rdf:resource="Person"/>
</owl:Class>
<owl:Axiom>
  <owl:annotatedSource rdf:resource="Man"/>
  <owl:annotatedProperty rdf:resource="&rdfs;subClassOf"/>
  <owl:annotatedTarget rdf:resource="Person"/>
  <rdfs:comment>States that every man is a person.</rdfs:comment>
</owl:Axiom>
```

通常情况下，这些注释会出现在本体编辑工具（如Protégé）中，以便在用户界面提供提示信息。

（2）本体管理

我们可以放置关于本体的各种信息，例如为OWL本体提供一个名称，它通常是这个本体文档在web中的位置。RDF/XML代码如下：

```
<rdf:RDF ...>
  <owl:Ontology rdf:about="http://example.com/owl/families"/>
  ...
</rdf:RDF>
```

OWL文档除了存储本体数据之外，还包含了关于通过提供前缀扩展将OWL本体中通常使用的简称(例如，Person)转换成国际化资源标识符IRI的信息。

在OWL中，一个本体可以重用另外一个本体中的信息。OWL不需要复制这些信息，而是允许使用import语句将整个本体的内容导入其他本体，如下所示：

```
<owl:Ontology rdf:about="http://example.com/owl/families">
  <owl:imports rdf:resource="http://example.org/otherOntologies/families.owl" />
</owl:Ontology>
```

我们知道，语义网络和本体的建设通常是分布式的，所以对于同一个类、属性或个体在不同的本体中使用不同的名称也是一种常见的情形。与上面重用不同本体中信息方式类似，这里也无需重复定义这些类、属性或个体，而是可以通过语句进行关联。下面的例子展示如何重用其他类“otherOnt”的资源、个体、属性和类等的方式，RDF/XML代码如下：

```
<rdf:Description rdf:about="John">
  <owl:sameAs rdf:resource="&otherOnt;JohnBrown"/>
</rdf:Description>
```

```
<rdf:Description rdf:about="Mary">
  <owl:sameAs rdf:resource="&otherOnt;MaryBrown"/>
</rdf:Description>

<owl:Class rdf:about="Adult">
  <owl:equivalentClass rdf:resource="&otherOnt;Grownup"/>
</owl:Class>

<owl:ObjectProperty rdf:about="hasChild">
  <owl:equivalentProperty rdf:resource="&otherOnt;child"/>
</owl:ObjectProperty>

<owl:DatatypeProperty rdf:about="hasAge">
  <owl:equivalentProperty rdf:resource="&otherOnt;age"/>
</owl:DatatypeProperty>
```

（3）实体声明

为了帮助管理本体，OWL 引入了声明的概念。基本思想是：每个类、属性或个体都应该在一个本体中声明，然后它们就可以在这个本体的其他地方使用，或者其他本体通过导入使用。声明的 RDF/XML 示例代码如下：

```
<owl:NamedIndividual rdf:about="John"/>
<owl:Class rdf:about="Person"/>
<owl:ObjectProperty rdf:about="hasWife"/>
<owl:DatatypeProperty rdf:about="hasAge"/>
```

注意：一个国际化资源标识符 IRI 能够同时表示不同的实体类型，例如个体、类。

2.4.2 OWL 实例

下面的示例代码定义了一个简单的生物学本体，包括四个类（Animal，Organism，LivingThing 和 Thing）和两个属性（eats 和 hasName）。其中，Animal 是 Organism 的子类，Organism 是 LivingThing 的子类，LivingThing 是 Thing 的子类。eats 属性指示 Animal 可以吃 Organism。hasName 属性用于指定 Thing 的名称。该示例还定义了两个具体的实例：一只名为 Fido 的狗（Dog）和一只名为 Whiskers 的猫（Cat），其中狗是 Animal 的实例。RDF/XML 代码如下。

```
<?xml version="1.0"?>
<rdf:RDF xmlns:rdf="http://www.w3.org/1999/02/22-rdf-syntax-ns#"
  xmlns:rdfs="http://www.w3.org/2000/01/rdf-schema#"
  xmlns:owl="http://www.w3.org/2002/07/owl#"
  xmlns:xsd="http://www.w3.org/2001/XMLSchema#"
  xmlns:example="http://www.example.com/ontologies/example#">
  <owl:Ontology rdf:about="http://www.example.com/ontologies/example"/>
  <owl:Class rdf:about="http://www.example.com/ontologies/example#Animal">
    <rdfs:subClassOf rdf:resource="http://www.example.com/ontologies/example#Organism"/>
```

```
    </owl:Class>
    <owl:Class rdf:about="http://www.example.com/ontologies/example#Organism">
      <rdfs:subClassOf rdf:resource="http://www.example.com/ontologies/example#LivingThing"/>
    </owl:Class>
    <owl:Class rdf:about="http://www.example.com/ontologies/example#LivingThing">
      <rdfs:subClassOf rdf:resource="http://www.example.com/ontologies/example#Thing"/>
    </owl:Class>
    <owl:Class rdf:about="http://www.example.com/ontologies/example#Thing"/>
     <owl:ObjectProperty rdf:about="http://www.example.com/ontologies/example#eats">
       <rdfs:domain rdf:resource="http://www.example.com/ontologies/example#Animal"/>
      <rdfs:range rdf:resource="http://www.example.com/ontologies/example#Organism"/>
    </owl:ObjectProperty>
     <owl:DatatypeProperty rdf:about="http://www.example.com/ontologies/example#hasName">
      <rdfs:domain rdf:resource="http://www.example.com/ontologies/example#Thing"/>
      <rdfs:range rdf:resource="http://www.w3.org/2001/XMLSchema#string"/>
    </owl:DatatypeProperty>
    <example:Dog rdf:about="http://www.example.com/ontologies/example#Dog">
      <rdf:type rdf:resource="http://www.example.com/ontologies/example#Animal"/>
      <example:eats rdf:resource="http://www.example.com/ontologies/example#Cat"/>
        <example:hasName rdf:datatype="http://www.w3.org/2001/XMLSchema#string">Fido</example:hasName>
    </example:Dog>
    <example:Cat rdf:about="http://www.example.com/ontologies/example#Cat">
      <rdf:type rdf:resource="http://www.example.com/ontologies/example#Organism"/>
        <example:hasName rdf:datatype="http://www.w3.org/2001/XMLSchema#string">Whiskers</example:hasName>
    </example:Cat>
</rdf:RDF>
```

2.5 曼彻斯特语法

虽然 OWL 本体表示的标准规范是 RDF/XML，但是不可否认的是，XML 的冗长以及难以手写的事实，使得这种语法无法以简洁的方式快速编写和编辑。一种 RDF/XML 语法的替代是曼彻斯特语法体系（Manchester Syntax），由 Matthew Horridge 和 Peter F. Patel-Schneider 开发。这是一种人类易读的、简洁紧凑的高级规范，一直都是主要设计工具用于显示和编辑类表达式的规范体系。

在 Protégé 中，与类相关的信息展示、复杂类表达式的编辑等等都需要曼彻斯特语法。所以，Protégé 的用户有必要熟悉曼彻斯特语法。与 RDF/XML 类似，曼彻斯特语法也是一种 OWL 本体的描述格式。但是与 RDF/XML 语法相比，它是一种用户友好的、更加紧凑的 OWL

2 本体描述形式，并且可以进行灵活扩展。

曼彻斯特语法是一种基于框架（frame-based）的体系规范。框架类似于面向对象编程 OOP 语言（如 Java、C++）中类的定义，用于表示一类事物的通用属性和特征，以及这些属性和特征之间的关系。实际上，OWL 本体中的概念或类都可以被定义为一个框架，而每个框架是一个属性和值的集合，用于描述自身属性以及与其他框架的关系。例如，在一个聊天机器人系统中，需要识别用户输入的意图，其中的意图类别也是一种框架。

2.5.1 基于框架的知识表示

框架（frame）是一种结构化的知识表示方式，是由马文·明斯基（Marvin Minsky）于 1975 年在其论文《知识表示的框架》（A Framework for Representing Knowledge）中提出的一种知识表示框架理论。它是由一系列槽位（slots）以及组成槽位的侧面（facet）组成的结构化模型。在一个用框架表示的知识系统中，一般都含有多个框架，为了区分不同的框架以及一个框架内不同的槽和侧面，需要分别赋予不同的名字，分别称为框架名、槽名及侧面名。因此，一个框架通常由框架名、槽名、侧面和值这四部分组成。除此之外还可以增加一些约束条件，用于指出什么样的值才能填入到槽和侧面中。

一个框架可以有任意有限数目的槽，一个槽可以有任意有限数目的侧面，一个侧面可以有任意有限数目的侧面值。槽和侧面的值分别称为槽值和侧面值，槽值或侧面值可以是任何数据类型，既可以是数值、字符串、布尔值，也可以是一个满足某个给定条件时要执行的动作或过程，还可以是另一个框架的名字，从而实现一个框架对另一个框架的调用，表示出框架之间的横向联系，或者实现子类框架对父类框架的继承，呈现框架之间的层级关系。而约束条件是任选的，当不指定约束条件时，表示没有约束。

下面我们举例说明框架如何表示知识，在这个例子框架中，框架名为“教师框架”，它含有 6 个槽，槽名分别是“类属”“工作”“性别”“学历”“类别”和“获奖情况”，如表 2-3 所示。

表 2-3　描述教师的框架

<教师框架>		
类属	<知识分子>	
工作	范围	(教学, 进修, 科研)
	缺省	教学
性别	(男, 女)	
学历	(大专, 本科, 研究生, 博士)	
类别	(<小学教师>, <中学教师>, <大学教师>)	
获奖情况	获奖级别	(校级, 区级, 省级)
	获奖日期	
	颁奖单位	

在表 2-3 中，槽“工作”由“范围”和“缺省”两个不同的侧面组成，其后是侧面值。其中侧面“范围”的值由小括号()指定一个值列表，表示实际使用时，需要选择一个值填充，而“缺省”侧面表示槽“工作”的默认值是“教学”；

槽“获奖情况”由“获奖级别”“获奖日期”和“颁奖单位”三个侧面组成。

槽“类属”的值“<知识分子>”是一个框架名<知识分子>，表明<教师框架>继承自<知识分子>。

槽“类别”的值是由多个框架名组成，表示在实际使用时选取其中一个值。

框架表示法具有灵活、槽位添加方便、容易理解等优点，但是不便于表达过程性知识，因此它经常与其他表示方法结合起来使用，以取得更好的效果。

由于 OWL 2 本体中的曼彻斯特语法使用了标准的巴科斯规范（范式）定义，所以下面我们将简述巴科斯规范。

2.5.2 巴科斯规范

巴科斯规范 BNF（Backus Normal Form）是一种用递归的思想来表述计算机语言符号集的定义规范，由 John Bakus(Fortran 语言发明者)和 Peter Naur 于 1960 年设计，所以又称巴科斯-诺尔范式(Backus-Naur form)，或者 BNF 规范。巴科斯规范不仅能严格地表示语法规则，而且所描述的语法是与上下文无关的。它以递归方式描述语言中的各种成分，它具有语法简单、表示明确、便于语法分析和编译的特点。

虽然不同的程序语言具有不同的描述和规则，但是作为一种元语言，BNF 规则的一般结构如下：

<symbol> ::= __expression__

<symbol> 是一个非终止符（nonterminal symbol），使用尖括号括起来。

__expression__ 是由终止符（terminal symbol）和非终止符组成的序列。在这个序列中，可能包含竖线字符（|）、单引号或双引号。

::= 代表左边符号必须被右边的表达式所替换，意思是“被定义为”，也就是说使用右边的字符序列“定义”左边的符号。

竖线符（|）表示一个选项，其左右两边只能选一项，相当于逻辑符“OR”。

单引号或者双引号之间的字符代表字符本身。

字符@：在 BNF 中，@被认为是一个特殊符号，表示这个符号可以被删除。如果一个符号被字符@替换，表示这个符号可以被删除。在某些情况下，这个技巧有助于终止替换过程。

注意：终止符是指不能再被分解或替换的符号，通常是字母、数字、运算符等等，例如开发语言中的常量就是一种终止符。终止符绝对不会出现在规则的左边；非终止符是指还可以继续由右边的表达式进一步解释、定义的符号，例如开发语言中的变量就是一种非终止符。规则左边的符号一定是非终止符。如果一个非终结符出现在规则的右边，那必定会有另一条规则来解释它，用以代替它的位置（重写）。

下面我们举例说明 BNF 的使用，定义标识符（identifier）的规则是：

① 以字母或者下划线、美元符号开始（初始符号）；

② 初始符号后面为 0 个或多个字母、数字、下划线，或美元符号$。

正确的例子：R2D2、taxRate、magrin_size；不正确的例子：97HK、Rose#。

根据这些要求，使用 BNF 定义标识符的规则如下：

```
1. <identifier> := <initial>|<initial><more>
2.   <initial> := <letter>|_|$
3.      <more> := <final>|<more><final>
4.     <final> := <initial>|<digit>
5.    <letter> := a|b|c|......|x|y|z|A|B|C|......|X|Y|Z
6.     <digit> := 0|1|2|3|4|5|6|7|8|9
```

这段代码中，每一行都是一个（产生式）规则。注意：第 5 行代码是示意性缩写，实际代码中需要把所有的小写 26 个字母和大写 26 个字母写全。

下面我们以 R2D2 这个标识符为例说明上面 BNF 规则的应用。如表 2-4 所示，每一行代表一个分解步骤，从一个有效的 R2D2 标识符，逐步分解成满足某个规则的标识符定义。

表 2-4　标识符 R2D2 形成过程

序号	标识符	应用规则
0	R2D2	—
1	<letter>2D2	<letter>::=R
2	<initial>2D2	<initial>::=<letter>
3	<initial><digit>D2	<digit>::=2
4	<initial><final>D2	<final>::=<digit>
5	<initial><final><letter>2	<letter>::=D
6	<initial><final><initial>2	<initial>::=<letter>
7	<initial><final><final>2	<final>::=<initial>
8	<initial><final><final><digit>	<digit>::=2
9	<initial><more><final><digit>	<final>::=<digit>
10	<initial><more><final><final>	<more>::=<final>
11	<initial><more><final>	<more>::=<more><final>
12	<initial><more>	<more>::=<more><final>
13	identifier	<identifier>::=<initial><more>

实际上，作为一种元语言，BNF 规范也可以使用自身的语法来描述自己。代码如下：

```
<syntax>         ::= <rule> | <rule> <syntax>
<rule>           ::= <opt-whitespace> "<" <rule-name> ">" <opt-whitespace>
"::=" <opt-whitespace> <expression> <line-end>
<opt-whitespace> ::= " " <opt-whitespace> | ""
<expression>     ::= <list> | <list> <opt-whitespace> "|" <opt-whitespace>
<expression>
<line-end>       ::= <opt-whitespace> <EOL> | <line-end> <line-end>
<list>           ::= <term> | <term> <opt-whitespace> <list>
<term>           ::= <literal> | "<" <rule-name> ">"
<literal>        ::= '"' <text1> '"' | "'" <text2> "'"
<text1>          ::= "" | <character1> <text1>
<text2>          ::= "" | <character2> <text2>
<character>      ::= <letter> | <digit> | <symbol>
<letter>         ::= "A" | "B" | "C" | "D" | "E" | "F" | "G" | "H" | "I" | "J"
 | "K" | "L" | "M" | "N" | "O" | "P" | "Q" | "R" | "S" | "T" | "U" | "V" | "W"
 | "X" | "Y" | "Z" | "a" | "b" | "c" | "d" | "e" | "f" | "g" | "h" | "i" | "j"
 | "k" | "l" | "m" | "n" | "o" | "p" | "q" | "r" | "s" | "t" | "u" | "v" | "w"
```

```
    | "x" | "y" | "z"
<digit>          ::= "0" | "1" | "2" | "3" | "4" | "5" | "6" | "7" | "8" | "9"
<symbol>         ::= "|" | " " | "!" | "#" | "$" | "%" | "&" | "(" | ")" | "*"
    | "+" | "," | "-" | "." | "/" | ":" | ";" | ">" | "=" | "<" | "?" | "@" | "["
    | "\" | "]" | "^" | "_" | "`" | "{" | "}" | "~"
<character1>      ::= <character> | "'"
<character2>      ::= <character> | '"'
<rule-name>       ::= <letter> | <rule-name> <rule-char>
<rule-char>       ::= <letter> | <digit> | "-"
```

巴科斯规范 BNF 有多个变种，例如 ABNF（Extended Backus–Naur form，扩展 BNF）、ABNF（Augmented Backus–Naur form，增强 BNF），这些变体的语法规则中大都使用了正则表达式，这在一定程度上精简了规则的表达，也丰富了规则的应用。

2.5.3 曼彻斯特语法

在 Protégé 中描述 OWL 2 本体的曼彻斯特语法使用了标准的巴科斯 BNF 规范，但有所变化，例如，非终止符以粗体字表示而不是尖括号等。表 2-5 列出了其中的规范和作用。

表 2-5 描述 OWL 2 本体的曼彻斯特语法中的 BNF 规范

构成	语法	示例
非终止符（non-terminal symbols）	粗体字（**boldface**）	**ClassExpression**
终止符（terminal symbols）	单引号（single quoted）	'PropertyRange'
零或者多个（zero or more）	大括号（curly braces）	{ ClassExpression }
零或者一个（zero or one）	中括号（square brackets）	[ClassExpression]
选择（alternative）	竖线符（vertical bar）	Assertion | Declaration
分组（grouping）	小括号（parentheses）	(dataPropertyExpression)

逗号分割列表也是经常出现的一种情况，为了节省空间，曼彻斯特语法提供了三条元（产生式）规则，这三条规则分别是：

```
<NT>List ::= <NT> { ',' <NT> }
<NT>2List ::= <NT> ',' <NT>List
<NT>AnnotatedList ::= [annotations] <NT> { ',' [annotations] <NT> }
```

注意：以曼彻斯特语法构成的 OWL 2 本体的文档是 Unicode 字符序列，并以 UTF-8 编码。

虽然在曼彻斯特语法中没有明确显示空白，但是除了非负整数 nonNegativeInteger、前缀名称 prefixName、IRI 和字符常量 literal 之外，任何两个终结符或非终结符之间都允许有空白。空白是指空格（U+20）、制表符（U+9）、换行符（U+A）、回车符（U+D）和注释。其中注释是以“#”开头的 Unicode 字符序列，但不能包括换行符或回车符。需要注意的是：注释只能出现在运行空白的地方。

本书对曼彻斯特语法的核心部分进行了描述，不会展开详细描述。需要深入掌握曼彻斯特语法体系的读者可参阅下述网址：https://www.w3.org/TR/owl2-manchester-syntax/。

2.5.3.1 IRI、整数、字符常量和实体

一个资源的名称是一个国际化资源标识符 IRI，这个 IRI 可以是全称，也可以是缩写的。其中缩写的 IRI 是由一个可选的以冒号结尾的前缀和一个本地部分组成，而前缀应当以小写字符开始，且不能是语法中的关键词，本地部分也不能是语法中的关键词。

曼彻斯特语法中 IRI、整数、字符串和实体的定义规则如下：

```
fullIRI := 一个国际化资源标识符 IRI，包含在左尖括号<(U+3C)和右边尖括号>(U+3E)内
prefixName := 一个长度有限的字符串序列，不能与语法中的终止符相同
abbreviatedIRI := 一个长度有限的字符串序列
simpleIRI := 一个长度有限的字符串序列，不能与语法中的终止符相同
IRI := fullIRI | abbreviatedIRI | simpleIRI
nonNegativeInteger ::= zero | positiveInteger
positiveInteger ::= nonZero { digit }
digits ::= digit { digit }
digit ::= zero | nonZero
nonZero := '1' | '2' | '3' | '4' | '5' | '6' | '7' | '8' | '9'
zero ::= '0'
classIRI ::= IRI
Datatype ::= datatypeIRI | 'integer' | 'decimal' | 'float' | 'string'
datatypeIRI ::= IRI
objectPropertyIRI ::= IRI
dataPropertyIRI ::= IRI
annotationPropertyIRI ::= IRI
individual ::= individualIRI | nodeID
individualIRI ::= IRI
nodeID := 一个长度有限的字符串序列
literal ::= typedLiteral | stringLiteralNoLanguage | stringLiteralWithLanguage
    | integerLiteral | decimalLiteral | floatingPointLiteral
typedLiteral ::= lexicalValue '^^' Datatype
stringLiteralNoLanguage ::= quotedString
stringLiteralWithLanguage ::= quotedString languageTag
languageTag := @开头的非空串，注意：@为 UNICODE 字符(U+40)
lexicalValue ::= quotedString
quotedString := 一个长度有限的字符序列，其中双引号和右斜杠只能出现在一对双引号括起来
    的字符串中，且其中的双引号和右斜杆必须写成\"和\\
floatingPointLiteral ::= [ '+' | '-'] ( digits ['.'digits] [exponent] | '.'
    digits[exponent]) ( 'f' | 'F' )
exponent ::= ('e' | 'E') ['+' | '-'] digits
decimalLiteral ::= ['+' | '-'] digits '.' digits
integerLiteral ::= ['+' | '-'] digits
entity ::= 'Datatype' '(' Datatype ')' | 'Class' '(' classIRI ')' | 'ObjectProperty'
    '(' objectPropertyIRI ')' | 'DataProperty' '(' dataPropertyIRI ')' | 'Annotation
```

```
    Property' '(' annotationPropertyIRI ')' | 'NamedIndividual' '(' individualIRI ')'
```

2.5.3.2 本体和注释

本体和注释的定义规则如下：

```
annotations ::= 'Annotations:' annotationAnnotatedList
annotation ::= annotationPropertyIRI annotationTarget
annotationTarget ::= nodeID | IRI | literal

ontologyDocument ::= { prefixDeclaration } ontology
prefixDeclaration ::= 'Prefix:' prefixName fullIRI
ontology ::= 'Ontology:' [ ontologyIRI [ versionIRI ] ] { import } { annotations }
    { frame }
ontologyIRI ::= IRI
versionIRI ::= IRI
import ::= 'Import:' IRI
frame ::= datatypeFrame | classFrame | objectPropertyFrame | dataPropertyFrame
    | annotationPropertyFrame | individualFrame | misc
```

其中，“rdf:”“rdfs:”“owl:”和“xsd:”这几个前缀是预先定义的，不能修改。除此之外，本体文档中的其他前缀在使用在必须进行声明。预定义的前缀定义如下：

```
Prefix: rdf: <http://www.w3.org/1999/02/22-rdf-syntax-ns#>
Prefix: rdfs: <http://www.w3.org/2000/01/rdf-schema#>
Prefix: xsd: <http://www.w3.org/2001/XMLSchema#>
Prefix: owl: <http://www.w3.org/2002/07/owl#>
Prefix: xml: <http://www.w3.org/XML/1998/namespace>
```

2.5.3.3 属性和数据类型表达式

属性和数据类型的定义规则如下：

```
objectPropertyExpression ::= objectPropertyIRI | inverseObjectProperty
inverseObjectProperty ::= 'inverse' objectPropertyIRI
dataPropertyExpression ::= dataPropertyIRI

dataRange ::= dataConjunction 'or' dataConjunction { 'or' dataConjunction }
        | dataConjunction
dataConjunction ::= dataPrimary 'and' dataPrimary { 'and' dataPrimary }
        | dataPrimary
dataPrimary ::= [ 'not' ] dataAtomic
dataAtomic ::= Datatype
        | '{' literalList '}'
        | datatypeRestriction | '(' dataRange ')'
datatypeRestriction ::= Datatype '[' facet restrictionValue { ',' facet
    restrictionValue } ']'
facet ::= 'length' | 'minLength' | 'maxLength' | 'pattern' | 'langRange' |
    '<=' | '<' | '>=' | '>'
restrictionValue ::= literal
```

2.5.3.4 知识描述

知识描述（description）的定义规则如下：

```
description ::= conjunction 'or' conjunction { 'or' conjunction }
        | conjunction
conjunction ::= classIRI 'that' [ 'not' ] restriction { 'and' [ 'not' ] restriction }
        | primary 'and' primary { 'and' primary }
        | primary
primary ::= [ 'not' ] ( restriction | atomic )
restriction ::= objectPropertyExpression 'some' primary
        | objectPropertyExpression 'only' primary
        | objectPropertyExpression 'value' individual
        | objectPropertyExpression 'Self'
        | objectPropertyExpression 'min' nonNegativeInteger [ primary ]
        | objectPropertyExpression 'max' nonNegativeInteger [ primary ]
        | objectPropertyExpression 'exactly' nonNegativeInteger [ primary ]
        | dataPropertyExpression 'some' dataPrimary
        | dataPropertyExpression 'only' dataPrimary
        | dataPropertyExpression 'value' literal
        | dataPropertyExpression 'min' nonNegativeInteger [ dataPrimary ]
        | dataPropertyExpression 'max' nonNegativeInteger [ dataPrimary ]
        | dataPropertyExpression 'exactly' nonNegativeInteger [ dataPrimary ]
atomic ::= classIRI
        | '{' individualList '}'
        | '(' description ')'
```

2.5.3.5 框架和其他

框架和其他杂项的定义规则如下：

```
datatypeFrame ::= 'Datatype:' Datatype
      { 'Annotations:'    annotationAnnotatedList }
      [ 'EquivalentTo:' annotations dataRange ]
      { 'Annotations:'    annotationAnnotatedList }
classFrame ::= 'Class:' classIRI
      { 'Annotations:'    annotationAnnotatedList
      | 'SubClassOf:'     descriptionAnnotatedList
      | 'EquivalentTo:'   descriptionAnnotatedList
      | 'DisjointWith:'   descriptionAnnotatedList
      | 'DisjointUnionOf:' annotations description2List }
      | 'HasKey:' annotations ( objectPropertyExpression | dataPropertyExpression )
                        { objectPropertyExpression | dataPropertyExpression }
objectPropertyFrame ::= 'ObjectProperty:' objectPropertyIRI
      { 'Annotations:'    annotationAnnotatedList
```

```
        | 'Domain:'          descriptionAnnotatedList
        | 'Range:'           descriptionAnnotatedList
        | 'Characteristics:' objectPropertyCharacteristicAnnotatedList
        | 'SubPropertyOf:'   objectPropertyExpressionAnnotatedList
        | 'EquivalentTo:'    objectPropertyExpressionAnnotatedList
        | 'DisjointWith:'    objectPropertyExpressionAnnotatedList
        | 'InverseOf:'       objectPropertyExpressionAnnotatedList
        | 'SubPropertyChain:' annotations objectPropertyExpression 'o' objectPropertyExpression { 'o' objectPropertyExpression } }

objectPropertyCharacteristic ::= 'Functional' | 'InverseFunctional'
            | 'Reflexive' | 'Irreflexive' | 'Symmetric' | 'Asymmetric' | 'Transitive'

dataPropertyFrame ::= 'DataProperty:' dataPropertyIRI
        { 'Annotations:'     annotationAnnotatedList
        | 'Domain:'          descriptionAnnotatedList
        | 'Range:'           dataRangeAnnotatedList
        | 'Characteristics:' annotations 'Functional'
        | 'SubPropertyOf:'   dataPropertyExpressionAnnotatedList
        | 'EquivalentTo:'    dataPropertyExpressionAnnotatedList
        | 'DisjointWith:'    dataPropertyExpressionAnnotatedList }

annotationPropertyFrame ::= 'AnnotationProperty:' annotationPropertyIRI
        { 'Annotations:'     annotationAnnotatedList }
        | 'Domain:'          IRIAnnotatedList
        | 'Range:'           IRIAnnotatedList
        | 'SubPropertyOf:'   annotationPropertyIRIAnnotatedList

individualFrame ::= 'Individual:' individual
        { 'Annotations:'   annotationAnnotatedList
        | 'Types:'         descriptionAnnotatedList
        | 'Facts:'         factAnnotatedList
        | 'SameAs:'        individualAnnotatedList
        | 'DifferentFrom:' individualAnnotatedList }

fact ::= [ 'not' ] (objectPropertyFact | dataPropertyFact)
objectPropertyFact ::= objectPropertyIRI individual
dataPropertyFact ::= dataPropertyIRI literal

misc ::= 'EquivalentClasses:' annotations description2List
        | 'DisjointClasses:' annotations description2List
        | 'EquivalentProperties:' annotations objectProperty2List
        | 'DisjointProperties:' annotations objectProperty2List
        | 'EquivalentProperties:' annotations dataProperty2List
        | 'DisjointProperties:' annotations dataProperty2List
        | 'SameIndividual:' annotations individual2List
        | 'DifferentIndividuals:' annotations individual2List
```

2.6 本体建模工具 Protégé 简介

我们知道，本体建模是开发知识图谱系统的首要任务。在本体建模并填充知识后，才能构建一个完整的知识图谱，然后推理机才能够查询、推理各种知识。本体模型可以手工构建，也可以复用已有本体，或者自动构建本体，其中自动构建本体是目前的一个研究热点，但是还不是十分成熟。所以，本体的手工构建往往仍然是一个必要的工作任务。

一般来说，每个领域都包括大量的概念、概念属性以及概念之间的关系等等，所以要正确地建立相关概念的本体结构，必须借助一定的本体开发工具。为了能够减少本体工程师的工作，高效地完成本体的构建，本体开发工具必须能够方便地存储、查找和呈现概念和概念之间的各种关系，重用已有本体，降低新本体的开发工作，并能够检测本体中的知识是否一致，及时提醒用户改正本体中不一致的知识。目前本体编辑器比较多，例如开源的 Protégé、Chimaera、Kmgen、Knoodl 及商用的 Topbraid 等，其中 Protégé 最受欢迎。Protégé 软件是斯坦福大学医学院生物信息研究中心（Stanford Center for Biomedical lnformatics Research）使用 Java 语言开发的开源本体编辑工具。

Protégé 是一个图形化本体开发工具，它提供了概念（类）、关系、属性和实例的构建，屏蔽了具体的本体描述语言，用户只需在概念层次上进行本体模型的构建。Protégé 以多种格式输出，如 RDF/XML、Turtle、OWL/XML、OBO 等。另外，Protégé 通过插件扩展增加推理功能，支持 ELK、Hermit、Ontop、Pellet、FaCT++等多种推理机。Protégé 目前已成为国内外众多知识图谱建设企业和研究机构的首选工具。

2.6.1 Protégé 安装

Protégé 的使用方式有两种。一是本地方式，用户需要下载安装程序并在本地安装，然后运行 Protégé，进行本体的创建、编辑。二是 Web 方式，即 WebProtégé。这是一种在线使用方式，用户不需要在本地安装任何程序，通过浏览器就可以使用 Protégé，访问地址为：https://webprotege.stanford.edu/。用户在使用前需要注册，然后才能使用。

（1）下载 Protégé

这里以 Windows 平台为例说明其安装流程（本地方式）。

下载地址：https://protege.stanford.edu/products.php#desktop-protege。

针对不同平台，Protégé 提供了不同的安装包（适合 64 位操作系统），并且在安装包中提供了 Java 运行环境（Java JRE），所以用户无须预先安装运行 Protégé 的 Java 环境。为了能够满足少数 32 位操作系统的用户，Protégé 还提供了平台无关的安装包，这种情况可以适应 32 位操作系统，但是需要用户自行安装相应的 Java 运行环境。

首先从上面的下载地址下载 Protégé 的安装包，安装包的名称是 Protege-5.6.1-win.zip，其中的数字表示 Protégé 的版本是 5.6.1。

（2）安装 Protégé

Protégé 的安装包是一个 ZIP 压缩包，其中已经包含了 64 位的 Java 运行环境 JRE。Protégé

的安装属于绿色安装，只需要把安装包解压到一个目标路径中即可，解压后该目录下将包含图 2-11 所示的文件信息。

名称	修改日期	类型	大小
app	2023/2/16 10:54	文件夹	
bundles	2023/2/16 10:54	文件夹	
conf	2023/2/16 10:54	文件夹	
jre	2023/2/16 10:54	文件夹	
plugins	2023/4/10 18:45	文件夹	
Protege.exe	2023/2/9 15:52	应用程序	146 KB
Protege.l4j.ini	2023/2/9 15:52	配置设置	1 KB
run.bat	2023/2/16 10:52	Windows 批处理文件	1 KB

图 2-11　Protege-5.6.1 安装目录文件信息

（3）运行 Protégé

有两种运行 Protégé 的方式：①双击可执行文件 Protege.exe；②双击批处理文件 run.bat。这种方式将在启动 Protégé 的同时，启动一个控制台窗口。这个控制台窗口可以显示启动信息、操作信息等。

为了快速执行 Protégé，我们可以在桌面创建 Protege.exe 的快捷方式。任何时候，只要双击这个快捷图标，即可运行 Protégé。Protégé 启动后，进入本体编辑页面，如图 2-12 所示。

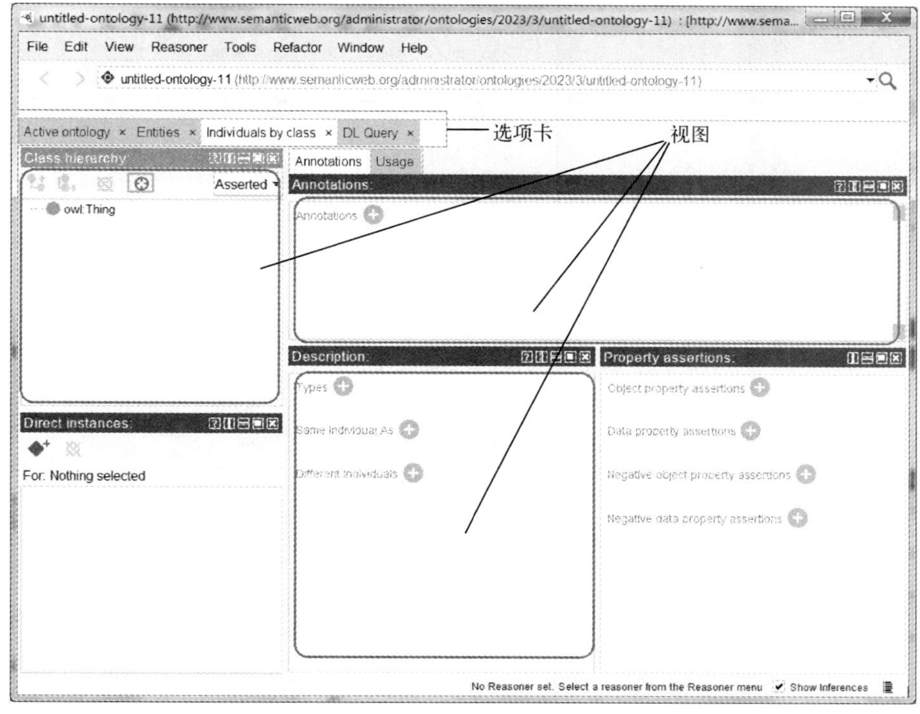

图 2-12　Protégé 启动后的首页

启动后，比较明显的特点是界面中选项卡（tab）比较多。每个选项卡均由多个视图（view）组成，每个视图都是本体的某个视角。由于 Protégé 界面空间有限，默认情况下只会显示部分视图。更多视图可通过菜单“Window->Views”选择。

由于 Protégé 的使用门槛比较低，很容易上手使用，所以这里不对 Protégé 的使用进行讲解。

2.6.2 Protégé 类表达式

在 Protégé 中进行本体编辑过程中，使用了曼彻斯特语法表示和编写各种复杂的类表达式，用以描述具有共同特征的个体。表 2-6 展示了 Protégé 中用于构造复杂类表达式的关键词和示例。注意：类表达式可以嵌套到任意深度，这样就可以实现对建模领域的丰富描述。

表 2-6　Protégé 中的类表达式语法（使用曼彻斯特语法）

关键词	示例	含义
some	hasPet some Dog	Things that have a pet that is a Dog（以狗作为宠物的事物）。 这是最常见的类表达式，也称为“SomeValueFrom 限制”，或者“存在限制”。这种类表达式由一个属性（hasPet）和一个称为类占位符的表达式组成（Dog）
value	hasPet value Tibbs	Things that have a pet that is Tibbs（有一个名为 Tibbs 宠物的事物）。 注意：这个表达式实际上等同于： (hasPet some {Tibbs}) 这也称为“HasValue 限制”
only	hasPet only Cat	Things that have pets that are only Cats（仅以猫为宠物的事物）。 注意：这个表达式并不意味着事物必须有宠物猫，但是表明如果事物有宠物的话，必须是猫。 这也称为“AllValuesFrom 限制”，或则“Universal 限制”
min	hasPet min 3 Cat	Things that have at least three pets that are Cats（至少有 3 只猫宠物的事物）。 这也称为“Min cardinality 限制”（最小基数限制）
max	hasPet max 5 Dog	Things that have at most five pets that are Dogs（最多五只狗宠物的事物）。 注意：也许事物的宠物大于 5 只，例如，除了有 5 只狗宠物外，还有 3 只宠物猫。但是，无论何种情况，宠物狗的个数不能超过 5。 这也称为“Max cardinality 限制”（最大基数限制）
exactly	hasPet exactly 2 GoldFish	Things that have exactly 2 GoldFish as pets（正好有两只金鱼宠物的事物）。 注意：也许事物的宠物大于 2 只，例如除了 2 只金鱼宠物外，还有 3 只宠物猫。但是，无论何种情况，宠物金鱼的数量只能是 2。 这也称为“Exact cardinality 限制”（精确基数限制）
and	Person and (hasPet some Cat)	People that have a pet that's a Cat（有 1 只猫为宠物的人）。 这是由一个类（Person）和一个类表达式（hasPet some Cat）通过关键词 and 组合而成的复杂表达式。这称为“交集（Intersection）”或“连接（Conjunction）”
or	(hasPet some Cat) or (hasPet some Dog)	Things that have a pet that's a Cat or have a pet that's a Dog（有 1 只猫或 1 条狗为宠物的事物）。 注意：关键词 or 并不是排他性的。所以，这个示例表示的意思是：有 1 只猫，或者一条狗，或者 1 只猫和 1 条狗。这称为“并集（Union）”，或者“析取（Disjunction）”
not	not (hasPet some Dog)	Things that do not have a pet that's a dog（不以狗为宠物的事物）。 这个示例表达的意思是：没有任何宠物的事物，或者有宠物但是不是狗的事物。等同于： (hasPet only (not Dog)) 这称为“非（Negation）”

细心的读者可能会注意到：表中出现的关键词与“2.5.3.4 知识描述”章节中约束（restriction）规则中出现的词汇一致。

2.7 本章小结

Web 资源描述符是本体语言中描述资源的标识，目前国际化资源标识符 IRI（包括统一资源标识符 URI）、统一资源定位符 URL 和统一资源名称 URN 是应用最为广泛的标识资源的方式。其中 IRI 是 URI 的国际化版本，是对 URI 的扩展，可以使用字符集 Unicode/ISO10646 中的字符序列。也就是说，URI 只能包含 US-ASCII 字符集中的字母和数字，而 IRI 还可以包含中文字符、欧洲字符和希腊字符等等。

统一资源定位符 URL 是 IRI/URI 的一个子集，是 IRI/URI 的一种具体形式。一个 URL 除了能够唯一标识一个 Web 资源外，还通过访问机制（如网络地址）提供了一种定位资源的途径；统一资源名称 URN 也是 IRI/URI 的一个子集，但是 URN 并不意味着能够保证此标志资源的可获得性，它是一个独立于位置的资源标识符，其设置宗旨是使其他名称空间能够方便地映射到 URN 空间中。

资源描述框架 RDF 是万维网联盟 W3C 于 2004 年发布的用于描述网络资源的规范，目前已成为一个在互联网上进行数据交换的标准模型，它使用 IRI/URI 来命名资源之间的链接以及链接两端的资源，形成一个个事实三元组。

资源描述框架 RDF 使用 RDF 图和 RDF 数据集两种数据结构表达网络资源，而 RDF 数据集是 RDF 图的集合，由一个默认 RDF 图及零个或多个命名的 RDF 图组成。其基本单元 RDF 图是一个“主语-谓语-宾语”的三元组，其中主语是一个由 IRI 标识的资源，也可以是一个空白节点（没有 IRI 的资源），谓语和宾语用来描述主语的某种属性信息，例如名称、位置、功能等等。在 RDF 图中，宾语可以是一个 IRI 表示的资源、空白节点、类型化的字面常量，而谓语只能是一个 IRI 表示的资源，用来表示主语和宾语的关系。

一个 RDF 文档对 RDF 数据进行表示的方式有多种，主要包括 RDF/XML、N-Triples、Turtle、RDFa、JSON-LD（JSON for Linking Data）等，其中 RDF/XML 是标准的表达方式。

资源描述框架模式 RDFS 也是万维网联盟 W3C 于 1999 年提出的基于 RDF 进行扩展而形成的本体描述语言，并于 2002 年被 W3C 采纳为推荐标准。RDFS 在模式层面（Schema）对 RDF 数据进行定义，定义了类、属性、属性值来描述客观世界，并且通过定义域和值域来约束资源，克服了 RDF 的缺点，更加形象化地表达了知识。RDFS 增强了 RDF 对资源的描述能力，通过定义类来对 RDF 所描述的资源赋予含义（语义）。RDF 只是设计了“主语-谓语-宾语”这种资源描述形式，它本质上是领域无关的，没有任何领域的语义，而 RDFS 是一个描述 RDF 资源属性和类的词汇表，提供了关于这些属性和类的层次结构的语义。

Web 本体语言 OWL 是在 DAML+OIL 的基础上改进而来的，并于 2004 年被 W3C 采纳为推荐标准。与 RDFS 类似，OWL 也是对资源描述框架 RDF 的词汇扩展。它允许用户定义自己的类、属性和关系，从而更精细地描述资源和关系。因此，本质上 OWL 也是一种 RDF，其目标是在互联网上发布和共享本体。OWL 针对各类特征的需求制定了三种相应的 OWL 的子语言，即 OWL Lite、OWL DL 和 OWL Full，而且各子语言的表达能力依次递增。

OWL 是一种强大的通用知识建模语言，建模的结果就是“本体”。OWL 2 的目标就是把某一领域的知识公式化，以便能够进行交换共享、推理应用。目前，OWL 提供了多种对本体的描述格式，包括 RDF/XML、OWL/XML、函数式语法、曼彻斯特语法、Turtle 语法等等，其中 RDF/XML 是标准的表达方式。

3 知识图谱建设综述

本体是知识图谱的模式，代表了知识图谱的知识体系。在上一章中，我们讲述了资源描述框架 RDF、RDF 模式 RDFS 和 Web 本体语言 OWL 等三种本体描述语言，这为后续的内容奠定了基础。

知识图谱的构建过程类似于一个大数据平台的建设过程，同样需要经过建模、抽取清洗以及存储和计算应用等工作。如表 3-1 所示。

表 3-1　知识图谱构建和大数据平台构建对比

序号	知识图谱	大数据平台
1	领域业务知识理解	业务系统数据盘点
2	知识建模（本体构建）	数据主题划分，数据明细层数据建模
3	知识抽取和融合，如实体消歧、实体对齐和指代消解等	数据抽取、清洗转换和加载
4	知识存储，如 Neo4J、JanusGraph 等	数据存储，如 Hadoop、MySQL 等
5	知识计算，如关系推理、关系预测等	数据汇聚和计算引擎，如实时计算、离线计算等
6	知识应用，如智能问答、智能搜索、推荐系统等	预定义报表、多维分析和数据挖掘等

本章我们将对知识图谱的建设进行综述。首先以一个简单的示例形式向读者展示从本体（知识建模）到一个完整知识图谱的构建过程，然后介绍知识图谱的建设原则和流程，最后从技术层面讲述了知识图谱的开发流程。

3.1　从本体到知识图谱

在前面的章节中我们对知识图谱、本体等概念进行了系统的描述。在第一章 1.3 节知识图谱构建方法中讲过，知识图谱的构建包括模式层（本体库）的构建和数据层（知识事实）的填充两大块内容。为了让读者能够更好地理解本章的后续内容，这里我们以一个例子说明从本体到知识图谱的构建方法，这是一个从抽象到具体、应用大量的数据和信息的过程。

我们知道，本体是一个语义数据模型，定义了我们研究领域中存在的知识类（型）及其属性，以及不同知识类型的关系。需要注意的是：本体是一种广义的、一般性的元数据模型，它只对期望共享某些属性的类进行建模，不会包括某个特定个体的具体信息。例如，对于“作者潘风文编写了《Scikit-learn 机器学习高级进阶》”这一事实知识，在本体中不会体现“潘风文”“《Scikit-learn 机器学习高级进阶》”等这些具体信息，但是会包括“作者”“书籍”等这些上层抽象的概念。这个特点使得我们能够利用本体（结构）来描述更多的作者、书籍等具体信息。

从前面章节的介绍中，我们知道本体中三个最主要的知识表示元素是：

① 类：存在于研究领域中的不同类型的事物（概念）；

② 关系：连接两个类的属性；

③ 属性：描述一个类的特征。

现在假设我们有下面关于书、作者和出版社的数据，如表 3-2、表 3-3 和表 3-4 所示。我们将以此示例数据讲述从本体到知识图谱的构建过程。为了简单起见，每本书的作者均取第一作者。

表 3-2　书籍示例数据

书籍名称	作者	出版社	出版日期
PMML 建模标准语言基础	潘风文	化学工业出版社	2019-06-01
Scikit-learn 机器学习高级进阶	潘风文	化学工业出版社	2023-01-01
人工智能营销	阳翼	中国人民大学出版社	2019-08-05
概率论教程	赵喜林	武汉大学出版社	2018-05-01
Principles of Data Mining	David Hand	Bradford Publishing Co.	2001-08-01

表 3-3　出版社示例数据

出版社名称	所在省市自治区	所在国家
化学工业出版社	北京	中国
中国人民大学出版社	北京	中国
武汉大学出版社	湖北	中国
Bradford Publishing Co.	科罗拉多州	美国

表 3-4　作者示例数据

作者名称	出生地	出生国家
潘风文	山东	中国
阳翼	广东	中国
赵喜林	湖北	中国
David Hand	彼得伯勒	英国

（1）分析确定类（实体）、属性和关系

为了根据以上数据构建本体，首先需要分析确定这些示例数据中所蕴含的类。从上面给定的数据来看，至少包含了书籍、出版社和作者三个类。如果再稍微挖掘一下，还可以发现一个类：地域（标识省市自治区、国家等）。这样，在这些数据中，我们可以分析出以下四个类：①书籍；②出版社；③作者；④地域。

其次，需要分析识别类的属性以及类之间的关系。基于上面识别出的类，可以列出如下关系和属性：

① 书籍具有作者。

② 书籍具有出版社。

③ 书籍出版于某个日期。

④ 出版社位于某个地域。

在上面的列表中，连接两个类的就是关系，例如类“书籍”与类“作者”之间具有作者这种关系（hasAuthor），而“书籍”出版于某个“日期”则是一种属性（publishedDate），因为它只描述了一个类，而不是将两个类连接在一起。其他关系还包括：“书籍”具有“出版社”的关系（hasPublisher），“出版社”位于“地域”的关系（LocatedIn）等。

（2）设计本体三元组，构建本体

通过分析确定了类实体、识别了它们的属性及其之间的关系后，我们可以用前面学过的 RDF 三元组的形式重新规范。例如“书籍具有作者”这个关系可以画成图 3-1 所示关系图。

图 3-1　三元组示例

我们知道，本体是知识图谱的模式层，这与我们在数据库建模中定义数据库表类似，它本身是知识建模，不包含具体的事实知识。基于这个原则，我们对上面的所有数据进行本体构建，得到如下形式的本体（如图 3-2 所示）。

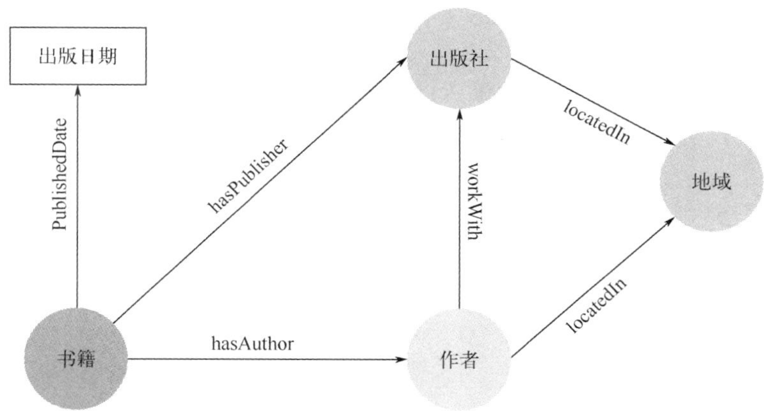

图 3-2　本体建模示例

（3）填充本体架构，创建知识图谱

构建了本体之后，就可以以本体为框架，填充具体数据信息，创建知识图谱。这里是每本书籍、每个作者、每个出版社和地域的信息，例如，对于图 3-2 本体中的关系“书籍 hasAuthor 作者”来说，一个具体数据信息的实例如图 3-3 所示。

图 3-3　知识图谱中关系实例

如果把《PMML 建模标准语言基础》这一本书的所有相关信息都填充进来，那么我们的知识图谱将变成图 3-4 所示的结果：

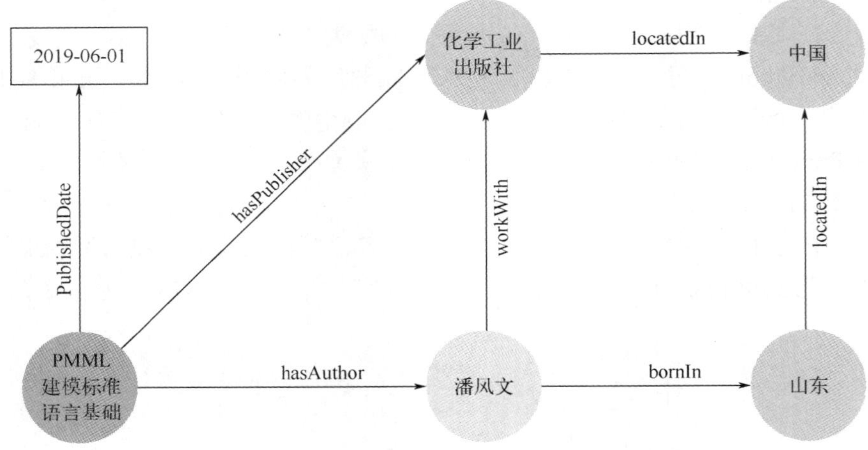

图 3-4　一本书籍的知识图谱

最后，如果把上面给定的所有数据按照上述方式进行处理，或者说，把所有书籍的所有信息都填充完毕，我们最终会得到一个完整的知识图谱。知识图谱的构建过程使我们能够将一个二维数据集转变为一个关系网络，并且基于这个关系网络，使用图谱查询语言（如 SPARQL、Cypher 等）可以查询图谱中的信息，并且使用推理机（如 HermiT）可以抽取和建立新的关系。

通过上面这个简单的例子，相信读者已经明白：本体构建是建设知识图谱的第一步。基于本体结构，结合具体数据集合可以构建一个较为完整的知识图谱。也就是说：

本体 + 数据（个体数据）= 知识图谱

在实际项目开发中，一个完整知识图谱的构建涉及自然语言处理、机器学习等各种技术，本书后面的内容将介绍完成一个知识图谱的各种技术和方法。

3.2　知识图谱建设原则

知识图谱的建设必须遵循一定的原则，这些原则从宏观方面指定了系统建设的方向，引导设计和开发人员沿着正确的路径实施正确的工作。一般来说，知识图谱的建设要遵循业务原则、效率原则、分析原则和冗余原则。

（1）业务原则

我们知道，领域知识图谱是对某一领域（行业）的知识进行语义描述，所以知识图谱的建设要以行业的业务逻辑为中心。也就是说，在构建本体结构（知识建模）时，需要正确选择本体结构中的实体和概念，这对于构建一个良好的知识图谱是至关重要的。我们要知道，正是这些实体，以及实体间的交互作用构成了一个行业领域的业务活动，这个原则与设计数据库逻辑模型时需要考虑的原则是一致的。

另外，一个良好的知识图谱结构也能够应对业务可能发生的变化，从而使得我们的知识图谱保持一定的灵活性。

（2）效率原则

鉴于知识图谱是以“属性为中心”（参见 2.3.1RDFS 元素）的语义网络（这里的属性实为实体间的关系），为了能够高效地进行存取，存储知识图谱的图数据库注定了有比关系型数据库更加复杂的存储方式。所以，在建设知识图谱时尽量轻量化。知识图谱只存储关键信息，审慎考虑并决定哪些数据存放在知识图谱中，哪些数据不需要放在知识图谱中。效率原则的核心在于把知识图谱设计成小而轻的存储载体，避免将所有数据全部放在知识图谱里，把知识图谱当大数据库使用。

（3）分析原则

知识图谱中每一个实体都是为关系分析而存在的。从知识图谱应用来看，基于知识图谱的智能搜索、社交推荐、知识推理、智能问答、关系推理和辅助决策等强调的是关系分析与探索，有别于传统关系数据库。如果一个实体对分析网络结构没有帮助，则可以设置成属性，甚至不要放在知识图谱里面。

（4）冗余原则

知识图谱设计中，避免把超级节点放入知识图谱当中，这会导致系统的性能急剧下降。并且，避免存放任何重复信息。

3.3 知识图谱建设流程

从上一节的内容我们知道，知识图谱是由本体和具体数据（知识）组成的，其中本体的构建是知识图谱的关键步骤。在知识图谱的实践过程中，涌现了很多面向应用需求的本体构建方法，例如美国 KBSI 公司提出的 IDEF5 法（Integrated DEFinition for ontology description method）、加拿大多伦多大学教授 Michael Gruninger 和 Mark S. Fox 提出的 TOVE（TOronto Virtual Enterprise）法、欧洲信息技术研究发展战略计划 ESPRIT 资助开发的 KACTUS 工程法、斯坦福大学开发的七步法（7 steps）等等，其中斯坦福大学开发的七步法成熟度相对较高，方法较为具体，可操作性高，目前在各个领域被广泛使用。

我们知道，以本体为基础的知识图谱系统建设既是一个技术问题，也是一个业务问题，更是一个成本投资问题。所以，在建设知识图谱时，首先需要明确的是业务上是否确有必要？然后从建设目标、可用数据知识、团队组建，以及构建知识图谱相关的技术准备等方面实现知识图谱系统，最后核查是否满足既定业务需求，确认知识图谱的完成。由于不同领域知识图谱的构建所处理的数据内容和解析方法不同，以及应用目标各异，所以没有一个适用于所有企业的万能方法。但是从方法论角度看，知识图谱的建设流程仍然有章可循，可以总结为以下 10 个步骤。

步骤 1：业务调研，确认建设知识图谱的必要性。

知识图谱的构建应当是“需求驱动”。虽然知识图谱应用非常广泛，但是并非每一种应用场景都需要知识图谱。所以，为了确定我们是否真的需要一个知识图谱系统，可以通过回答以下几个问题来判断：

① 是否业务需求中涉及的概念或实体能够自然地形成一个网络？

② 是否需要将数据的元数据信息或上下文环境与数据本身进行连接？

③ 是否只有将数据进行关联分析才能发现我们所需要的内在知识？

④ 是否数据之间的关系与数据本身一样重要？

如果所有的答案均为“是的”，则可以继续；否则需要重新考虑。

步骤 2：需求导向，确定一个最小规模但可行的建设范围 MVP（minimum viable product）。

很多项目的失败是因为最初的规划过于宏大，知识图谱的建设也有这样的倾向。诚然，企业知识图谱构建的最终目的是连接企业所有知识数据，但这却不是一个好的起点。在这一步骤，与最终用户一起讨论，确定一个可行的、能解决目前问题的最小目标，定义需要解决的问题，作为知识图谱建设的起点。这样，既能解决现实问题，也设置了一个可实现的目标。

步骤 3：数据收集，确定构建知识图谱的数据范围。

在这一步骤，团队需要在领域业务专家的指导下，厘清为了完成目标所需要的数据及相关信息（如数据源的私有性、开放性，或者商业上的可用性等等），确定数据来源和数据范围。数据可以是结构化数据，也可以是半结构化数据和非结构化数据。

步骤 4：他山之石，确认是否已有相关工作已经完成。

在明确了构建知识图谱所需的数据之后，可以试着找出我们能否从其他人的工作中获益的工作，包括企业内部和外部的工作。现在网络上有各种各样的知识图谱社区，如果能从公开的资源中获得帮助，将大大加快我们构建知识图谱的进程。这些公开的资源包括相关数据集、行业标准、预先设计好的本体库（知识体系）等等。善于发现和利用已有资源，将会大大加快我们构建知识图谱的进程。

步骤 5：团队建设，挑选合适的实施人员组成实施团队。

在知识图谱的建设团队中，至少需要两种角色的人员。第一种角色是产品设计师，最好是知识管理和本体开发方面的专家，他们将决定如何组织知识图谱的知识。第二种角色是实施工程师。工程师的工作是实现设计师的目标。一般需要熟悉和掌握 SPRQL、Gremlin、GSPQL 或 Cypher 中的一种或多种图谱语言。

步骤 6：工具选择，挑选合适的开发工具。

在实施团队组建之后，需要选择合适的实现技术和工具平台。从建设知识图谱来看，至少需要下面的技术：

- 知识存储平台：选择合适的图数据库；
- 本体管理工具：合适的工具有助于产品设计师创建和管理本体集合。

步骤 7：知识建模，实现本体设计和模式层。

产品设计师通过与领域专家、业务用户的沟通、合作，或者借用第三方已有的成果，设计完成所需本体（知识图谱的模式层）。这是整个知识图谱系统建设中最为关键的一步，也是实施工程师工作的基础。

步骤 8：事实抽取和融合，丰富和填充知识图谱的数据层。

在此阶段，工程师首先需要做的工作是通过对数据的各种预处理，解决各种质量问题，以保证数据的可用性。例如删除不正确的、无意义的数据项，对缺失值的处理，解决数据不一致性问题等等。

然后，开发工程师通过知识抽取，获得实体、关系和属性，填充知识图谱的内容；通过知识融合，消除矛盾和歧义，从而形成一个高质量的知识图谱。为应用各种知识推理技术，分析并发现新的知识提供基础。

这一步骤是最为费时费力的一步。

步骤 9：应用集成，充分发挥知识图谱的作用。

注意，知识图谱的用户是业务人员，而不是实施工程师。所以，孤立的一个知识图谱系统无法发挥它的作用。知识图谱必须与其他应用系统集成，一起协同才能发挥作用，例如可以与商业智能系统（BI）、客户关系管理系统（CRM）、企业资源规划平台（ERP），或者内容管理平台等系统进行集成，通过各种知识发现工具，例如强大的 SPARQL、易于使用的 GraphQL 接口、语义搜索和数据可视化工具等等，回答各种建设知识图谱的需求，发现频繁模式和各种趋势等等，最大限度地发挥它的作用，为用户采取各种数据驱动的决策提供支撑。

步骤 10：功能确认，核查知识图谱是否满足产品设计需求。

我们设计开发的知识图谱系统完成了设计目标了吗？

如果是“没有”，则需要找出原因，提出措施，并重复前面的步骤，并最后实现满足需求的知识图谱；如果是“满足需求”，则表明这是成功的第一步，证明了方法是可行的。我们可以继续追加新的需求，完成更丰富的功能，实现知识图谱的功能扩张。

上述 10 个建设知识图谱的步骤能够构建满足 FAIR 原则的知识图谱。FAIR 原则是指可发现性（Findable）、可访问性（Accessible）、互操作性（Interoperable）和可重用性（Reusable），以便保证知识能够被深度挖掘和共享应用。在这个 10 个步骤的流程中，前 6 个步骤（步骤 1 到步骤 6）说明了基于业务领域调研结果和系统需求，确定开发业务的必要性和所需的技术工具，最后两个步骤（步骤 9 和步骤 10）则说明了知识图谱的应用方式和维护。总体来说，在整个流程中，步骤 7 知识建模和步骤 8 事实抽取是整个流程中实现知识图谱系统的关键实施步骤。所以，本章后面的内容也将以此两个步骤的内容为主进行讲述。

3.4 知识图谱开发流程

知识图谱可以分为通用知识图谱 GKG 和领域知识图谱 DKG 两个类别。其中通用知识图谱是一个面向通用领域的结构化的百科知识库，而领域知识图谱是面向某一特定领域,可看成是一个基于语义技术的结构化行业知识库，所以也称为行业知识图谱，这是我们最常遇到的情况。本书后续内容将以领域知识图谱为主要讲解内容。

通过 3.1 节中的例子可以知道，知识图谱的开发主要包括知识建模（模式层设计）和图谱填充（知识抽取、知识融合）两部分工作。图 3-5 展示了领域知识图谱技术实现过程的各个环节，包括：知识建模、知识抽取、知识融合、知识计算和知识融合。当然，对于一个发挥知识作用的系统平台，知识图谱也会通过知识计算提供各种赋能业务的应用功能。

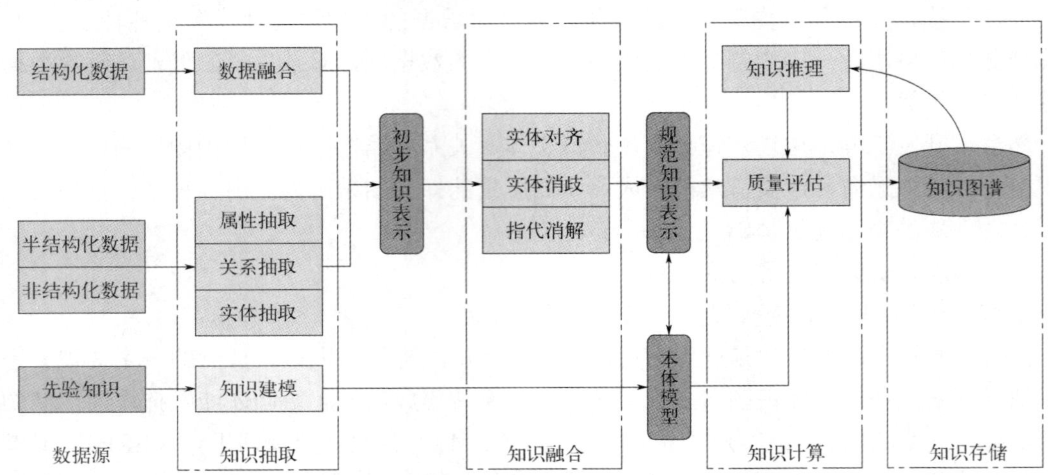

图 3-5　领域知识图谱技术实现过程

（1）知识建模

知识建模，即本体的构建，构建领域知识图谱的基础性工作。在本步骤中，通过与业务专家的沟通和合作，根据实际业务场景，自顶向下设计构建知识图谱的概念（实体类）及其关系和属性。知识建模应实现多层级知识体系的建立，并根据需要实现事件、时序等复杂建模的需求。

知识建模方法分为手工建模和半自动建模两种。其中半自动建模是先通过自动方式获取初始知识图谱，然后进行大量的人工干预进行完善调整。当然，我们也可以参考已经存在的图谱模式，在此基础上丰富完善自己的图谱模式。目前还没有完全自动化的知识建模方法。

（2）知识抽取

知识抽取是从不同来源、不同结构的数据中提取实体（甚至包括其类型）、属性和关系的过程，这是一个把结构化、半结构化和非结构化数据转化成体系化知识，再到知识图谱的过程。抽取方法一般包括基于规则的方法（如正则表达式）和基于机器学习（包括深度学习）的方法。

（3）知识融合

由于知识的来源众多，在抽取过程中会出现各种可能的冗余情况。所以需要通过各种技术实现实体对齐，保障知识质量。包括：

- 同一个业务实体的知识来自于不同的数据源，需要集成融合，形成一个完整的关于这个实体的全量信息；
- 同一个业务实体在不同的上下文中（如不同的数据源甚至同一数据源中不同的位置）有可能名称不同，或者同样一个名称，其含义不同，

知识经过融合之后，会形成标准的、高质量的知识，为后续知识计算和应用提供基础。

（4）知识存储

知识存储包含知识图谱本体（模式）与知识数据的存储。目前有很多可用的图数据库，例如 Neo4j、JanusGraph、DGraph 和 NebulaGraph 等等，它们都提供了类似 SQL 的支持查询分析的图查询语言。

图数据库是以实体及其关系为主要存储对象的数据库，能够对图数据结构进行高效的存储，并通过将顶点和边组装为相互关联的结构，让用户能够建造任意复杂的模型，实现知识的快速查询、分析和推理。

（5）知识计算

知识计算是在图理论指导下，使用图论中的定理、推论和算法，借助相应的工具进知识的计算、补全、理解和挖掘的过程，是以图作为数据模型来表达问题和解决问题的过程；知识推理基于图谱中已有的事实或关系推断出新的事实、新的关系、新的公理及新的规则等。主要的方法包含概率推理、归纳推理、演绎推理和因果推理等。

（6）知识应用

知识应用是知识图谱中知识发挥价值的过程，是对以上 5 个步骤结果的综合应用。通过利用图谱可视化、网络结构分析和推理分析等手段，实现知识的关联分析(或时序) 、事件挖掘等等，从而为用户提供智能问答、知识推荐。

3.5 本章小结

知识图谱的构建包括模式层（本体）的构建和数据层（知识事实）的填充两部分相互依存的内容。其中本体（模式层）为数据层制定了表示的框架，数据层为模式层提供了展示的载体，两者是知识图谱不可或缺的两部分。基于本体结构，结合具体数据集合可以构建一个较为完整的知识图谱。

知识图谱的建设原则将从宏观方面指定系统建设的方向，引导设计和开发人员沿着正确的路径实施正确的工作。一般来说，知识图谱的建设要遵循业务原则、效率原则、分析原则和冗余原则。遵循这些原则设计和开发的知识图谱系统可以最大程度地满足业务需求，建设一个高效、稳定的图谱系统。

在建设知识图谱时，首先需要明确的是业务上是否确有必要？然后从建设目标、可用数据知识、团队组建，以及构建知识图谱相关的技术准备等方面实现知识图谱系统，最后核查是否满足既定业务需求，确认知识图谱的完成。

建设一个领域知识图谱，按照实施流程可以划分为 6 个阶段，分别是：知识建模、知识抽取、知识融合、知识存储、知识计算和知识应用。其中知识建模是行业专家基于对业务的深刻理解，对图谱系统本体的构建。基于知识建模的要求，通过各种技术手段抽取的知识可以进一步融合，从而完成一个高质量的知识图谱，而知识计算提供了对知识进行推理的各种技术，从而赋能各种应用场景。

4 知识建模–构建本体

知识建模，即本体开发，既是一个技术问题，更是一个业务问题，这是一项业务紧密型工作，其目标是通过本体实现机器与机器、机器与人、人与人之间的知识共享和交互，让计算机能够理解和计算知识。人与人之间的知识交互和相互理解可以通过多种方式实现，并不是知识工程研究的主要目的，而机器与人之间、机器与机器之间的知识交互与相互理解实现起来却非常困难，需要大量粒度足够细的可操作的知识。所以，形式化表示的本体将是实现这一目标的重要手段。而形式语法和语义的应用一方面能测试并维护本体的一致性，实现基于本体的推理，另一方面也便于本体开发者以外的用户对本体准确理解和应用，从而实现本体的共享。

所以，领域知识建模的主要思路是对领域知识进行抽象，构建概念化模型，从而实现对知识的规范化描述，简单来说就是领域建模。知识建模的主要工作包括确定领域知识的范围、识别和定义领域中的实体和概念、建立实体和概念之间的关系、确定适当的表示知识的数据结构。

4.1 本体构建原则

高质量的知识模型能够避免许多不必要、重复性的知识获取工作，有效提高知识图谱构建的效率，降低领域知识融合的成本。所以，定义的概念及属性、概念间关系等应尽量准确全面地覆盖到知识文档（来源）中数据的类别和属性，它将直接影响知识图谱的构建效果。

这里，参考斯坦福大学教授托马斯·格鲁伯(Thomas Gruber)在文献《Toward Principles for the Design of Ontologies Used for Knowledge Sharing》中提出的本体建设原则，结合作者对知识图谱建设的实践，提出如下本体构建的原则。

（1）准确一致性

本体（知识模型）是用来定义领域中现实存在的概念（实体类别）及其分类和公理的。所以知识模型应该能够准确、完整地反映现实世界中的事实和关系，并能够支持与其定义相一致的推理。它所定义的公理与用自然语言进行说明的文档应该具有一致性，由术语得出的推论与术语本身含义不会产生矛盾。如果从已定义的公理中推断出的命题与已有定义或实际例子相矛盾，则本体就是不一致的。这意味着模型应该基于可靠的数据来源，应该尽可能地避免错误或不完整的信息。

另外，本体中概念划分应该是互不相交的，理想情况是做到不重不漏，即“相互独立、完全穷尽”，也就是符合 MECE 准则（Mutually Exclusive Collectively Exhaustive）。

（2）清晰可理解

知识模型应该易于理解和解释，能够用自然语言对所定义术语给出明确的、客观的定义。当定义可以用逻辑公理表达时，它应该是形式化的。这意味着模型应该使用简单、明确的语言和术语，并且应该提供足够的上下文来帮助用户理解模型的含义，从而有效地支撑业务的分析和决策需求。

另外，本体的定义也应该采用统一的规范和标准，尽可能使用标准的名字，使得不同来源的知识元素能够被有效地整合在一起。

（3）灵活可扩展

本体（知识模型）应当能够适应不断变化的信息需求。也就是说，知识模型应该具有灵活的结构和规则，以便可以很容易地添加、修改或删除相关知识元素，同时也能够支持在已有的概念基础上定义新的术语，以满足特殊的需求，而无须修改已有的概念定义，便于知识图谱的扩展。

这种原则也称为最小本体承诺（Minimal Ontological Commitments）原则，也就是说本体约定应该最小，对待建模对象应给出尽可能少的约束。一般地，本体约定只要能够满足特定的知识共享需求即可，这可以通过定义约束最弱的公理以及只定义交流所需的词汇来保证。

（4）可重用性

本体设计的一个重要目的是知识的共享重用 ，所以知识模型应该能够在不同的应用程序和环境中重复使用。这意味着模型应该具有通用的结构和规则，并且应该可以在不同的平台和编程语言中实现。

这种原则也称为编码偏好程度最小（Minimal encoding bias）原则。也就是说概念的描述不应该依赖于某一种特殊的符号层的表示方法。因为实际的系统可能采用不同的知识表示方法。

（5）可维护性

知识模型应该易于维护和管理。这意味着一方面知识模型应采用层次结构的方式，将本体进行分层，便于管理和维护，另一方面应该具有清晰的文档和注释，并且应该可以轻松地进行更新和修复。

总之，知识建模需要遵循准确一致、清晰可理解、灵活可扩展、可重用和可维护等原则，以确保知识模型的高质量和可用性。

4.2 本体构建方法

在 1.2.5 本体（知识体系）中讲过，完整的本体除了包括概念（类）、实例、关系、属性外，通常也包括函数（一类特殊的关系）、约束、规则、公理、事件、动作等多种有机的组成成分，其中很多部分都和具体业务逻辑相关。所以，本体的构建是一个需要业务专家介入的工作。

对于领域知识图谱来说，目前通常是通过手工设计完成的，而且可能需要迭代进行，本体的构建大致要经历以下几个步骤（基于斯坦福七步法）。

Step 1：基于业务需求，确定本体的覆盖的领域和研究范围。

构建基于本体的知识图谱的目的是能够回答和解决实际的业务问题，所以我们可以根据我们需要解决的问题，反推出领域本体需要覆盖的业务知识范围，从而为下一步的本体设计提供基础。

我们可以根据业务需求，列出一个需要回答的问题列表，根据这些问题的答案所需的知识，可以很容易确定待设计本体的知识范围。很显然，不同的业务需求需要本体覆盖的知识领域和研究范围是不同的。

Step 2：充分考虑对已有知识库或本体的重复使用。

基于前人已有的成果进行修改完善，进而设计出符合特定需求的本体是一种常见的方法。如果已经存在某个可以借鉴的本体结构，则可以大大加速我们的设计工作。例如我们现在需要设计一个有关法国葡萄酒知识的本体，则可以参考网站 www.wines.com 提供的丰富知识，它提供了法国葡萄酒的详细分类和属性描述，可以作为一个我们设计葡萄酒本体的知识库。

目前互联网上有很多开放的、可以使用的本体库，例如：

① 全球第一个本体服务器 Ontolingua。

② DAML 本体库。

③ 联合国开发计划署和 Dun & Bradstreet 共同联合开发的 UNSPSC 本体。

④ MCC 和 Cycorp 开发的 CYC。

作为一个专业的知识图谱设计者，充分利用已有的成熟可靠的知识库是一个必备的能力要求。当然，如果还没有存在一个这样的相关本体可以借鉴，那我们只能从头开始设计。

Step 3：罗列本体中需要的重要术语（研究领域中的重要术语）。

充分考虑第一个步骤中的业务需求，确定知识图谱会涉及哪些术语或概念。本步骤的目标是罗列一个完整的术语列表，此时无须担忧不同术语代表的概念的含义（语义）之间是否有重叠的可能，也不用过多考虑术语之间的关系、概念应该具有哪些属性，或者考虑这些概念是类还是槽位等等。我们将在后面的两个步骤中完成这些工作。

这里，读者需要注意术语和概念的区别。在知识表示和语言学领域中，术语（term）和概念（concept）是两个相关但不完全相同的概念。

术语是某个领域的专业性词汇或短语，是对事物、事件、过程或抽象概念的命名。术语具有明确的定义和语义，有助于在交流和表达中区分和描述各种现象。一个术语可能对应多个概念，也可能同一个概念在不同的领域中有不同的术语。

概念是对现实世界中某个现象的理解和描述，是用术语来反应对事物的认知和思维的基本单元，帮助人们理解客观世界。

例如，在计算机科学领域，"算法" 是一个术语，指的是一组指令或步骤，用于解决特定问题。而 "计算复杂度" 是一个概念，指的是计算某个问题的难度或成本，通常用时间或空间来衡量。这两个术语（广义上来说，概念也是一种术语）在计算机科学领域中有着不同的含义和用途，但相互关联。

我们可以简单理解为：概念是术语的解释说明，术语是概念的传递形式。术语更多地关注于词汇和语言表达，而概念则关注于对现实世界的抽象和理解。在知识表示和推理过程中，术语和概念经常相互作用，共同构成了对世界认知和描述的基础。

在罗列本体重要术语后，后续的两个步骤，即开发类层次和定义类属性（槽位），是密切相关的。这两个步骤的工作不是串联的，即先完成类层次开发，然后再开始类属性定义，而是相互交叉进行的。通常，我们会先对层次结构中的部分概念进行定义，接着确定这些概念的属性，这个前后有序的工作会往复迭代多次。

下面我们详细介绍这本体设计中两个最重要的步骤。

Step 4：定义本体中的类以及类的层次结构。

基于上一步的术语列表，我们从能够描述个体的术语开始逐步构建类的层次结构。类层次结构有助于我们将研究领域中复杂的事物分成不同的类别和子类别。这些类别和子类别之间的关系是层次结构的，其中每个类别都是其父类别的一种实例。例如，在动物分类学中，“哺乳动物”是一个大类别，“狗”“猫”“狮子”“老虎”等都是“哺乳动物”的子类别。“狗”是一个更具体的类别，它可以进一步分为许多品种（“狗”子类），如“贵宾犬”“哈士奇”等。这种层次结构有助于我们更好地组织和理解研究领域中的事物。

通常有下面三种方式来构建一下类的层次结构。

① 自上而下的方式（top-down）。这种方式首先需要定义领域中最具一般性的概念，然后对这些概念进行细化。例如，我们要研究“酒”，现在“酒”就是一个最具一般性的概念，接着对“酒”进行专业化细分：“酒”可以分为白酒、啤酒、红酒和黄酒四个类别。还可以对“白酒”进一步细分为酱香型、浓香型、清香型、米香型、凤香型、药香型、芝麻香型、特香型、老白干香型、豉香型、兼香型等。对啤酒、红酒和黄酒等也可以类似细分。这样就会形成一个“酒”的类型层次结构。

这是一种通过分析领域业务逻辑获取类层次结构的方式，需要阅读大量规范和流程文档，与专家沟通讨论，通常只能通过手工方式完成。

② 自下而上的方式（bottom-up）。与自上而下的方式相反，这种方式首先定义最细颗粒度的概念，也就是层次结构中的叶子节点，然后将这些细颗粒度类分成组，形成更普遍的概念，逐级依次类推。

这是一种通过分析领域相关的数据获取类层次结构的方式，通常可以通过半自动化甚至自动化方式完成。

③ 混合方式（middle-out）。这种方式是上面两种方式的组合。这种方式首先定义我们最熟悉的概念，不用担心它们的层次，然后再对这些概念进行一般化，或者细化（专业化），逐步完成整个类层级结构的设计。

以上三种方式各种特点。在实践中具体采用哪种方式取决于设计者对领域的认知程度，不过混合方式最为常用，因为一般来说，处于“中间层次”的概念通常是我们最为熟悉的概念。

Step 5：定义类的属性（槽位 slot）。

类及其层次本身是不能够完整回答 Step 1 步骤中的业务问题的，所以一旦对类或概念的层次定义之后，就需要对类或概念进行细粒度的描述，也就是分解类或概念的内部结构，对其属性进行说明。例如类“葡萄酒”的名称、产地、颜色、口感（酒体）、风味、含糖量和酿酒厂的位置等属性就是对它的详细描述。注意，在这些属性中，“酿酒厂”也可以看作是一个类，这样“位置”成为“酿酒厂”的一个属性。

在第二章中我们说过，这些属性有一个更专业的名称：槽位（slot）。所以，类“葡萄酒”会存在以下几个槽位：名称、产地、颜色、口感、风味、含糖量和酿酒厂，而类“酿酒厂”至少有一个槽位：位置。实际上，“酿酒厂”也可以说是“葡萄酒”的一个属性，不过这个属性通常称为对象属性，也就是关系，也就是“酿酒厂生产葡萄酒”。这两个类之间的关系是“生产”。

在定义类的槽位时，我们会遇到一种特殊的槽位：逆槽位（inverse slots）。逆槽位是指两个有关系的类具有的特殊槽位。例如：“酿酒厂”有一个槽位“生产”，而“葡萄酒”有一个槽位“生产者”，这两个槽位就是逆槽位。因为槽位“生产”的取值是类“葡萄酒”的实例，而槽位“生产者”的取值是类“酿酒厂”的实例。例如，现在我们知道一个“酿酒厂”的实例是“中国长城葡萄酒有限公司”。如果“中国长城葡萄酒有限公司”的槽位“生产”的取值为类“葡萄酒”的一个实例“武龙解百纳”，那么，我们会很自然地推导出“武龙解百纳”的“生产者”为“中国长城葡萄酒有限公司”。

Step 6：定义描述槽位的各种信息，即侧面（facets）。

一个槽位可以具有不同的侧面，用于描述槽位的取值类型、允许取值范围、取值个数等特征。例如，槽位“名称”的取值类型为“String”（字符串）；在一条知识（事实）“这个酿酒厂生产这些酒”中，类“酿酒厂”的槽位“生产”可以有多个值，而这些值是类“酒”的实例。也就是说，“生产”是一个具有值类型为“酒”实例的槽位。下面我们介绍几种常见的槽位侧面。

① 槽位基数（slot cardinality）。槽位基数侧面定义了一个槽位可以取多少个值。

② 槽位取值类型（slot-value type）。槽位取值类型侧面描述了槽位取值的类型。常见的取值类型包括字符串、数值型、布尔型、枚举型、实例型。

③ 槽位的定义域和值域（domain and range of slot）。实例型槽位所允许的取值类列表称为槽位的值域（range），例如上面的槽位“生产”的值域是类“酒”。与此对应的是，一个槽位能够关联到的（描述的）类列表称为定义域（domain），例如“酿酒厂”是槽位“生产”的定义域。这类似于一个数学函数（对应“生产”）的定义域和值域。

Step 7：创建实体（类的实例）。

最后一步的任务是为类层次中的各个类创建实例，也就是实体的生成。生成实体时需要实现如下工作：选择类，生成实体，填充实体所属类的槽位信息，即属性赋值。

这样，我们不仅设计了本体的 Schema，同时为也本体补充了实例数据。

4.3 类层次架构设计准则

一个本体的类层次架构取决于本体的用途、待开发的知识系统所需的详细程度和设计者的能力，有时还需要考虑与其他模型的兼容。本节我们将详细讨论在定义类及其层次架构时需要特别注意的问题以及容易出现的错误。

4.3.1 确保设计正确的类层次架构

类层次架构将复杂的现实世界中的事物分成不同的类别和子类别，而这些类别和子类别之间的关系是一种层次结构。

类的层次架构实际上表示的是一种“is-a-kind-of”（是一种）关系。如果类B的每一个实例也是类A的实例，那么类B是类A的一个子类。也就是说，在类层次结构中，"is-a-kind-of"关系是指类与类之间的分类或继承关系，其中子类B从父类A继承其属性和特征。这种关系表明，每个子类B的实例也可以被视为父类A的实例。例如：类“肉”是类“食物”的一个子类。

名称为单数形式的类并不是名称为复数形式的类的子类。这主要是针对英语等拼音语言来说的。在设计类层次结构中一个常见的错误是同时包含同一概念的单数形式和复数形式，甚至使单数形式的类设计为复数形式的类的子类。因为类层次架构是一种“is-a-kind-of”的关系，所以名称为单数形式的类并不是名称为复数形式的类的子类。例如，单数形式的葡萄酒“Wine”并不是复数形式的葡萄酒“Wines”的一个子类。

避免这种错误的最好方法是在命名类时总是使用单数形式或复数形式，而不能混合使用。

类层次架构中的子类关系是可以传递的：如果类B是类A的子类，类C是类B的子类，那么类C是类A的一个子类。例如：类“肉”是类“食物”的一个子类，而“猪肉”是类“肉”的一个子类，所以，类“猪肉”也是类“食物”的一个子类。

由于我们研究领域的业务变化，一个类层次架构很难保持一直不变，需要随着领域业务的变化，需要不断修正类层次架构，以便能够及时反映最新变化。

有时我们需要特别注意区分类和类名称的关系：类代表了领域内的一个概念对象，而名称只是说明类的字符串。一个类的名称可以改变，而类代表的概念对象是不变的。例如：我们可以定义一个类“Shrimp”表示龙虾，也可以使用它的同义词“Prawn”表示同一个类。这样，我们在设计类层次结构中就不能出现两个类：“Shrimp”和“Prawn”。

在一个类层次架构中出现如下情况，则称为层次架构中存在着循环：定义了类A是类B的子类，同时也定义了类B是类A的子类。这是需要避免出现的情况。

4.3.2 分析层次架构中的兄弟类

（1）类层次结构中的兄弟类（siblings classes）

兄弟类是所有同一个类的直接子类，它们具有相同的抽象级别。例如：在证券投资时，类“上市公司”的直接子类包括“农业”“林业”“畜牧业”和“渔业”等等子类，这些子类处于同一个抽象级别。需要注意的是，层次结构的根节点通常表示整个层次结构的起点，它是没有兄弟节点的。不过，在很多知识管理系统中，它有一个最通用、最一般的父类，通常称为“Thing”。

（2）直接子类数量的确定

确定一个父类有多少个直接子类并没有一个硬性的规定，不过下面两条规则可以参考：

① 如果一个父类只有一个直接子类，那么可能存在着建模问题，或者对这个父类没有考虑周全。

② 如果一个父类的直接子类超过 10 个，或者更多，那么可以考虑增加中间分类层次。

4.3.3 考虑类的多重继承

就像面向对象编程 OOP 一样，在本体建设中，一个子类可以继承多个父类，这称为多重继承（multiple inheritance）。在这种情况下，子类继承了所有父类的属性（槽位及其侧面信息），并且子类的实例也被视为所有父类的实例。例如：子类 B 继承父类 A1 和 A2，则子类 B 的实例既是类 A1 的实例，也是类 A2 的实例。

4.3.4 确定引入新类的时机

一个嵌入层次太深的层次结构或者一个平面化（层次很浅）的层次架构都不是一个良好的本体结构。所以，在合适的时机引入一个新类（子类）以构建合理的层次架构是一个需要认真对待的问题。下面几点规则可以作为参考：

① 需要添加父类所不具有的属性时（添加新的槽位）；

② 需要对父类属性添加不同的限制条件时（新的槽位值）；

③ 需要参与到与父类不同的关系中时。

4.3.5 判断属性值和类的区别

本体建模时，我们往往会遇到一个问题：在表达某种事实时，是为一个已经存在的类创建一个属性并赋值（槽位），还是创建一个新的类？例如：对于白葡萄酒的表示可以通过下面两种方式实现：

① 创建一个新类“白葡萄酒”；

② 对已有类“葡萄酒”添加一个槽位（属性）“颜色”，并赋值为“白色”。

实际上，以上两种不同的表达方式都可以表示白葡萄酒概念，而这两种方式对本体模型的复杂程度影响是不一样的。那么什么时机创建一下新类，什么时机对已有类添加槽位呢？这主要取决于槽位所表达的知识在我们开发的知识系统中是否足够重要。例如，对于这个白葡萄酒的例子，如果我们的知识系统中白葡萄酒作为一个概念（管理对象）比较重要，很多场景中需要用到白葡萄酒与其他类之间的关系，那就有必要创建一个新类来表示白葡萄酒这个概念；反之，则作为类“酒”的一个属性值就可以了。

所以，判定是创建一个新类，还是为已有类添加新槽位时，需要综合考虑它们在开发的知识系统中的重要程度和使用频率而确定。

4.3.6 判断实例和类的区别

本体建模时，有时我们需要决定一个概念是一个类的实例还是一个类，这取决于我们开发的知识系统需要处理知识的最小粒度。换句话说，待开发的知识系统需要处理的最具体的知识条目是什么？这需要参考章节“4.2 本体构建方法”中步骤 1 提出的业务需求。

例如，如果待开发的知识系统只是需要确定葡萄酒和食物的搭配，那么我们不会对具体的某一瓶葡萄酒感兴趣。也就是说，在这种情况下，类“葡萄酒”将不代表一瓶瓶具体葡萄酒的集合（实例），而是特定酿酒厂生成的特定葡萄酒的集合。另一方面，如果除了需要建立葡萄酒-食物搭配知识库之外，我们还想维护餐馆中的葡萄酒库存，则每种葡萄酒的每一瓶葡萄酒可能会成为我们知识库中的单个实例。

4.3.7 确定本体构建范围

在创建本体时，需要慎重考虑本体信息完整性和简洁性之间的平衡，以确保本体既能满足业务需求，又能保证易于使用和维护。如果本体包含了研究领域中所有可能的信息，则可能会导致一个过于复杂和难以使用及维护的本体；另一方面，过于简单的本体可能缺乏必要的细节和表达能力，导致不够准确和全面。不要忘记：我们构建本体的目标是满足业务需求。所以，从实现这个目标出发，综合考虑以下因素：

① 明确目标：确定构建本体的目的，以确保满足用户需求。

② 确定粒度：确定概念划分的细致程度，保证概念划分既不过于粗略也不过于细致。

③ 概念完整性：一个概念需要包括必要的属性和关系，以充分表达概念的含义。

④ 概念简洁性：避免包含过多的属性和层次结构，以保持简洁和可维护性。

⑤ 概念一致性：确保概念之间的关系和属性值一致，避免歧义和混淆。

⑥ 本体扩展性：考虑到未来的扩展和调整，使本体具有一定的灵活性。

4.3.8 声明不相交的类

在实践中，有很多知识系统会非常明确地声明哪些类是不相交的。如果两个类没有任何共同的实例，那么这两个类是不相交的。例如类“肉”和类“蔬菜”就是两个不相交的类，但是类“家居用品”和类“电子产品”并不能视为不相交的，因为它们的实例是有交叉重叠的。

一旦声明了不相交的类，则会成为系统校验本体的一个准则。系统中将不能出现一个实例同时属于这些不相交的类。例如，如果声明“白酒”和“红酒”是两个不相交的类，则不会出现一种酒既是“白酒”，又是“红酒”，否则会被视为一个建模错误。

4.4 命名规范的考虑

正如我们在设计数据库模型时，需要遵从一定的命名规范，对数据表、字段、存储过程等对象进行命名约束一样，在对知识图谱进行建模时，如果类、实体、槽位等的命名遵循一定的规范，不仅可使本体更容易理解，也有助于避免常见的建模错误。不过在确定命名规则之前，需要事先在系统级（全局）确定以下几个问题：

① 系统是否允许类、槽位和类的实例具有同一个命名空间？例如一个名称为“winery”

的类已经存在了，是否还可以允许名称同样为“winery”的槽位存在？

② 系统对对象的命名是否是大小写敏感的？例如“Winery”和“winery”是不是同一个对象？

③ 系统允许名称中出现哪些分隔符？也就是说，名称中是否可以包含空格、逗号、星号等特殊字符？

注：命名空间（name space）也称为名称空间，是编程语言中一种组织代码的方式。它可以将代码中的函数、变量等进行分组，为它们指定一个命名空间名称，以避免不同的代码模块之间的名称冲突。

下面介绍一些常用的命名规范，供读者参考。

（1）首字母大写和分隔符

使用首字母大写来命名概念或类能够极大地提升本体的可读性。例如，使用首字母大写来命名类的名称，而使用小写字母来命名槽位名称（假定当前系统对对象命名是大小写敏感的。）

如果一个概念或槽位的名称由两个或多个单词组成，则需用分隔符加以区分。下面是几种常用的分隔符使用方式。

① 使用空格分隔符。例如“course table”（课程表）；

② 单词间不加分隔符，但每个单词的首字母大写，例如“CourseTable”；

③ 使用下划线、短划线或其他分隔符。例如“Course_Table”“Course_table”“Course-Table”“Course-table”等等。

（2）名称的单数形式或复数形式

我们知道，一个类实际上代表了一个类对象的集合，例如葡萄酒“Wine”实际上代表各种类别的葡萄酒。所以很多设计者认为采用复数形式“Wines”更为自然一些。实际上，单数形式或者复数形式都可以，重要的是在整个系统中只要保持一致即可。也就是说，对类的命名如果采取单数形式，就一直采用单数形式，不能某些类采用单数形式，另外一些类采用了复数形式，这是不规范的。

（3）名称的前缀和后缀

对名称附加前缀和后缀用于区分类或槽位也是一种不错的选择。例如对槽位名称附加前缀“has-”或者后缀“-of”。这种方法可以让用户通过名称就可以立即判断出是一个类还是一个槽位。

（4）其他

不要使用“class”“property”“slot”等特殊词作为名称的一部分；

名称中尽量避免使用单词的缩写形式。例如使用 Cabernet Sauvignon（赤霞珠）而不是 Cab；

子类名称中可以包含直接父类的名称，也可以不包含父类名称。但是一旦确定哪种方式，就要保持一致。例如，类“Wine”有两个子类，这两个子类可以是“Red Wine”和“White Wine”，或者“Red”和“White”，但是不能是“Red Wine”和“White”。

4.5 本章小结

本章对构建知识图谱的知识建模（构建本体）进行了讲述，包括本体构建的原则、本体构建的方法，特别对本体构建过程中类层次架构设计和命名规范进行了详述。

高质量的知识模型能够有效提高知识图谱构建的效率，降低领域知识融合的成本。本章基于作者对知识图谱建设的实践经验，结合对前人经验的总结，认为本体建设原则包括：准确一致性、清晰可理解、灵活可扩展、可重用性和可维护性。遵循构建原则的知识模型能够避免许多不必要、重复性的知识获取工作。

根据斯坦福七步法，本体构建的方法由七个步骤组成，分别是：

Step 1：基于业务需求，确定本体的覆盖的领域和研究范围。

Step 2：充分考虑对已有知识库或本体的重复使用。

Step 3：罗列本体中需要的重要术语（研究领域中的重要术语）。

Step 4：定义本体中的类以及类的层次结构。

Step 5：定义类的属性（槽位 slot）。

Step 6：定义描述槽位的各种信息，即侧面（facets）。

Step 7：创建实体（类的实例）。

对于领域知识图谱来说，目前通常是通过手工设计完成的，而且可能需要迭代进行。

构建本体时，类层次架构取决于本体的用途、待开发的知识系统所需的详细程度和设计者的能力，有时还需要考虑与其他模型的兼容。总体来说，在定义类及其层次架构时有几点需要特别注意，包括：确保设计正确的类层次架构，分析层次架构中的兄弟类，考虑类的多重继承，确定适时引入新类、判断属性值和类的区别、判断实例和类的区别、确定本体构建范围、声明不相交的类。

正如我们在设计数据库模型时，需要遵从一定的命名规范，对数据表、字段、存储过程等对象进行命名约束一样，在对知识图谱进行建模时，如果类、实体、槽位等的命名遵循一定的规范，不仅可使本体更容易理解，也有助于避免一些常见的建模错误。本体命名规范主要包括：

① 名称首字母大写和确定合适的分隔符。

② 无论名称采用单数形式还是复数形式，需要保持一致。

③ 名称采取适当的前缀和后缀可以有效提升本体的可读性。

④ 不要使用“class”“property”“slot”等特殊词作为名称的一部分。

5 知识获取–填充本体

知识有可能以显式的方式存储在结构化数据库表中，也有可能隐藏在半结构或非结构化文本中。而知识获取就是指通过各种技术手段将领域知识从这些不同来源、不同结构化的数据中抽取出来并物化本体的过程。知识获取一般包括三个方面的工作：知识实体获取（包括实体类型）、实体属性获取和实体关系获取。

实体及其属性可以同时出现在结构化、半结构化和非结构化数据来源中。所以知识获取（即实体及其属性和关系的抽取）就是把结构化数据、半结构化数据、非结构化数据的知识表达形式统一为知识表达方式（如 RDF 格式）的过程。这里有必要对结构化数据、半结构化数据和非结构化数据进行简单说明。

结构化数据指数据元素（字段）之间遵循预定义的固定模式，可以通过关系型数据库 RDB（Relational Data Base，例如 MySQL、Oracle 等等）表示和管理的数据。例如，在 MySQL 这样的关系数据库中，数据以表格的形式存储，每个表格包含行和列，每列代表一个数据属性（字段），每行代表一个数据记录，可以通过结构化查询语言 SQL（Structure Query Language）进行增加、修改和查询，是很多技术人员最为熟悉的数据存储方式。

半结构化数据是介于结构化数据和非结构化数据之间的一种数据形式。它具有一定的结构，但结构可能不完全固定，需要进一步提取和整理，并且可能包含相关的标记和分隔符，用于分隔语义元素并对记录和字段进行分层。例如：XML、JSON 和一些 NoSQL 数据库就属于半结构化数据。

非结构化数据是指没有预定义模式的数据，其组织形式较为随意。这种数据通常以各种类型的文件形式存储，包括文本、图像、音频、视频等。与结构化数据和半结构化数据相比，非结构化数据缺乏固定的结构和统一的数据模型，因此处理和管理起来更为复杂。

5.1 实体抽取

命名实体 NE（Named Entity）作为一个明确的概念和研究对象是在 1995 年 11 月召开的第六届 MUC 会议（MUC-6，the Sixth Message Understanding Conferences）上被提出的。实体抽取，也称为命名实体识别 NER（Named Entity Recognition and classification），是将文本

中的命名实体定位并分类为预先定义的类别，如人名、地名、机构名、日期、货币、时间表达式、数量、货币值、百分比等等。

实体抽取是一种信息提取技术。作为自然语言处理中一项关键性的基础任务，是构建知识图谱的基础，为关系抽取、文本摘要和机器翻译等应用提供基础支持。例如："人民网北京 12 月 5 日电（记者乔业琼）"可识别出"人民网北京 12 月 5 日乔业琼"等命名实体。其中"人民网"属于机构团体，"北京"属于地名，"12 月"和"5 日"属于日期，"乔业琼"属于人名。

对于存储在关系型数据库的结构化数据，或者以 XML、JSON 等格式存储的半结构化数据，需要映射语言和引擎将数据转换、引接集成到知识图谱中；而对于非结构化数据，例如自由文本和 PDF 文档等，则需要自然语言处理和信息提取技术来创建知识图谱。

读者请注意，无论是从结构化数据，还是半结构化、非结构化数据中提取实体及其属性和关系，待处理数据的质量都是需要首先要考虑的问题。依据国家标准 GB/T 36344—2018《信息技术 数据质量评价指标》中的规范，数据质量指标包括规范性、完整性、准确性、一致性、时效性和可访问性等 6 大类别。由于数据质量是数据治理工程中的重要组成部分，涉及数据"采存管算用"的全流程质量监管、检验和改进措施，本书不对来源数据的数据质量做特别介绍，重点介绍实体抽取相关的技术。对数据质量特别关注的读者可参阅相关资料。

5.1.1 命名实体规范

为了开展标准化数据标注工作，统一化命名实体的识别过程，目前存在多种实体命名的规范，例如国际标准 MET-2、ER-99、北京大学的 PKU 规范、BBN 科技公司发起的 OntoNotes 和微软的 MSRA 规范等等。当然在具体实践场景中，根据应用要求，完全可以自定义自己的实体规范。

这里简单介绍一下 PKU、OntoNotes 和 MSRA 等三个规范。

5.1.1.1 PKU 命名规范

PKU 实体命名规范是由北京大学创建的中文语言测试数据集（PKU Test）所使用的命名规范。这个数据集的目标是评估自然语言处理模型在词性标注、命名实体识别和机器翻译等任务上的性能。该数据集包含大量该领域的专家手动注释的中文句子，以及每个任务的相应注释。该数据集广泛用于中文 NLP 的研究，通常也被用作评估自然语言处理模型在中文语言任务上的性能的基准。目前已经成为研究人员和开发人员在为中文开发自然语言处理应用程序时的宝贵资源。

PKU 实体命名规范定义了三类实体，分别是：人名、地名和机构团体。如表 5-1 所示。

5.1.1.2 MSRA 命名规范

MSRA 实体命名规范是由微软亚洲研究院（Microsoft Research Asia）创建的中文文本标注规范（Tokenization Guidelines of Chinese Text）。本规范定义的全部命名实体标记，包括专有名词（NAMEX）、时间表达式（TIMEX）、数字表达式（NUMEX）、度量表达式（MEASUREX）和地址表达式（ADDREX）等五大类及其下属的三十个子类。如表 5-2 所示。

表 5-1　PKU 实体命名规范

词性	名称	帮助记忆的诠释	例子及注解
nr	人名	名词代码 n 和“人(ren)”的声母并在一起	1. 汉族人及与汉族起名方式相同的非汉族人的姓和名单独切分，并分别标注为 nr：张/nr 仁伟/nr，欧阳/nr 修/nr，阮/nr 志雄/nr，朴/nr 贞爱/nr 汉族人除有单姓和复姓外，还有双姓，即有的女子出嫁后，在原来的姓上加上丈夫的姓。如：陈方安生。这种情况切分、标注为：陈/nr 方/nr 安生/nr；唐姜氏，切分、标注为：唐/nr 姜氏/nr。 2. 姓名后的职务、职称或称呼要分开；张/nr 教授/n，王/nr 部长/n，陈/nr 老总/n，李/nr 大娘/n，刘/nr 阿姨/n，龙/nr 姑姑/n。 3. 对人的简称、尊称等若为两个字，则合为一个切分单位，并标以 nr：老张/nr，大李/nr，小郝/nr，郭老/nr，陈总/nr。 4. 明显带排行的亲属称谓要切分开，分不清楚的则不切开：三/m 哥/n，大婶/n，大/a 女儿/n，大哥/n，小弟/n，老爸/n。 5. 一些著名作者的或不易区分姓和名的笔名通常作为一个切分单位：鲁迅/nr，茅盾/nr，巴金/nr，三毛/nr，琼瑶/nr，白桦/nr。 6. 外国人或少数民族的译名不予切分，标注为 nr：克林顿/nr，叶利钦/nr，才旦卓玛/nr，小林多喜二/nr，北研二/nr，华盛顿/nr，爱因斯坦/nr。有些西方人的姓名中有小圆点，也不分开，如卡尔·马克思/nr
ns	地名	名词代码 n 和处所词代码 s 并在一起	1. 普通地名：安徽/ns，深圳/ns，杭州/ns，拉萨/ns，哈尔滨/ns，呼和浩特/ns，乌鲁木齐/ns，长江/ns，黄海/ns，太平洋/ns，泰山/ns，华山/ns，海南岛/ns，太湖/ns，白洋淀/ns，彼得堡/ns，伏尔加格勒/ns。 2. 国名无论长短，都作为一个切分单位：中国/ns，中华人民共和国/ns，日本国/ns，美利坚合众国/ns，美国/ns。 3. 地名后有“省”“市”“县”“区”“乡”“镇”“村”“旗”“州”“都”“府”“道”等单字的行政区划名称时，不切分开，作为一个切分单位：四川省/ns，天津市/ns，景德镇/ns，沙市市/ns，牡丹江市/ns，正定县/ns，海淀区/ns，通州区/ns，东升乡/ns，双桥镇/ns，南化村/ns，华盛顿州/ns，俄亥俄州/ns，东京都/ns，大阪府/ns，北海道/ns，长野县/ns，开封府/ns，宣城县/ns。 4. 地名后的行政区划有两个以上的汉字，则将地名同行政区划名称切开，不过要将地名同行政区划名称用方括号括起来，并标以短语 NS：[芜湖/ns 专区/n]NS，[宣城/ns 地区/n]ns，[内蒙古/ns 自治区/n]NS，[深圳/ns 特区/n]NS，[厦门/ns 经济/n 特区/n]NS，[香港/ns 特别/a 行政区/n]NS，[香港/ns 特区/n]NS，[华盛顿/ns 特区/n]NS。 5. 地名后有表示地形地貌的一个字的普通名词，如江、河、山、洋、海、岛、峰、湖等，不予切分：鸭绿江/ns，亚马逊河/ns，喜马拉雅山/ns，珠穆朗玛峰/ns，地中海/ns，大西洋/ns，洞庭湖/ns，塞普路斯岛/ns。 6. 地名后接的表示地形地貌的普通名词若有两个以上汉字，则应切开，然后将地名同该普通名词标成短语 NS：[台湾/ns 海峡/n]NS，[华北/ns 平原/n]NS，[帕米尔/ns 高原/n]NS，[南沙/ns 群岛/n]NS，[京东/ns 大/a 峡谷/n]NS，[横断/b 山脉/n]NS。 7. 地名后有表示自然区划的一个字的普通名词，如街、路、道、巷、里、町、庄、村、弄、堡等，不予切分：中关村/ns，长安街/ns，学院路/ns，景德镇/ns，吴家堡/ns，庞各庄/ns，三元里/ns，彼得堡/ns，北菜市巷/ns。 8. 地名后接的表示自然区划的普通名词若有两个以上汉字，则应切开。然后将地名同自然区划名词标成短语 NS：[米市/ns 大街/n]NS，[蒋家/nz 胡同/n]NS，[陶然亭/ns 公园/n]NS

续表

词性	名称	帮助记忆的诠释	例子及注解
nt	机构团体	“团”的声母为 t，名词代码 n 和 t 并在一起	1. 大多数团体、机构、组织的专有名称一般是短语型的，较长，且含有地名或人名等专名，再组合，标注为短语 NT：[中国/ns 计算机/n 学会/n]NT，[香港/ns 钟表业/n 总会/n]NT，[烟台/ns 大学/n]NT，[香港/ns 理工大学/n]NT，[华东/ns 理工大学/n]NT，[合肥/ns 师范/n 学院/n]NT，[北京/ns 图书馆/n]NT，[富士通/nz 株式会社/n]NT，[香山/ns 植物园/n]NT，[安娜/nz 美容院/n]NT，[上海/ns 手表/n 厂/n]NT，[永和/nz 烧饼铺/n]NT，[北京/ns 国安/nz 队/n]NT。 2. 对于在国际或中国范围内知名的唯一的团体、机构、组织的名称，即使前面没有专名，也标为 nt 或 NT：联合国/nt，国务院/nt，外交部/nt，财政部/nt，教育部/nt，国防部/nt，[世界/n 贸易/n 组织/n]NT，[国家/n 教育/vn 委员会/n]NT，[信息/n 产业/n 部/n]NT，[全国/n 信息/n 技术/n 标准化/vn 委员会/n]NT，[全国/n 总/b 工会/n]NT，[全国/n 人民/n 代表/n 大会/n]NT。美国的“国务院”，其他国家的“外交部”“财政部”“教育部”，必须在其所属国的国名之后出现时，才联合标注为 NT。[美国/ns 国务院/n]NT，[法国/ns 外交部/n]NT。[美/j 国会/n]NT。日本有些政府机构名称很特别，无论是否出现在“日本”国名之后，都标为 nt。[日本/ns 外务省/nt]NT，[日/j 通产省/nt]NT，通产省/nt。 3. 前后相连有上下位关系的团体机构组织名称：[联合国/nt 教科文/j 组织/n]NT，[中国/ns 银行/n 北京/ns 分行/n]NT，[河北省/ns 正定县/ns 西平乐乡/ns 南化村/ns 党支部/n]NT，当下位名称含有专名（如“北京/ns 分行/n”、“南化村/ns 党支部/n”、“昌平/ns 分校/n”）时，也可脱离前面的上位名称单独标注为 NT。[中国/ns 银行/n]NT[北京/ns 分行/n]NT，北京大学/nt[昌平/ns 分校/n]NT。 4. 团体、机构、组织名称中用圆括号加注简称:[宝山/ns 钢铁/n（/w 宝钢/j）/w 总/b 公司/n]NT，[宝山/ns 钢铁/n 总/b 公司/n]NT，（/w 宝钢/j）/w

表 5-2 MSRA 命名实体规范

大类 Category	子类 Subcategory	Format-1 标注集 Tag-set of Format-1	Format-2 标注集 Tag-set of Format-2
NAMEX	Person	P	PERSON
	Location	L	LOCATION
	Organization	O	ORGANIZATION
TIMEX	Date	dat	DATE
	Duration	dur	DURATION
	Time	tim	TIME
NUMEX	Percent	per	PERCENT
	Money	mon	MONEY
	Frequency	fre	FREQUENCY
	Integer	int	INTEGER
	Fraction	fra	FRACTION
	Decimal	dec	DECIMAL
	Ordinal	ord	ORDINAL
	Rate	rat	RATE
MEASUREX	Age	age	AGE
	Weight	wei	WEIGHT
	Length	len	LENGTH
	Temperature	tem	TEMPERATURE
	Angle	ang	ANGLE
	Area	are	AREA

续表

大类 Category	子类 Subcategory	Format-1 标注集 Tag-set of Format-1	Format-2 标注集 Tag-set of Format-2
MEASUREX	Capacity	cap	CAPACITY
	Speed	spe	SPEED
	Acceleration	acc	ACCELERATION
	Other measures	mea	MEASURE
ADDREX	Email	ema	EMAIL
	Phone	pho	PHONE
	Fax	fax	FAX
	Telex	tel	TELEX
	WWW	www	WWW
	Postalcode	pos	POSTALCODE

在表 5-2 中，Format-1 标注集（Tag-set of Format-1）是面向标注人员的格式。例如，对于：/十月九日/上午/，标注后为：/[dat 十月九日]/[tim 上午]/。

Format-2 标注集（Tag-set of Format-2）是面向机器处理的 XML 格式。例如，对于：/十月九日/上午/，标注后为：<w><TIMEX TYPE="DATE">十月九日</TIMEX></w><w><TIMEX TYPE= "TIME" >上午</TIMEX></w>

5.1.1.3 OntoNotes 命名规范

OntoNotes 是由 BBN 科技公司、科罗拉多大学、宾夕法尼亚大学和南加利福尼亚大学信息科学研究所合作的项目。该项目的目标是用句法和浅层语义等信息注释一个大型语料库，这个语料库包括三种语言（英语、汉语和阿拉伯语）的各种类型的文本。OntoNotes 命名规范包括 PERSON、NORP、FACILITY 等 18 个类别。如表 5-3 所示。

表 5-3 OntoNotes 命名规范

标注名称（tag name）	标注（tag）	描述
PERSON	PERSON	人，包括虚构的人物
NORP	NORP	国籍、宗教或政治团体
FAC	FACILITY	建筑物、机场、高速公路、桥梁等
ORG	ORGANIZATION	公司、代理处、机构等
GPE	GPE	国家、城市、州
LOC	LOCATION	非 GPE 的地区、山脉、水体
PRODUCT	PRODUCT	车辆、武器、食物等非服务形式的产品
EVENT	EVENT	已命名的飓风、战役、战争、体育赛事等
WORK_OF_ART	WORK OF ART	书籍、歌曲等的名称
LAW	LAW	法律文书
LANGUAGE	LANGUAGE	已命名的语言
DATE	DATE	绝对或相对的日期或时间段
TIME	TIME	小于一天的时间
PERCENT	PERCENT	百分率
MONEY	MONEY	货币价值（包括度量单位）

续表

标注名称（tag name）	标注（tag）	描述
QUANTITY	QUANTITY	度量值
ORDINAL	ORDINAL	“第一”“第二”等序数词
CARDINAL	CARDINAL	数量词，例如 1、2、3 等

后面我们将要介绍的自然语言处理框架 spaCy 对命名实体的识别就是采用了 OntoNotes 规范。

5.1.2 结构化数据处理

结构化数据主要是指以表格形式存储在关系型数据库中的数据，所以本节重点讲述如何从关系型数据库中把数据映射和转换为 RDF 数据。数据库与实体对应关系如表 5-4 所示。

表 5-4 数据库与实体对应关系

序号	数据库	对应 RDF 实体
1	表（Table）	类（Class）
2	列（Column）	属性（Property）
3	行（Row）	资源/实例（Resource/Instance）
4	单元（Cell）	属性值（Property Value）
5	外键（Foreign）	指代（Reference）

由于实体和属性以及实体间的关系存储在结构化数据库中，正如上表所示，一个表对应一个类，一行数据相当于一个类的实例（实体），每个字段就相当于类的属性。所以知识的获取既可以通过手工方式编写代码来实现，也可以通过现有的 D2R（Database to RDF）工具来实现。其中手工编码方式是根据具体业务要求，使用 Java、Python 等编程语言手动实现数据的映射和转换，但是在图谱的实际开发实践中，更多的是采用 D2R 工具来实现。将关系数据库中的数据映射和转换到 RDF 的策略很多，为了规范化映射过程，W3C 于 2012 年推出了两种映射语言标准，分别是直接映射 DM 和 R2RML。

DM 定义了一个简单的转换机制，将关系数据库 RDB（数据和模式）作为输入，并生成一个 RDF 图。

R2RML 是从关系型数据库 RDB 到 RDF 的映射语言，具有较高的灵活性和定制性，它本身就是一个符合 Turtle 语法的 RDF 图。R2RML 支持不同类型的映射实现，例如，基于关系型数据库中的数据实现一个虚拟 SPARQL 端点，或者生成 RDF 转储，或者提供一个关联数据（Linked Data）接口。

目前有多个 D2R 工具，例如 D2RQ、SquirrelRDF、Triplify、SPASQL、RDQuery、DartGrid、Virtuoso、P2R、Anzo 和 RDFox 等。它们实现的原理基本一致，即根据数据库的模式（Schema）信息自动创建 RDF 词汇表，并实现数据库内容到 RDF 词汇表的映射，或者通过手工方式将表和列映射到 RDF 中实体的属性和类。

由于 D2RQ 使用比较普遍，这里我们以此工具为例说明如何实现从数据库到 RDF 格式的转换。

5.1.2.1 D2RQ 概述

D2RQ（Database to RDF Query）是一个遵循 Apache 许可协议的将数据从数据库到 RDF 的映射引擎和 SPARQL 查询服务器。它是一个使用 Java 语言开发的开源系统，可跨平台使用，实现了 W3C 的直接映射 DM 和 R2RML 协议。它以 RDF 格式创建关系型数据库 RDB 的定制转储，以便加载到 RDF 存储系统中，具有使用图数据库查询语言 SPARQL 访问非 RDF 数据库的能力，在 Web 上以关联数据的形式访问关系型数据库中的数据。它支持使用 Apache Jena API 方式访问存储在非 RDF 数据库中的数据（Jena 是一个开源图数据库，提供 RDF 和 SPARQL API）。

D2RQ 把 SPARQL 查询语句，根据映射语言编写的映射规则翻译成 SQL 语句，从而完成对关系型数据库的查询，最后把结果返回给用户。它的优点是可为以大型关系数据库为后端的应用系统提供语义服务，而不用事先将大量的关系型数据库内容存储在专用的 RDF 数据库中。其架构如图 5-1 所示：

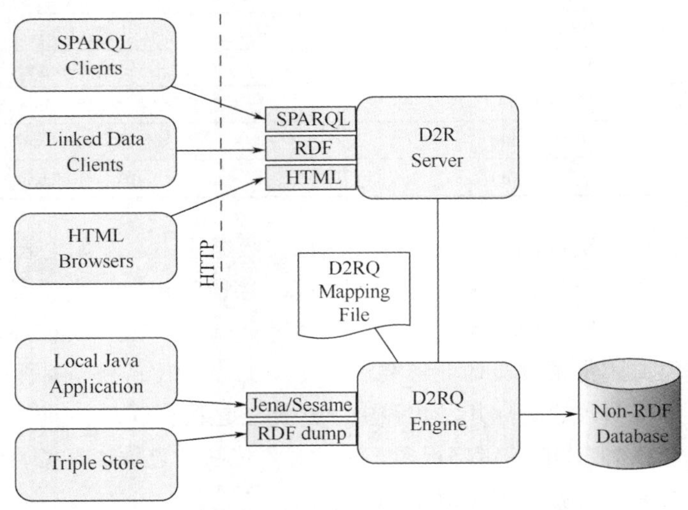

图 5-1 D2RQ 架构图

D2RQ 系统支持的数据库包括（遵循 SQL-92 标准）Oracle、MySQL、PostgreSQL、SQL Server、HSQLDB、Interbase/Firebird。

5.1.2.2 D2RQ 使用准备

D2RQ 的使用比较简单，但是 D2RQ 的顺畅运行还是需要一些准备工作。D2RQ 的运行需要提前安装组件。

① 下载 D2RQ 源文件。到官网下载 D2RQ（目前为 d2rq-0.8.1.zip），并在指定的目录中解压缩，例如“D:\d2rq81”。解压后会包括\doc、\etc、\lib 等子目录。注意：官网上的下载地址指向的是 github 网站。

② 编译生成可执行 jar/class/war 文件。下载的 D2RQ 包只包括了 Java 源文件，并没有包

含编译后的可执行 jar 包或 class 文件。其中的主要原因可能是开发者考虑到不同平台的差异，因为不同操作系统、不同 CPU 架构等因素都可能影响软件的编译过程和运行效果。为了确保软件能够在用户的平台上正常运行，D2RQ 开发者只提供了源代码供用户自行编译，生成可执行的 jar/class/war 文件，以便能够更充分发挥 D2RQ 的作用。其中 war 文件是为了在 Web 应用服务器内（如 Tomcat）部署 D2R 服务器，使其以 Web 应用范式运行所需要的程序包。

下载的 D2RQ 包含了一个 build.xml 文件，说明这是一个 Ant 项目。读者可在 Eclipse 等 IDE 开发环境中使用 Ant 插件对源文件进行编译（Ant build）。编译后会在子目录 build\d2rq 下生成四个 class 文件：generate_mapping.class（映射文件生成工具，对应安装目录下的 generate-mapping.bat 文件）、server.class（D2R 服务器，对应安装目录下的 d2r-server.bat 文件）、d2r_query.class（D2R 查询工具，对应安装目录下的 d2r-query.bat 文件）和 dump_rdf.class（RDF 转储工具，对应安装目录下的 dump-rdf.bat 文件），并在子目录 lib 下生成 d2rq.jar，在子目录 webapp 下生成 d2rq.war。

由于 Ant 插件使用非常广泛，所以关于如何使用 Ant 构建 jar 包或 class 文件，这里不再赘述，有需要的读者可自行查阅相关资料。

③ 安装支持的关系型数据库。根据实际需要安装所需的关系型数据库，例如 Oracle、MySQL 等，并下载对应的 JDBC 驱动。把 JDBC 驱动的 jar 文件放置在 D2RQ 安装目录下的子目录“\lib\db-drivers”下。注：MySQL 和 PostgreSQL 数据库的 JDBC 驱动程序已经随 D2RQ 自带（MySQL 版本 5.1.18，PostgreSQL 版本 9.1-901）。

④ 下载并安装 Java 环境。D2RQ 需要 Java 1.5 或以上版本（版本查看命令：java -version）。确认已经安装了 Java 1.5 或更新版本。

⑤ 安装 J2EE Servlet 容器作为部署目标（可选）。D2R 服务器（D2R Server）既可以作为独立的 Web 服务使用，也可以在其他 servlet 容器中运行，例如 Tomcat、Jetty、WebLogic 等。如果需要部署到其他 servlet 容器中运行，则需要安装相应的容器。

在 D2RQ 的准备工作完成后，就可以使用 D2RQ 来完成关系型数据库的映射、浏览和 RDF 转储工作了。D2RQ 平台的使用主要涉及四个工具：映射文件生成工具 generate-mapping、D2R 服务器 d2r-server、D2R 查询工具 d2r-query 和 RDF 转储工具 dump-rdf。

（1）生成映射文件

根据待映射关系型数据库的模式，使用 generate-mapping 命令工具生成数据库映射文件。其命令格式如下：

```
generate-mapping -o mapping.ttl -d driver.class.name -u user -p password jdbc:url:...
```

其中：mapping.ttl 是输出的数据库映射文件名称。由于 generate-mapping 命令工具默认映射的数据库为 MySQL，所以对于 MySQL 数据库而言，-d 选项可以忽略。注：映射文件扩展名为“ttl”，表示映射文件为 Turtle 格式。

（2）以映射文件为参数启动 D2R 服务器

命令格式如下：

```
d2r-server mapping.ttl
```

（3）测试 D2R 服务器是否正常运行

在浏览器中输入如下地址：http://localhost:2020/，如果出现图 5-2 所示画面，则说明 D2R 服务器正常运行，可以使用 D2RQ 平台了。

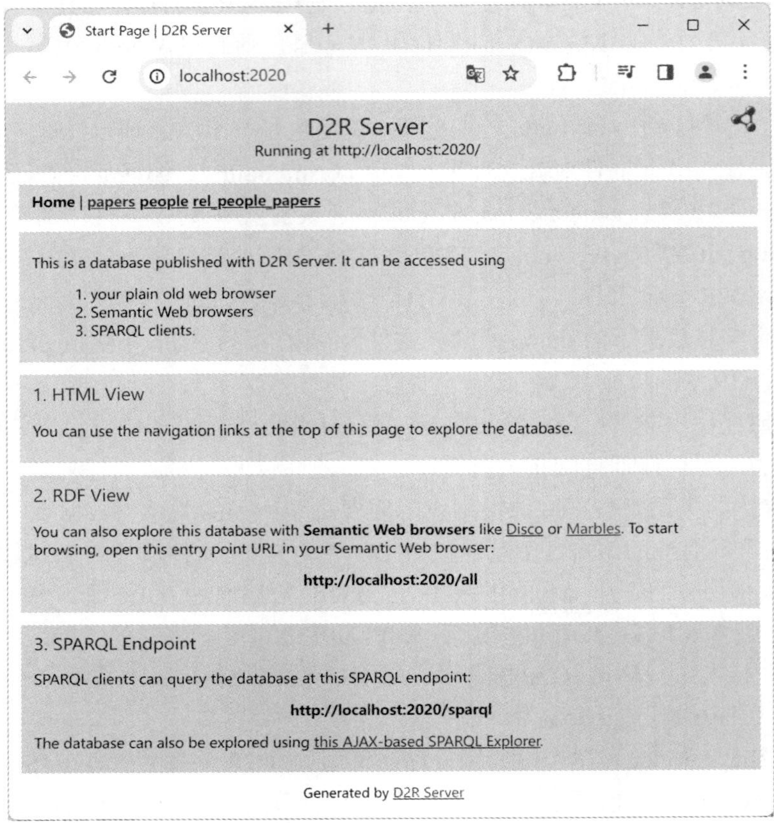

图 5-2　D2R 服务器正常运行界面

（4）图形化界面操作应用

D2R 服务器正常运行后，可以在图 5-2 的界面中浏览映射数据库中的内容，并以多种形式展示查询结果。

（5）命令行方式操作应用

除了上面在可视化界面浏览数据和执行 SPARQL 语句外，还可以使用 d2r-query 工具以命令行方式执行查询。命令格式如下：

```
d2r-query mapping.ttl "SELECT * { ?s ?p ?o } LIMIT 10"
```

或者执行一个包含多个查询语句的文件，例如一个查询文件为 query.sparql。则命令格式如下：

```
d2r-query mapping.ttl @query.sparql
```

（6）生成 RDF 转储文件

使用 dump-rdf 工具以命令行方式生成 RDF 转储文件。命令格式如下：

```
dump-rdf mapping.ttl -o dump.nt
```

这里 mapping.ttl 是映射文件名称，dump.nt 为输出文件，即存放 RDF 的数据文件。注：输出文件的扩展名为“nt”，表示 n-triples 的意思（默认输出格式）。.nt 文件是一种简单的 RDF 存储文件，文件中每一行是一个三元组，表示(<主语> <谓语> <宾语>)。

5.1.2.3 D2RQ 使用介绍

D2RQ 平台的使用主要就是对映射文件生成工具 generate-mapping、D2R 服务器 d2r-server、D2R 查询工具 d2r-query 和 RDF 转储工具 dump-rdf 等 4 个工具的使用。所以，本章节将对这四个工具的详细使用方法进行描述，并以例子的方式说明在具体场景中的应用。

5.1.2.3.1 D2RQ 映射语言

D2RQ 的使用离不开映射文件，它是访问关系型数据库的中介。映射文件是符合 D2RQ 映射语言（Mapping Language）格式的文本文件。所以我们首先从 D2RQ 映射语言开始讲起。

D2RQ 映射语言是一种用于将关系数据库映射到 RDF 词汇表和 OWL 本体的声明性语言，用以构建映射文件。一个映射文件本身是一个符合 Turtle 语法的 RDF 文档，其中的映射使用如下 D2RQ 命名空间：

```
http://www.wiwiss.fu-berlin.de/suhl/bizer/D2RQ/0.1#
```

映射文件实际上定义了一个虚拟 RDF 图（virtual RDF graph），其中包含了数据库的各种信息（模式、表和字段等）。D2RQ 平台提供 SPARQL 访问、链接数据服务器、RDF 转储生成器、简单的 HTML 接口和 Jena API 访问等多种访问方式。

D2RQ 映射文件可以通过手工在任何文本编辑器中编写，但是通常是通过映射文件生成工具 generate-mapping 生成，然后如果需要进一步完善，再以此为基础进行优化。

下面是一个 D2RQ 映射示例。

```
# D2RQ Namespace
@prefix d2rq: <http://www.wiwiss.fu-berlin.de/suhl/bizer/D2RQ/0.1#> .
# Namespace of the ontology
@prefix : <http://annotation.semanticweb.org/iswc/iswc.daml#> .

# Namespace of the mapping file; does not appear in mapped data
@prefix map: <file:///Users/d2r/example.ttl#> .

# Other namespaces
@prefix rdfs: <http://www.w3.org/2000/01/rdf-schema#> .
@prefix xsd: <http://www.w3.org/2001/XMLSchema#> .

map:Database1 a d2rq:Database;
  d2rq:jdbcDSN "jdbc:mysql://localhost/iswc";
  d2rq:jdbcDriver "com.mysql.jdbc.Driver";
  d2rq:username "user";
  d2rq:password "password";
  .
# -----------------------------------------------
# CREATE TABLE Conferences (ConfID int, Name text, Location text);
```

```
map:Conference a d2rq:ClassMap;
  d2rq:dataStorage map:Database1;
  d2rq:class :Conference;
  d2rq:uriPattern "http://conferences.org/comp/confno@@Conferences.ConfID@@";
  .
map:eventTitle a d2rq:PropertyBridge;
  d2rq:belongsToClassMap map:Conference;
  d2rq:property :eventTitle;
  d2rq:column "Conferences.Name";
  d2rq:datatype xsd:string;
  .
map:location a d2rq:PropertyBridge;
  d2rq:belongsToClassMap map:Conference;
  d2rq:property :location;
  d2rq:column "Conferences.Location";
  d2rq:datatype xsd:string;
  .
```

D2RQ 映射语言非常丰富，包含了大量的元素。本书不对它进行详细描述，需要进一步了解的读者可参考以下网址：http://d2rq.org/d2rq-language

5.1.2.3.2 映射文件生成工具

映射文件生成工具 generate-mapping 通过分析关系型数据库的模式（Schema）创建映射文件。默认情况下，根据每一张数据库的表名称映射出一个新的 RDFS 类，根据数据库表的每一个列名称映射出新类的一个属性。映射文件是一个具有特定格式的文本文件，所以它可以在任何文本编辑器中进行后期编辑、定制。例如引入众所周知的公开的 RDF 词汇集等等。

映射文件生成工具 generate-mapping 的使用方法如下：

```
generate-mapping [-u user] [-p password] [-d driver]
       [-l script.sql] [--[skip-](schemas|tables|columns) list]
       [--w3c] [-v] [-b baseURI] [-o outfile.ttl]
       [--verbose] [--debug]
       jdbcURL
```

各个参数的含义如表 5-5 所示。

下面我们举例说明各个参数的使用。

① 连接本地 MySQL 数据库，并映射所有模式。

```
generate-mapping -u user -p usrpwd -o kgmap.ttl jdbc:mysql://localhost:3306/kgtest
```

注意：在这个 JDBC 连接参数“jdbc:mysql://localhost:3306/kgtest”中，虽然指定了特定的数据库“kgtest”，但是由于没有指定“--schemas”参数，上面的命令会映射整个 MySQL 中的数据库。

② 连接远程 Oracle 数据库，并映射所有模式。

```
generate-mapping -u user -p usrpwd -d oracle.jdbc.OracleDriver
    -o kgmap.ttl jdbc:oracle:thin:@ora.intranet.deri.ie:1521:staffdb
```

表 5-5 generate-mapping 工具参数含义

参数	参数含义	注释
-u *user*	连接数据库时使用的用户名称	可选。 如果不提供，需要在参数 jdbcURL 中指定
-p *password*	连接数据库时需要的登录密码	可选。 如果不提供，需要在参数 jdbcURL 中指定
-d *driver*	连接数据库时使用的驱动程序的完全限定 Java 类名称。例如： 对于 Oracle，其完全限定 Java 类名称为 oracle.jdbc.OracleDriver； 对于 Microsoft SQL，其完全限定 Java 类名称为 com.microsoft. sqlserver.jdbc.SQLServerDriver	可选。 对于 MySQL、PostgreSQL 和 HSQLDB 数据库而言，可以忽略本参数（因为它们的驱动已经随 D2RQ 的安装默认提供了）；对于其他数据库而言，需要提供本参数，并且驱动程序放置到子目录\lib\db-drivers 下
-l *script.sql*	执行本工具前，可预先加载执行一个 SQL 脚本文件，用于数据库的初始化连接和测试	可选。 映射文件中的数据库属性 d2rq:startup SQLScript 将以 script.sql 作为初始化值
--w3c	生成一个兼容 W3C 直接映射要求的映射文件	可选
--schemas *list1* --tables *list2* --columns *list3*	仅映射 list1 指定的模式及指定模式下的表 list2，以及指定表中的字段 list3。 当每个参数值多于一个时，它们之间以英文逗号分割。其中模式的形式为 *schema*；表的形式为 *table* 或 *schema.table*；字段的形式为 *table.column* 或 *schema. table.column*。 注意： （1）每个以英文点号开始且包含在两个正斜杠之间的部分称为正则表达式，具有正则表达式的作用。 （2）每个以符号@开始的参数值被认为是一个文本文件。文件的每一行内容包含一个值（模式、表或字段），也可用英文逗号分割多个值（模式、表或字段）。 举例如下： --schema SCOTT (仅映射模式 SCOTT) --tables PERSONS,ORGS (仅映射表 PERSONS 和 ORGS) --columns /.*/.CHECKSUM (映射每张表中字段 CHECKSUM (如果存在的话)) --tables /BACKUP.*/ (映射表 backup1 和 BACKUP_2 等) --tables @include.txt (映射文件 include.txt 中指定的表)	可选。 如果不指定这些参数，则所有模式、表和字段都会被映射。 注意：设定参数“--schemas”时，必须同时设置参数“--tables”，否则将不会映射任何表
--skip-schemas *list* --skip-tables *list* --skip-columns *list*	参数含义与上面三个选项相同，只是这里指定的模式、表或字段被排除在映射之外，即不进行映射处理。这里不再详述	可选
-v	生成一个 RDFS+OWL 的词汇表，而不是映射文件	可选
-b *baseURI*	指定构建词汇表命名空间的基本 URI，该词汇表命名空间的形式是：http://*baseURI*/vocab/resource/	可选。 默认值为 http://localhost:2020/
-o *outfile.ttl*	输出映射文件名称，文件内容按照 Turtle 格式存储	可选。 如果忽略本参数，则输出内容将输出到标准输出设备中，通常是屏幕
--verbose	是否输出映射过程中出现的额外信息	可选。 如果忽略本参数，则不会输出其他额外的信息
--debug	是否输出映射过程中调试所需要的额外信息	可选。 如果忽略本参数，则不会输出调试的信息
jdbcURL	指定访问数据库的 JDBC 连接字符串。具体形式请参阅相关数据库文档。 注意：本参数的作用仅是连接数据库，即使在本参数中指定了某个数据库或模式，也不会起作用。如果只需要映射某些数据库或模式，需要在--schemas、--skip-tables 等参数中指定	必选。

在这个命令行中，对 Oracle 数据库添加了“-d oracle.jdbc.OracleDriver”，这是 Oracle 的 JDBC 驱动程序中的完全限定 Java 类名称。前面讲过，对于 MySQL、PostgreSQL 和 HSQLDB 数据库而言，可以忽略“-d”参数。

③ 初始化一个临时内存数据库，并形成一个 SQL 转储。

```
generate-mapping -l db_dump.sql -o mapping.ttl
```

这个命令行在内存中创建一个 HSQLDB 数据库，并执行 db_dump.sql 语句，最终为此数据库生成映射文件 mapping.ttl。这种方式对于测试和调试 D2RQ 非常有用。

④ 在映射文件中，排除某些字段。

```
generate-mapping -u user -p usrpwd -o mapping.ttl --skip-columns @bad-columns.txt
          jdbc:mysql://localhost:3306/kgtest
```

这个命令行中，文件 bad-columns.txt 中，每一行将包含格式为 schema.table.column 或者 table.column 的字段。由于使用了参数“--skip-columns”，所以这些字段将不被映射。

⑤ 只映射某些模式中的某些表

```
generate-mapping -u user -p usrpwd -o mapping.ttl --schemas kgtest --tables papers
          jdbc:mysql://localhost/kgtest
```

在这个命令行中，只映射数据库（模式）kgtest 中的表 papers 中的所有字段。这里需要读者注意的是，设定参数“--schemas”时，必须同时设置参数“--tables”，否则将不会映射任何表。

5.1.2.3.3 D2R 服务器

D2R 服务器 d2r-server 使得用户可以使用 SPARQL 语言访问关系型数据库，使之可以作为连接数据（Linked Data）使用，这样通过 RDF 和 HTML 浏览器可以浏览数据库中的数据。在使用这个工具时，用户可以提供一个由工具 generate-mapping 生成的映射文件，也可以不提供映射文件。如果提供了映射文件，则相当于访问由映射文件构建的虚拟 RDF 图数据；如果没有提供映射文件，则必须提供数据库连接的各种参数。

D2R 服务器的使用方式有两种：命令行方式和 Servlet 容器中运行（例如 Tomcat、Jetty 等）。其中 D2R 服务器 d2r-server 的命令行方式的使用方法又有三种方式，每种方式可以有不同的参数，具体如下：

```
d2r-server [server-options] mappingFile
d2r-server [server-options] [connection-options] jdbcURL
d2r-server [server-options] [connection-options] -l script.sql
```

各个参数的含义如表 5-6 所示。

D2R 服务器使用的另外一种方式是作为一个 J2EE 的 Web 应用运行于 Tomcat 或 Jetty 等 Web 应用服务器内，这是生产环境中常用的方式。使用之前，确保已经生成 d2rq.war 文件，并把它部署到 Web 应用服务器中，例如拷贝到 Tomcat 的 webapps 目录下。生成方式请参见章节“5.1.2.2 D2RQ 使用准备”。除此之外，还需要在映射文件（由工具 generate-mapping 生成）中包含一个配置块，以便能够更好地配置 D2R 服务器，设置基础 URI 的形式为：http://servername/webappname/，其中 webappname 为 D2R 服务器在 Tomcat 等容器上的应用名称。在配置块中，可以配置 d2r:Server 的各种信息。

表 5-6 D2R 服务器参数含义

参数	参数含义	注释
--port *port* 或者--p *port*	D2R 服务器运行时提供服务的端口，默认是 2020	可选
-b *serverBaseURI*	运行 D2R 服务器的基本 URI（网址），默认为 http://localhost:2020/	可选。 如果需要从其他设备上访问本机的 D2R 服务器，则必须设置此参数
--fast	启用最新的优化技术，以便具有更好的性能	可选。 如果使用此参数过程中出现问题，可屏蔽此选项
--verbose	输出更多信息	可选
--debug	输出更多调试信息	可选

配置信息示例如下（在映射文件中）：

```
@prefix d2r: <http://sites.wiwiss.fu-berlin.de/suhl/bizer/d2r-server/config.rdf#> .
@prefix meta: <http://www4.wiwiss.fu-berlin.de/bizer/d2r-server/metadata#> .



<> a d2r:Server;
  rdfs:label "My D2R Server";
  d2r:baseURI <http://localhost:2020/>;
  d2r:port 2020;
  d2r:vocabularyIncludeInstances true;

  d2r:sparqlTimeout 300;
  d2r:pageTimeout 5;

  meta:datasetTitle "My dataset" ;
  meta:datasetDescription "My dataset contains many nice resources." ;
  meta:datasetSource "This other dataset" ;

  meta:operatorName "John Doe" ;
  meta:operatorHomepage  ;
  .
```

d2r:Server 的配置项如表 5-7 所示。

表 5-7 d2r:Server 的配置项

配置项	配置项说明
rdfs:label	在 HTML 页面上显示 D2R 服务器的名称
d2r:baseURI	访问 D2R 服务器的基础 URI
d2r:port	访问 D2R 服务器的端口
d2r:vocabularyIncludeInstances	控制词汇类的 RDF 和 HTML 表示中是否包含其实例列表，以及属性的表示中是否包含使用此属性的三元组。 默认为 true
d2r:autoReloadMapping	指定是否自动感知映射文件的变化，并实时更新。设置为 true 时，可能会影响性能。建议开发中设置为 true，生产环境下设置为 false。 默认为 true。

续表

配置项	配置项说明
d2r:limitPerClassMap	设置前端“directory”web 页面中显示的每个类的最大实体数。这可以防止 web 页面变得太大，但同时也阻止了用户通过 web 界面浏览全部数据。该设置不影响 RDF 表示或 SPARQL 查询。 默认值为 50，使用 false 禁用限制
d2r:limitPerPropertyBridge	设置用户界面中显示每个属性桥（property bridge）的数值的最大数量。这可以防止 web 页面变得太大，但同时也阻止了用户通过 web 界面浏览全部数据。该设置不影响 RDF 表示或 SPARQL 查询。 默认值为 50，使用 false 禁用限制
d2r:sparqlTimeout	设置服务器对 SPARQL 终端的超时时间(以秒为单位)。设置为 0 或负值说明禁用超时
d2r:pageTimeout	设置服务器生成资源描述页的超时时间(以秒为单位)。设置为 0 或负值说明禁用超时
d2r:metadataTemplate	设置一个 TTL 格式的 RDF 文件，用以替代默认的资源元数据模板
d2r:documentMetadata	配置项 d2r:metadataTemplate 的简化版本，该值应该是一个空白节点。涉及这个空白节点的任何陈述（statement）都将作为元数据复制到 D2R 服务器生成的任何 RDF 文档中，空白节点将被替换为文档的 URL
d2r:datasetMetadataTemplate	设置一个 TTL 格式的 RDF 文件，用以替代默认的数据集元数据模板
d2r:disableMetadata	控制是否自动创建和发布数据集和资源的元数据。可取值“true”“false”。 默认值为“true”

在定义 D2R 服务器应用配置信息的文件 web.xml 中添加一个上下文参数 configFile，并设置其值为映射文件的名称。建议把映射文件拷贝到 web.xml 文件所在的目录，即/webapp/WEB-INF/下。

示例格式如下：

```
<web-app>
… …
<!-- Configuration file for running the server in a servlet container.
    Will be ignored if the server is started from the command line. -->
<context-param>
  <param-name>configFile</param-name>
  <param-value>config-example.ttl</param-value>
</context-param>
… …
</web-app>
```

5.1.2.3.4 D2R 查询工具

上面讲述的 D2R 服务器 d2r-server 提供了通过可视化界面浏览关系型数据库和执行 SPARQL 语句的功能，而 D2R 查询工具 d2r-query 提供了一种命令行方式查询的功能，并且查询结果将输出到标准输出设备（一般是屏幕）。与 D2R 服务器 d2r-server 类似，可以提供一个由工具 generate-mapping 生成的映射文件，也可以不提供映射文件。如果提供了映射文件，则相当于访问由映射文件构建的虚拟 RDF 图数据；如果没有提供映射文件，则必须提供数据库连接的各种参数。

查询工具 d2r-query 的使用方法有三种方式，每种方式可以有不同的参数。具体如下：

```
d2r-query [query-options] mappingFile query
d2r-query [query-options] [connection-options] jdbcURL query
```

```
d2r-query [query-options] [connection-options] -l script.sql query
```

各个参数的含义如表 5-8 所示。

表 5-8　d2r-query 工具参数含义

参数	参数含义	注释
mappingFile	通过工具 generate-mapping 或其他方式生成的映射文件	必选
jdbcURL	见表 5-5	必选
query	SPARQL 查询语句	必选
-l *script.sql*	见表 5-5	必选
-f *format*	指定执行查询语句 query 所返回输出内容的格式，支持的格式包括 text、xml、json、csv、tsv、srb 和 ttl。默认为 text	可选
-b *baseURI*	把相对 URI 转换为绝对 URI 时使用的基本 URI	可选
-t *timeout*	设置查询超时时间。如果没有设置，则为数据库的超时时间	可选
--verbose	输出更多信息	可选
--debug	输出更多调试信息	可选

下面我们举例说明各种方式的使用：

使用映射文件进行查询：

```
d2r-query mapping-iswc.ttl "SELECT * { ?s ?p ?o } LIMIT 10"
```

使用关系型数据库进行查询：

```
d2r-query -u root jdbc:mysql:///iswc "SELECT * { ?s ?p ?o } LIMIT 10"
```

输出查询结果到文件中（使用重定向操作符把原本输出到标准输出设备（屏幕）的查询结果输出到一个文件 papers.csv）：

```
d2r-query -f csv mapping-iswc.ttl "SELECT * { ?paper dc:title ?title }" > papers.csv
```

5.1.2.3.5　RDF 转储工具

转储工具 dump-rdf 以命令行方式把整个关系型数据库转储为一个独立的 RDF 文件。与 D2R 查询工具 d2r-query 类似，可以提供一个由工具 generate-mapping 生成的映射文件，也可以不提供映射文件。如果提供了映射文件，则相当于访问由映射文件构建的虚拟 RDF 图数据；如果没有提供映射文件，则必须提供数据库连接的各种参数。

转储工具 dump-rdf 的使用方法有三种方式，每种方式可以有不同的参数。具体如下：

```
dump-rdf [output-options] mappingFile
dump-rdf [output-options] [connection-options] jdbcURL
dump-rdf [output-options] [connection-options] -l script.sql
```

各个参数的含义如表 5-9 所示。

表 5-9　dump-rdf 工具参数含义

参数	参数含义	注释
mappingFile	通过工具 generate-mapping 或其他方式生成的映射文件。见表 5-5 参数“-o”	必选
jdbcURL	见表 5-5	必选
-l *script.sql*	见表 5-5	必选

续表

参数	参数含义	注释
-b *baseURI*	输出 RDF 文件时使用的基础 URI 转换为绝对 URI 时使用的基本 URI	可选
-f *format*	指定输出的 RDF 格式。支持的格式包括 TURTLE、RDF/XML、RDF/XML-ABBREV、N3 和 N-TRIPLE。默认为 N-TRIPLE	可选 N-TRIPLE 适合数据量大的数据库
-o *outfile*	输出 RDF 文件名称。默认为标准输出设备（一般是屏幕）	可选
--verbose	输出更多信息	可选

下面我们举例说明各种方式的使用：

● 使用映射文件转储，输出到文件（nt 格式）

```
dump-rdf -f N-TRIPLE -b http://localhost:2020/ mapping-iswc.ttl > iswc.nt
```

● 使用数据库连接转储数据库内容到文件（RDF 格式）

```
dump-rdf -u root -f RDF/XML-ABBREV -o iswc-dump.rdf jdbc:mysql:///iswc
```

● 把 SQL 格式的数据库转储文件转换为 nt 格式的文件

```
dump-rdf -l db_dump.sql -o output.nt
```

RDF 三元组数据可以存储到专门用于存储 RDF 数据的 RDF 数据库中，例如 Apache Jena、GraphDB 和 4stor 等等。另外，现在很多知识图谱是以 Neo4j 作为知识的存储数据库，而 Neo4j 是以属性图方式存储知识的，所以有时我们需要把 RDF 格式的数据导入 Neo4j，这就需要借助插件 Neosemantics 来实现。

Neosemantics（n10s）是一个开源的 Neo4j 插件，不仅可以帮助 Neo4j 实现 RDF 格式数据的导入（支持 Turtle、N-Triples、JSON-LD、TriG、RDF/XML 等格式），还可以使 Neo4j 有能力把属性图数据导出为各种 RDF 格式。关于 Neosemantics 安装部署和应用，请参考其开源网址：https://github.com/neo4j-labs/neosemantics。

5.1.3 半结构化数据处理

实际上，也有很多知识数据是以半结构化的形式存储的。从上面半结构化数据的定义可以看出，半结构化数据实际上也是具有一定的清晰结构的数据。所以，目前有很多从半结构化数据直接映射和转换到 RDF 结构的工具。

5.1.4 非结构化数据处理

非结构化数据是指组织形式随意、没有预定义模式的数据，包括文本、图像、音频、视频等。与结构化数据和半结构化数据相比，非结构化数据缺乏固定的结构和统一的数据模型，因此处理和管理起来更为复杂。在知识图谱建设过程中，对于非结构化数据的处理，一般都是先将非结构化数据转换为没有格式的文本，然后通过各种自然语言处理技术，从中提取实体、实体属性及其关系。

5.1.4.1 命名实体抽取技术概述

在命名实体识别过程中，通常包括两个主要步骤：实体边界识别和确定实体的类别。在英语中，由于命名实体通常由大写字母或特殊符号标识，所以实体边界识别相对容易，任务的重点是确定实体的类别。然而，在汉语中，命名实体识别任务更为复杂，实体边界的识别更困难，因为汉语没有类似英语中的空格之类的显式边界标识符。

5.1.4.1.1 命名实体识别技术

从命名实体识别技术来看，实体抽取方法可以分为基于规则的方法、基于机器学习的方法、基于深度学习的方法和基于预训练大模型的方法等。其中基于规则的方法主要依靠领域专家手工构造规则模板，选用不同的特征如关键字、标点符号、位置词、指向词等，基于不同的规则进行判断；基于机器学习的方法包括无监督学习方法和有监督学习方法。无监督学习主要利用语义相似性进行聚类，从聚类得到的组当中抽取命名实体，通过统计数据推断实体类别，而有监督学习方法则可以表示为多分类任务或者序列标注任务，从数据中学习；基于深度学习的方法主要利用卷积神经网络 CNN、递归神经网络 RNN 及其变体网络等技术，实现实体的自动抽取；基于预训练大模型的方法则是充分利用大语言模型的能力，通过微调（后训练）实现命名实体的抽取。

（1）基于规则的实体抽取方法

基于规则的实体抽取包括基于词典匹配和基于语法规则抽取两类。其中基于词典匹配是指将预定义的实体词典与文本进行匹配，从而识别出其中的实体，一般应用于特定领域的实体识别，如医药行业的实体识别；基于语法规则抽取是指通过定义一系列语法规则来识别实体，如人名通常由姓和名组成，地名通常包含特定的地理位置词等。

基于规则的实体抽取不需要训练数据，可解释性强，但是需要领域专家定制规则和模板，费时费力，通用性和可移植性差。另外，基于规则的实体抽取方法一般是建立在结构良好的文本上，这种方法对带有噪音的数据非常敏感，对于一般开发实施人员不够友好。所以，现在已经出现了基于机器学习，甚至深度学习的方法。

（2）基于机器学习的实体抽取方法

基于机器学习的实体抽取方法不再需要领域专家手动构建规则或模板，而是依靠语料库训练实体抽取模型。这种方法包括基于无监督学习的方法和基于有监督学习的方法。

基于无监督学习的方法，主要是基于聚类的方法，或者基于实体与词典术语的相似度判定方法，在大规模未标注语料上使用词汇特征进行统计分析，以实现实体识别。根据文本相似度得到不同的文本簇，表示不同的实体组别，常用到的特征或者辅助信息有词汇资源、语料统计信息（TF-IDF）、浅层语义信息（分块 NP-chunking）等。

基于有监督学习的方法是将实体识别任务转换为一个标志（token）级别的分类问题或者是序列标注（Sequence labeling）问题，使之成为一个基于字符的打标签（分类）问题，通过构造标注数据，训练标注模型。所以需要大量标注好的训练数据，通过训练模型来自动识别实体。常用的有监督学习算法包括隐马尔可夫模型 HMM、条件随机场 CRF、支持向量机 SVM 等等。

序列标注是自然语言处理中的基本问题。在序列标注中，目标是对一个序列的每一个元素标注一个标签。一般来说，一个序列指的是一个句子，而一个元素指的是句子中的一个词。目前常用的序列标注方式包括BIO标注法和BIOES标注法两种，其中BIOES标注法是在BIO的基础上增加了单字符实体和实体的结束标识。两种标注法的思想在于一个实体词拥有起始位置和终止位置，而每个字符都充当了构成一个实体词的特定成分。表5-10展示了两种标准方法中每个字符含义。

表5-10　BIO/BIOES标注法字符含义

定义	全称	含义
B	Begin	实体片段的开始
I	Intermediate	实体片段的中间
O	Other/Outside	其他不属于任何实体的字符(包括标点等)
E	End	实体片段的结束
S	Single	单个字的实体，例如“猫”“人”“书”等

张	B-PER
三	E-PER
在	O
国	B-LOC
家	I-LOC
体	I-LOC
育	I-LOC
馆	E-LOC
看	O
了	O
中	B-ORG
国	I-ORG
足	I-ORG
球	I-ORG
队	E-ORG
的	O
一	O
场	O
比	O
赛	O
。	O

图5-3　BIOES标注示例

在标注过程中，使用“B-X”形式表示此元素所在的片段属于X类型并且此元素在此片段的开始，用“I-X”表示此元素所在的片段属于X类型并且此元素在此片段的中间位置，用“O”表示不属于任何类型。其中X类型可参考“5.1.1 命名实体规范”中的规定。例如：对于“张三在国家体育馆看了中国足球队的一场比赛。”这个句子，BIOES标注如图5-3所示。

对这个句子的标注采用了OntoNotes规范，其中PER代表人名（PERSON），LOC代表地名（LOCATION），ORG代表组织名（ORGANIZATION）。B、I、E分别代表实体的开头、中间和结尾。因此，这个标注结果表示在原句中出现了一个人名“张三”，一个地名“国家体育馆”和一个组织名“中国足球队”，以及一些其他字符（O）。

目前，网络上有很多公开的命名实体识别数据集，例如CLUENER2020、微博命名实体识别数据集、影视-音乐-书籍实体标注数据、中文医学文本命名实体识别数据集、中文医学文本命名实体识别、CoNLL-2003等等，需要的读者可自行搜索并下载使用。

（3）基于深度学习的实体抽取方法

随着深度学习的普及，在实体抽取领域深度学习的应用也越来越广泛。与机器学习相比，基于深度学习的实体识别在特征依赖性方面没有机器学习那么高，在一定程度上减少了对特征的依赖，解决了模型训练中的误差传播问题。其中卷积神经网络CNN、递归神经网络RNN及其变体网络是该方法的主要应用网络，这些模型能够自动学习特征，并通过上下文信息提高实体识别的准确率。另外，近年来，基于注意力机制的Transformer模型在实体提取中的应用也成为该领域学者的研究热点。

常用的深度学习方法包括 BiLSTM-CNN-CRF、BERT-BiLSTM-CRF 等等。

（4）基于预训练大模型的方法

利用 BERT、GPT 等基于 Transformer 框架的大语言模型实现自然语言处理的下游任务，例如命名实体识别。大语言模型已经在大量文本数据上进行过预训练，具有强大的文本表示能力和上下文理解能力，进一步使用准备好的数据集对预训练模型进行微调，从而实现特定的任务。

5.1.4.1.2 命名实体识别评价指标

命名实体识别本质上是一个分类任务，所以评价指标包括准确率（P）、召回率（R）和综合指标（F）等三个指标。其计算公式为：

$$P = \frac{\text{正确识别的实体数}}{\text{识别的实体数}} \times 100\%$$

$$R = \frac{\text{正确识别的实体数}}{\text{文本中实体总数}} \times 100\%$$

综合指标 F 是准确率 P 和召回率 R 的组合，表达了实体识别的综合效果。其计算公式为：

$$F = \frac{1+\beta^2}{\frac{1}{P}+\beta^2\frac{1}{R}} = \frac{(1+\beta^2)PR}{\beta^2 P + R}$$

式中，β 是召回率相对于准确率的相对权重。β 越大，给予召回率的权重越大。如果 $\beta=1$，则：

$$F = \frac{2PR}{P+R}$$

此时，F 为准确率和召回率的调和平均数。

5.1.4.1.3 命名实体识别工具

目前已有很多开源的自然语言处理工具，可以实现词法分析（分词、词性标注、命名实体识别）、句法分析（依存句法分析）和语义分析（语义角色标注、语义依存分析）等多项自然语言处理任务。表 5-11 例举了多个开源的能够实现命名实体识别的工具。

表 5-11 常用的命名实体识别工具

工具	说明
Hanlp	面向生产环境的多语种自然语言处理工具包，它基于 PyTorch 和 TensorFlow 2.x 双引擎，支持命名实体识别、词性标注、依存句法分析等等
Stanford NER	一款基于条件随机场 CRF 算法实现的命名实体识别工具包，支持多种语言，并且具有很高的准确率和鲁棒性
NLTK	NLTK（Natural Language Toolkit）提供了大量的工具、资源和接口，支持多种语言和语料库，可以帮助开发人员快速构建 NLP 应用程序
MALLET	MALLET（Machine Learning for Language Toolkit）是一个基于 Java 的机器学习工具包，专门用于自然语言处理（NLP）任务。提供了一套完整的工具，以便研究人员和开发人员能够轻松地构建、训练和评估各种 NLP 模型

续表

工具	说明
FLAIR	一个基于 PyTorch 构建的 NLP 开发包，它在解决命名实体识别（NER）、部分语音标注（PoS）、语义消歧和文本分类等 NLP 问题方面达到了 SOTA 水准
Apache OpenNLP	OpenNLP 支持最常见的 NLP 任务，如标记化、句子分割、词性标注、命名实体提取、依存句法分析、语言检测和共指消解
spaCy	一个高性能的神经网络模型，除提供了分词、命名实体识别、句法分析和文本分类等自然语言处理任务外，spaCy 还提供了扩展库 spacy-transformers。这使得 spaCy 能够集成和使用各种预训练的 Transformer 模型（如 BERT、GPT 等等），让 spaCy 进行自然语言处理任务更加灵活和高效。支持超过包括中文在内的 70 多种语言

表 5-11 列举的工具中大多数都包含了预训练模型，可以直接在文本数据上实现实体识别。但是如果涉及特定的业务领域，还是需要依据待抽取领域语料重新训练模型，以便能够提高准确率和召回率，达到最佳性能。

在这些工具中，spaCy 号称工业级自然语言处理软件包，可以对自然语言文本进行分词、词性标注、命名实体识别、句法分析、关系抽取、依赖关系刻画，以及词嵌入向量的计算和可视化等等。除此之外，它还提供了许多工具和接口，方便用户能够轻松地开发自定义自然语言处理的应用程序。所以，本章重点介绍一下 spaCy 的使用。

5.1.4.2 spaCy 概述

业界领先的高级自然语言处理库 spaCy 是专门开发人工智能和自然语言处理工具的厂商 Explosion（https://explosion.ai/）采用 MIT 协议开源的工具库，目前已经成为业界最受欢迎的自然语言 处理库之一。另外一个应用广泛的商用文本标注工具 Prodigy 也是这个公司的产品。

除提供了分词、命名实体识别、句法分析等自然语言处理任务外，spaCy 还提供了扩展库 spacy-transformers。这使得 spaCy 能够集成和使用各种预训练的 Transformer 模型（如 BERT、GPT 等等），让 spaCy 进行自然语言处理任务更加灵活和高效。目前最新版本为 V3.7.2。

spaCy 具有以下特点：

- 支持超过包括中文在内的 73 种语言。
- 提供了 25 种语言 84 个预先训练管道。
- 提供基于 Transformer 框架的多任务学习（如 BERT）。
- 提供预训练词向量。
- 具备媲美 SOTA 的效率。
- 语言驱动的标记化能力（tokenization）。
- 包括各种自然语言处理包：命名实体识别、词性标注、依存句法分析、句子分割、文本分类、词形还原、形态分析、实体链接等。
- 通过定制组件和属性轻松扩展。
- 支持基于 PyTorch、TensorFlow 和其他框架进行定制。
- 内置语法和 NER 可视化工具。
- 提供模型打包、部署和工作流管理。
- 具有稳健、经过严格评估的高准确度。

spaCy 实现功能如表 5-12 所示。

表 5-12 spaCy 实现功能

名称	描述
标记化（Tokenization）	把文本分割为单词、标点符号等等
词性标注（POS Tagging）	Part-of-speech Tagging，即给每个词分配一个词类型，例如动词（verb）、名词（noun）等
依存句法分析（Dependency Parsing）	对标记分配句法依存标签，描述标记之间的关系，例如主语、谓语、宾语、定语等等
词形还原（Lemmatization）	给单词分配其基本形式。例如："was"的原形（lemma）是"be"，"rats"的原形是"rat"
语句边界检测 SBD（Sentence Boundary Detection）	发现和分割单个句子
命名实体识别 NER（Named Entity Recognition）	对实体进行识别和标注
实体链接 EL（Entity Linking）	将非结构化文本中识别出的实体与知识库中唯一的相应实体进行链接，实现消除实体歧义
相似性分析（Similarity）	比较和计算词语之间、文本块之间和文档之间的相似程度
文本分类（Text Classification）	对文本进行类别分类
基于规则的匹配（Rule-based Matching）	根据文本字符和语言标注信息寻找标记序列，类似于正则表达式
模型训练（Training）	更新和提升统计模型的预测性能
序列化（Serialization）	把一个对象存储为文件或字节字符串

5.1.4.3 spaCy 安装和使用

作为一个跨平台的工具库，spaCy 兼容 64 位 CPython 3.7 及以上版本，支持 macOS/OSX、Windows 和 Linux 操作系统，运行于 x86 和 ARM/M1 架构上，并提供 CPU 和 GPU 版本。

5.1.4.3.1 spaCy 的安装

其安装可通过 pip 和 conda 工具进行安装。这里我们重点介绍一下使用 pip 安装 spaCy 的过程。

spaCy 的安装步骤如下。

（1）安装 spaCy 之前，确认 pip、setuptools 和 wheel 三个工具是最新版本。

```
pip install -U pip setuptools wheel
```

其中，setuptools 是 python 打包与分发工具，wheel 是 Python 软件包的预编译二进制分发格式。

（2）使用 pip 安装 spaCy

针对 CPU 版本，最新版本安装命令为：

```
pip install -U spacy
```

针对 GPU 版本，最新版本安装命令为：

```
pip install -U 'spacy[cuda12x]'
```

安装了支持 GPU 版本的 spaCy 后，就可以在装有 GPU 的计算机上使用 CUDA 加速的 spaCy 进行更快的自然语言任务处理了。

（3）安装预训练的语言模型（管道）。

安装 spaCy 后，还需要安装相应的预训练语言模型（管道，trained pipelines），才能进行命名实体识别、依存句法分析、词性标注等工作。目前支持包括汉语（Chinese）、英语（English）、法语（French）、德语（German）、意大利语（Italian）、日语（Japanese）等等 79 多种语言。

语言模型的名称由语言代码、能力类型、语料题材、尺寸大小四部分组成。

- 语言代码表示模型的语言类型。
- 能力类型表示模型的能力组件范围，分别是 core（包括分词、词性标注、词形还原、实体识别等所有功能）、dep（仅包含词性标注、句法分析和词形还原）。
- 语料题材表示训练模型所使用的语料来源，分别是 web（互联网数据）、news（新闻）等。
- 尺寸大小表示模型的大小，分别是 sm（small，尺寸最小，速度最快，但是牺牲一些精确度）、md（middle，尺寸中等）、lg（larger，尺寸较大，精度高）、trf（Transformer，基于 Transformer 的模型，精度最高）。

例如，中文语言模型有以下四种：

✧ zh_core_web_sm：包括 tok2vec、tagger、parser、senter、attribute_ruler、ner 组件；

✧ zh_core_web_md：包括 tok2vec、tagger、parser、senter、attribute_ruler、ner 组件；

✧ zh_core_web_lg：包括 tok2vec、tagger、parser、senter、attribute_ruler、ner 组件，也包括了词向量数据；

zh_core_web_trf：包括 transformer、tagger、parser、attribute_ruler、ner 组件。

其他语言模型的名称类似。在 spaCy 中，中文模型的训练均基于 OntoNotes 5 数据集（https://catalog.ldc.upenn.edu/LDC2013T19）进行训练，命名实体规范基于 OntoNotes（见章节 5.1.1.3）。

安装最小尺寸中文语言模型 zh_core_web_sm 的命令如下：

```
python -m spacy download zh_core_web_sm
```

其他模型的安装类似。注意：这种方式需要连接 github。

（4）通过指定预定义的关键词安装额外的包，以便能够完成特定的功能。

表 5-13 展示了不同关键词对应需要安装的组件资源。详细的内容请参见 spaCy 的 setup.cfg 文件中[options.extras_require]节。

表 5-13　安装特定包所需的关键词

名称	说明
lookups	安装 spacy-lookups-data 包，以便提供词形还原和词素规范化所需的额外组件和数据表资源。这些数据资源是与预训练管道（模型）绑定在一起的，所以只有在需要训练自己的模型时才需要安装这个组件
transformers	安装 spacy-transformers 包。当安装基于 transformers 的管道时，会自动安装这个组件
cuda,…	安装支持 GPU 的 spaCy 版本（目前支持 CUDA 兼容性 GPU）
apple	安装 thinc-apple-ops 组件，能够在 Apple M1 设备上提升性能
ja,ko,th,…	安装标记化（tokenization）特定语言所需要的额外组件

例如，针对 GPU 版本，需要训练自己定制的模型，则安装命令为（关键词之间使用英文逗号分割开）：

```
pip install -U 'spacy[cuda12x,transformers,lookups]'
```

注意：在上述命令中，使用单引号（也可以是使用双引号）的原因是为了确保整个“spacy[cuda12x,transformers,lookups]”表达式作为一个整体传递给 pip 命令。因为在某些操作系统和 shell 环境中，如果不在整个表达式周围使用引号，shell 可能会把“[”和“]”作为特殊字符进行解析，这可能导致命令执行失败。使用单引号（或双引号）可以确保整个表达式被当作一个整体，不会被 shell 拆分或解释。

此外，引号还用于确保其中的内容不进行变量替换或命令替换。这意味着，即使在安装过程中遇到变量或命令与“spacy[cuda12x,transformers,lookups]”冲突，使用引号也可以确保原始的字符串被正确传递。

5.1.4.3.2 spaCy 使用简介

spaCy 的核心数据是 Language 类、Vocab 类和 Doc 对象。Language 类用于处理文本并将其转换为 Doc 对象。Doc 对象记录了文本的标记（tokens）序列及其所有标注信息，而字符串、词向量和词汇属性集中在 Vocab 对象中。这样可以避免存储这些数据的多个副本，不仅能够节省内存，还能够确保只有一个真实的信息来源。

文本标注信息统一集中在 Doc 对象中，而 Span 对象和 Token 对象只是指向它的视图。Doc 对象由分词器 Tokenizer 创建，然后可以由管道 pipeline 的组件进行本地修改。Language 对象获取原始文本，并在管道 pipeline 的各个组件之间传送，最后返回一个带有标注信息的 Doc 对象。另外，Language 对象还负责编排模型的训练和序列化。spaCy 库的架构如图 5-4 所示。

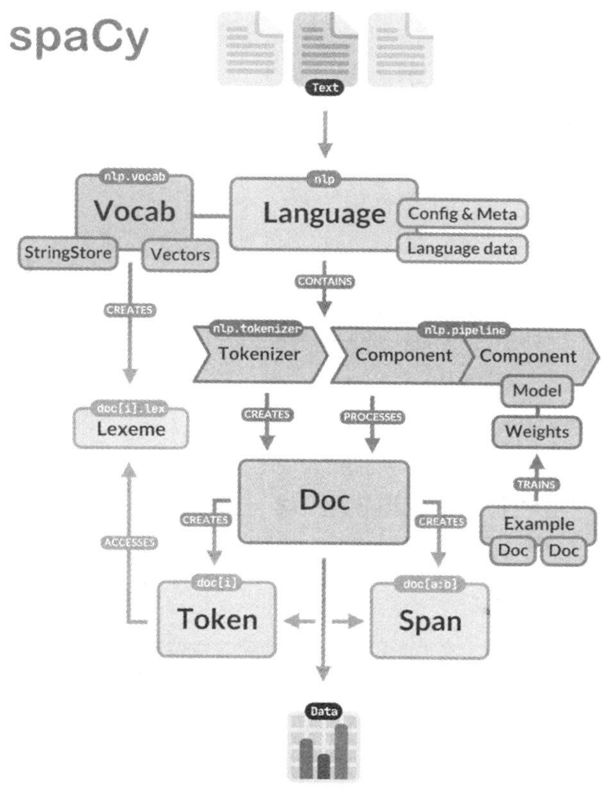

图 5-4 spaCy 库的架构

结合图 5-4，spaCy 库中的主要类（容器对象）如表 5-14 所示。

表 5-14　spaCy 主要类（容器对象）

序号	容器名称	描述
1	Doc	Doc 对象实际上是一个标记序列（a sequence of Token objects）。通过这个对象可以访问语句、命名实体、标注信息等等
2	DocBin	一个 Doc 对象的集合，以便于高效的二进制序列化，也可用做训练数据
3	Example	包含训练标注信息的数据集合，由两个 Doc 对象组成：引用的数据和预测数据
4	Language	将原始文本转换为 Doc 对象的文本处理类，实际上这是一个处理文本的管道模型，不仅包含了共享的词汇表，也包含了停用词（stop words）、标记化例外情形（特殊情况）、标点规则（Punctuation rules）、字符类（character classes，例如拉丁字符、引号、连字符或图标等）、词汇属性（lexical attributes）、语法迭代器（syntax iterators）等数据和功能。 注意：不同语言各自实现了它们自己的子类
5	Lexeme	词汇表中的一个条目。它是一种没有上下文的单词类型，而不是单词标记。因此，它没有词性标记、依存解析等
6	Span	标记段，是 Doc 对象的一个切片，是一段连续的标记（tokens）。一个实体是一个 Span 对象
7	SpanGroup	属于同一个 Doc 对象的一组任意的、可能重叠的 Span 对象。可以为该组命名，并且可以为其附加其他属性
8	Token	一个独立的标记（token），例如一个词、标点符号、空白等等
9	Vocab	词汇和其他数据的共享类。提供了一个查询表格，以便能够访问 Lexeme 对象

spaCy 处理文本的过程是模块化的。当调用语言类 Language 处理文本时，spaCy 首先将文本标记化（Tokenization）并生成一个 Doc 对象；然后，依次在几个不同的功能组件中处理这个 Doc 对象，增加不同的标注信息，如词性标注、依存关系分析等等，所以这种方式称为处理管道（Pipeline），如图 5-5 所示。语言模型默认的处理管道流程依次是：Tokenizer、Tagger、Parser、NER 等，每个管道组件返回已处理的 Doc 对象，然后将其传递给下一个组件，依次处理。注意：一个 Doc 对象总是会保存着原始输入文本的所有信息，例如空白字符、标点符号等等。

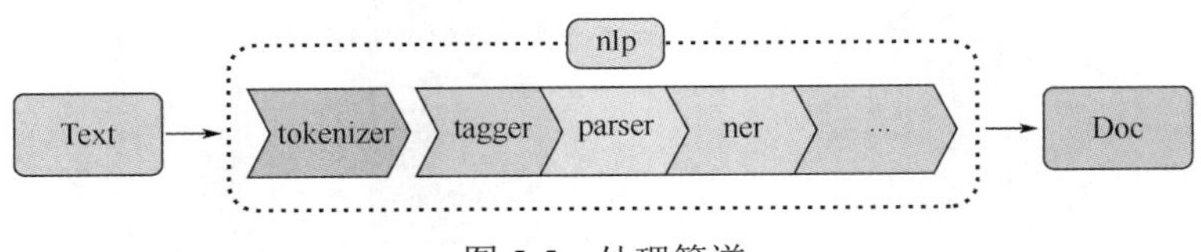

图 5-5　处理管道

管道由一个或多个管道组件组成，通常标记化（tokenizer）是第一个组件。通过 Language.add_pipe()方法添加管道组件到一个管道模型中。spaCy 已经提供了丰富的内置管道组件，能够处理各种语言任务，如表 5-15 所示。另外，对于特殊要求，spaCy 也为开发者自行定制特定的管道组件提供了便利的接口。

表 5-15　spaCy 内置管道组件

组件字符名称	组件名称	说明
attribute_ruler	AttributeRuler	使用匹配规则设置标记（token）的各种属性
parser	DependencyParser	实现依存句法分析
trainable_lemmatizer	EditTreeLemmatizer	使用模型预测词的原形

续表

组件字符名称	组件名称	说明
entity_linker	EntityLinker	对与知识库中节点（实体）对应的实体指称项进行歧义消除
ner	EntityRecognizer	实现命名实体识别，例如人名、机构等
entity_ruler	EntityRuler	使用基于标记的规则或者短语的匹配对 Doc 对象添加实体信息
lemmatizer	Lemmatizer	通过规则和查询确定词的基本形式（原形）
morphologizer	Morphologizer	预测形态特征和核心 POS 标签
senter	SentenceRecognizer	使用模型预测并确定句子的边界
sentencizer	Sentencizer	实现基于规则的句子边界探测（无须依存句法分析）
spancat	SpanCategorizer	打标签于潜在重叠标记段的管道组件
span_finder	SpanFinder	识别潜在重叠标记段的管道组件
span_resolver	SpanResolver	将标记解析为标记段的管道组件
span_ruler	SpanRuler	基于规则的标记段和命名实体识别的管道组件
tagger	Tagger	实现词性标注（part-of-speech tagging）
textcat	TextCategorizer	预测文档类别（给文档打标签）
tok2vec	Tok2Vec	实现标记向量化，也就是标记嵌入
tokenizer	Tokenizer	分割原始文本（标记化），创建 Doc 对象
transformer	Transformer	基于 Transformer 框架的实现多任务学习的管道组件
merge_noun_chunks	merge_noun_chunks	将名词块合并为一个标记（token），这是一个函数型管道组件。 注意：由于名词块（noun chunks）的生成需要词性标注和依存句法分析，所以 merge_noun_chunks 必须添加在“tagger”和“parser”之后
merge_entities	merge_entities	将多个命名实体合并为一个标记（token），这是一个函数型管道组件。 注意：由于命名实体由组件“ner”生成，所以这个组件必须在“ner”之后添加
merge_subtokens	merge_subtokens	将子标志（subtokens）合并为一个标志，这是一个函数型管道组件。 注意：由于子标志由组件“parser”设置，所以这个组件必须在“parser”之后添加
token_splitter	token_splitter	针对长度大于一个阈值的标记（token），分割成较短的标记，便于 Transformer 组件的处理，这是一个函数型管道组件
doc_cleaner	doc_cleaner	清洗 Doc 对象的属性，这是一个函数型管道组件
—	TrainablePipe	可训练管道组件的基类，本身不能被实例化。例如，它是 EntityRecognizer、TextCategorizer 等组件的基类
custom	定制化管道组件	定制和扩展处理 Doc 对象的管道组件

词性是一个语法角色，用来解释一个词语在句子中是如何使用的，是所有其他深入分析的基础。词性标注就是根据一个词语在句子中的作用分配 POS 标签的过程，是自然语言处理任务中的基础工作。在 spaCy 中，一个标记（token）由两个属性来存储词性标注信息：细粒度标签属性（tag/tag_）和粗粒度标签属性（pos/pos_），其中粗粒度标签属性是以通用 POS 为准，对所有语言都适用，而细粒度标签属性是粗粒度标签属性的进一步划分，不同的语言有不同的划分，甚至还可以进行自定义标签设置。通用 POS 标签如表 5-16 所示。

表 5-16　通用 POS 标签

POS 标签	说明
ADJ	形容词（adjective）
ADP	介词（adposition）
ADV	副词（adverb）
AUX	助词（auxiliary）
CCONJ	并列连词（coordinating conjunction）
DET	限定词（determiner）
INTJ	感叹词（interjection）
NOUN	名词（noun）
NUM	数词（numeral）
PART	小颗粒词（particle），也称小品词，如汉语中“了”“着”，英语中的“in”“off”“on”等
PRON	代词（pronoun）
PROPN	专有名词（proper noun）
PUNCT	标点（punctuation）
SCONJ	从属连词（subordinating conjunction）
SYM	符号（symbol）
VERB	动词（verb）
X	其他（other）
EOL	换行符（End Of Line）
SPACE	空格（space）

参考网址：https://universaldependencies.org/u/pos/index.html。

下面举一个例子简要说明 spaCy 的使用方法。为了说明使用方法，在本示例中做了详细的注释。

```
# -*- coding: utf-8 -*-

# https://universaldependencies.org/u/pos/

import spacy


'''
如果硬件支持 GPU，且安装了支持 GPU 的 spaCy 后，
如果需要使用 GPU 功能，则需要通过 spacy.prefer_gpu()或者 spacy.require_gpu()方法激活 GPU 功能。
注意：必须在管道模型加载之前。激活代码如下：
'''
spacy.prefer_gpu()  # 或者 spacy.require_gpu()


"""
加载一个语言模型，返回语言类 Language 对象
这里加载中文模型，构建一个中文 Language 对象
实际上这是一个处理中文文本的管道模型（也能够处理英语）
```

```
zh_core_web_sm：没有包含词向量数据，
而 zh_core_web_md 及 zh_core_web_lg 都包含了词向量数据
"""
nlp = spacy.load("zh_core_web_md")
# 可以添加用户专有词汇，这些词汇会作为一个整体，不会被标记化分割
# 必须在 Doc 对象建立之前调用
beWhole_Words = ['较好的',"全市","门头沟"]
nlp.tokenizer.pkuseg_update_user_dict(beWhole_Words)
"""
为了对输入文本进行处理，首先需要建立一个 Doc 对象
Doc 对象是一个词汇标记序列（lexical token sequence），
其中每一个标记对象（token）都有其特定文本块的信息（通常是一个单词等）
通过把文本传递给 Language 对象构建一个 Doc 对象
"""
#doc = nlp("全市大部分地区积雪深度达到 9 至 12 厘米，最大积雪深度出现在门头沟斋堂，为 13 厘米。")
""" 也可以从一个文件中读取内容，作为 Language 对象的输入，从而构建 Doc 对象 """
import pathlib
file_name = "D:/ls/mykg/test.txt"
doc = nlp(pathlib.Path(file_name).read_text(encoding="utf-8"))
""" 显示所有标记的内容，注意：句号和回车符等也是标记（token） """
print("标记内容（含空白字符）|是否为字符或数字?|"
      "是否为标点符号? |是否为停用词?|")
print("-"*60)
for token in doc[0:10]: # 示例输出前 10 个 token
    print(token.text_with_ws, " "*20, str(token.is_alpha), " "*12,
          str(token.is_punct), " "*7, str(token.is_stop))
print("*"*55, "\n")
"""
对 zh_core_web_md 及 zh_core_web_lg 这种模型，由于已经包含了词向量数据，
所以，我们可以计算不同词汇（token）之间的相似度。
下面计算第 2 个词汇和第 11 个词汇之间的相似度
"""
simNum = doc[1].similarity(doc[10])
print(doc[1].text, " 与 ", doc[10].text, " 之间的相似度是：", simNum)
print("*"*55, "\n")
```

```
"""
Doc 对象建立之后，就可以进行一些统计分析了，
例如统计文本中出现频率最高的标记（词汇）、文本中独立的词汇是哪些等
"""
from collections import Counter
""" 剔除停用词和标点符号 """
words = []
for token in doc:
    if not token.is_stop and not token.is_punct:
        words.append(token.text)
"""
输出出现频率最高的前 5 个标记（词汇） ，由于已经剔除了停用词和标点符号，
所以，我们甚至通过这些高频词就可以推断输入文本要表达的意思。
"""
print(Counter(words).most_common(5))
print("*"*55, "\n")



"""
可以对文本进行词性标注 POS（Part-of-Speech Tagging）
词性是一个语法角色，解释一个词语在句子中是如何使用的。
Token.tag_：细粒度的标签（细分），tag_是更细分的 pos_。
Token.pos_：粗粒度的标签（粗分），它是细粒度标签 tag_的简化版本。

Token.tag：细粒度的标签字符串值对应的整型值。
Token.pos：粗粒度的标签字符串值对应的整型值。
"""
for token in doc[0:7]: # 示例输出前 7 个 token 的 POS 信息
    print("Token: ", token.text)
    print("TAG: ", token.tag_, "       POS: ", token.pos_)
    print("Explanation: ", spacy.explain(token.tag_))
    print("-"*50)
    print("*"*55, "\n")

""" 使用词性标注 POS 可以抽取特定词性类别的词汇 """
posWords = []
for token in doc:
    if token.pos_ == "VERB":
        posWords.append(token)
print(posWords)
print("*"*55, "\n")


"""
基于规则的匹配是一种从非结构化文本中提取信息的方式，可以按照一定的模式识别和抽取标记和段落。
spaCy 提供的基于规则的匹配比一般的正则表达式更强大，因为可以进行语义或语法过滤。
例如：我们可以抽取一个人的第一个名字和最后一个名字，并保证它们都是专有名词的形式。
```

```
"""
testText = ("姚明和易建联都是很好的篮球运动员。")
doc = nlp(testText)  # Doc 对象本身就是一个 token 序列


"""
如果目前的 spaCy 版本把“易建联”视为普通名词（NOUN），我们可以修改它的 POS。
为后面的规则匹配做准备
doc[2]的内容为“易建联”
"""
doc[2].pos_ = 'PROPN'

from spacy.matcher import Matcher
matcher = Matcher(nlp.vocab)

"""
这里模式为三个连续标记（token）的组合，模式字典的关键词是词性标注“POS”，
分别是：PROPN->CCONJ->PROPN
更多模式关键词可参考：https://spacy.io/usage/rule-based-matching
这里，我们编写了一个生成器（generator），以便能够遍历所有文本。
"""
def extract_whole_info(nlp_doc):
    pattern = [{"POS": "PROPN"}, {"POS": "CCONJ"}, {"POS": "PROPN"}]
    matcher.add("myTarget", [pattern])
    matches = matcher(nlp_doc)
    for _, start, end in matches:
        span = nlp_doc[start:end]
        yield span.text
# end of extract_whole_info ...

for xInfo in extract_whole_info(doc):
    print(xInfo)

```

另外，spaCy 还提供了集成大语言模型 LLM（Large Language Model）的能力，让用户充分利用大模型的各种能力。注意：本书不对 spaCy 的使用进行详细说明，只对用到的操作进行必要的介绍。需要详细了解 spaCy 使用的读者，可参考其网站及其他相关资料。

5.1.4.4 基于管道模型的命名实体识别

高性能命名实体识别是 spaCy 的特色优势之一。spaCy 实体识别模型将实体类别标签分配给连续标记（token）组成的 span 对象。实体类别标签包括人名、国家、机构、产品等等，详细请见前面章节“5.1.1.3OntoNotes 命名规范”。

命名实体的识别主要通过 Doc 对象的属性 ents 进行访问应用，它实际上是一个标记段 Span 对象的序列；而 Span 对象又是一个标记（token）的序列，所以可以在 Span 对象上进行迭代等操作，访问到基本的标记（token）元素。实体的类型既可以通过 ent.label（一个哈希

值）访问，也可以通过 ent.label_（一个字符串）访问。

实体标注信息则通过token.ent_iob和token.ent_type两个属性访问。其中属性token.ent_iob记录了实体开始、持续和结束的信息。如果一个标记上没有实体类型信息，则返回空字符串。注意：spaCy 的实体标注信息采用了 BIO 标注法，详细请见前面章节“5.1.4.1.1 命名实体识别技术”中的有关内容。

下面我们以示例形式说明基于模型的命名实体识别和应用。

```
# -*- coding: utf-8 -*-
# https://universaldependencies.org/
# https://universaldependencies.org/zh/dep/
import spacy
from spacy.tokens import Span
""" 加载中文模型，构建一个中文 Language 对象 """
nlp = spacy.load("zh_core_web_md")
# 可以添加用户专有词汇，这些词汇会作为一个整体，不会被标记化分割
# 必须在 Doc 对象建立之前调用
pronun_Words = ["门头沟", "什刹海"]
nlp.tokenizer.pkuseg_update_user_dict(pronun_Words)
""" 建立一个 Doc 对象，Doc 对象是一个词汇标记(token)序列 """
doc = nlp("全市大部分地区积雪深度达到 9 至 12 厘米，最大积雪深度出现在门头沟斋堂，为 13 厘米。")
""" 也可以从一个文件中读取内容，作为 Language 对象的输入，从而构建 Doc 对象 """
#import pathlib
#file_name = "D:/ls/mykg/test.txt"
#doc = nlp(pathlib.Path(file_name).read_text(encoding="utf-8"))
""" 通过 Doc 对象的 ents 属性，访问识别后的命名实体。实际上一个实体（entity）就是一个
        Span 对象内容。"""
entsInfo_0 = [(ent.text, ent.start_char, ent.end_char, ent.label_) for ent in doc.ents]
print("实体信息如下：\n", entsInfo_0)
print("-"*37, "\n")
"""
标记（Token）层级看信息
Token 的属性 ent_type_不为空，说明这个 token 属于一个实体
```

```
"""
print("显示实体中的标记（token）信息：")
#for tkn in doc:
#    if(tkn.ent_iob_=="B"):
#        print("")

#    if( bool(tkn.ent_type_)):
#        print(tkn, tkn.ent_type_, tkn.ent_iob_)
#print("-"*37, "\n")

""" 更好的方式是这样 """
for ent in doc.ents:
    for iIndex in range(ent.start, ent.end):
        tkn = doc[iIndex]
        print(tkn, tkn.ent_type_, tkn.ent_iob_)
    print(ent.label_, "::", spacy.explain(ent.label_))
    print("")
print("-"*37, "\n")

"""
设置实体标注信息。前面识别出的第一个实体“9 至 12 厘米”的类型是“DATE”，这是错误的。
我们可以修改它，正确的类型应该是“QUANTITY”。
首先利用第一个实体的信息构建一个新的 Span 对象，设置实体新的标签

第一种构建 Span 对象的方法 Span()
iStart：第一个标记（token）的位置；iEnd：第二个标记（token）的位置。"""
#iStart = doc.ents[0].start; iEnd = doc.ents[0].end
#entOne = Span(doc, iStart, iEnd, label="QUANTITY")

""""
第二种构建 Span 对象的方法 doc.char_span()，输入字符起始和终止位置 """
iStartChar = doc.ents[0].start_char; iEndChar = doc.ents[0].end_char
entOne = doc.char_span(iStartChar, iEndChar, label="QUANTITY")

""" 设置实体的标签信息 """
doc.set_ents([entOne], default="unmodified")

entsInfo_1 = [(ent.text, ent.start_char, ent.end_char, ent.label_) for ent in doc.ents]
print("实体信息如下：\n", entsInfo_1)
print("-"*37, "\n")

""" 使用 spacy.displacy 显示实体标注结果界面 """
spacy.displacy.serve(doc, style="ent")

```

在上面代码最后，我们使用了 spaCy 提供的展示实体标注的可视化利器 displacy，它自动启动一个 Web 服务器，并给出访问地址，这样我们能够在浏览器窗口中以多彩的形式展示

实体及其信息。上述代码运行结果如下：

```
实体信息如下：
[('9至12厘米', 13, 19, 'DATE'), ('门头沟斋堂', 29, 34, 'FAC'), ('13厘米', 35, 39, 'QUANTITY')]
------------------------------------

显示实体中的标记（token）信息：
9 DATE B
至 DATE I
12 DATE I
厘米 DATE I
DATE :: Absolute or relative dates or periods

门头沟 FAC B
斋堂 FAC I
FAC :: Buildings, airports, highways, bridges, etc.

13 QUANTITY B
厘米 QUANTITY I
QUANTITY :: Measurements, as of weight or distance

------------------------------------

实体信息如下：
[('9至12厘米', 13, 19, 'QUANTITY'), ('门头沟斋堂', 29, 34, 'FAC'), ('13厘米', 35, 39, 'QUANTITY')]
------------------------------------


Using the 'ent' visualizer
Serving on http://0.0.0.0:5000 ...
```

在这个代码例子中，一共识别出三个实体，但是第一个实体“9 至 12 厘米”的标签类别识别有误，应该为“QUANTITY”，而不是“DATE”。所以我们在代码 74 行到 78 行对这个实体的标签类别进行了更新。最后实体标注界面如图 5-6 所示：

图 5-6　实体标注信息图

细心的读者可能已经注意到，在上面示例代码的输出结果中，最后一行是：“Serving on http://0.0.0.0:5000 ...”

这里 spacy.displacy.serve()给出的 Web 服务器地址是“0.0.0.0”（后面 5000 是访问端口）。这表示访问地址是绑定默认的 IP 地址，一般为“localhost”，或者本机的实际 IP 地址。所以，我们在访问的时候，应该以 http://localhost:5000/或者 http://127.0.0.1:5000/的形式访问。

5.1.4.5 基于规则的命名实体识别

spaCy 不仅提供了基于管道模型的命名实体识别功能，还提供了基于规则的命名实体识别功能，这需要用到另外一个管道组件 EntityRuler。它是一个基于模式词典列表（一个词典元素表示一条识别规则）实现命名实体识别的组件，把识别出的命名实体添加到 Doc.ents 对象中，这样我们可以通过 Doc.ents 对象访问识别出的命名实体集合。在实际使用时，它也能够与基于管道模型的命名实体识别组件 EntityRecognizer 结合起来，实现更强大的实体识别功能。

由于基于规则的命名实体识别使用了基于规则的标记匹配技术，所以在介绍使用规则进行命名实体识别之前，我们需要了解一下基于规则的标记匹配技术，以便能够更好地应用基于规则的命名实体识别功能。spaCy 提供了两种标记规则匹配引擎：Matcher 和 PhraseMatcher。其中 Matcher 以标记（token）为匹配对象，而 PhraseMatcher 适合于匹配较长的术语组合（短语）。按照顺序，这里我们先介绍基于标记的匹配引擎 Matcher 的使用。

5.1.4.5.1 基于规则的标记匹配

匹配引擎 Matcher 所使用的规则可以使用标记（token）的属性信息（例如标记 text 属性、tag_属性，或者 IS_PUNCT 等），也可以与实体 ID 关联实现一些基本的实体链接、消歧等任务。

表 5-17 对标记匹配引擎 Matcher 进行了说明。

表 5-17 标记匹配引擎 Matcher

spacy.matcher.Matcher：基于标记属性的标记匹配引擎	
Matcher(vocab, validate=True, *, fuzzy_compare=levenshtein_compare)	
vocab	必选。一个词汇 Vocab 对象，必须与匹配引擎操作的文档 Doc 对象共享
validate	可选。布尔型变量(bool)，表示是否对添加的规则模式进行验证。 默认值为 True
fuzzy_compare	可选。一个用于进行模糊标记匹配的回调函数，格式为： fuzzy_compare_function(str1, str2, int])，返回值为一个布尔变量（bool），即 True 或者 False。 默认值为内置的 levenshtein_compare，表示以 levenshtein 编辑距离进行模糊匹配
Matcher 的方法	
add(key, patterns, *, on_match=None, greedy: str = None)：添加匹配规则	
key	必选。指定匹配规则 ID，可以为字符串 str，或者一个整型数 int
patterns	必选。指定匹配规则。为一个列表 List 对象，一般格式为： List[List[Dict[str, Any]]]
on_match	可选。指定匹配到标记后的回调函数，格式为： on_match_func(Matcher,Doc, int, List[tuple])，可返回任何值（无特定要求）
greedy	可选。贪婪匹配的可选过滤器。可以为 None、FIRST、LONGEST。 默认值为 None
返回值	（无）

续表

remove(key)：删除匹配规则	
key	必选。添加匹配规则时指定的匹配规则 ID
返回值	（无）
get(key, default=None)：获取指定的匹配规则	
key	可选。添加匹配规则时指定的匹配规则 ID
default	可选。如果指定的 key 没有对应的匹配规则，则返回默认的规则。默认值为 None
返回值	一个元组 tuple 对象，包含匹配的规则

特别注意：在编写模式规则时，一条匹配规则以一个词典对象表示，一个词典 Dic 对象对应一个标记（token）。也就是说，一条匹配规则代表一个标记（token），多条匹配规则可以联合使用，以便找到多个符合条件的标记（token）或标记片段（Span 对象）。不过需要注意的是：规则的顺序表示匹配对象的标记顺序，并且一种匹配以一个列表 List 对象表示，也就是说一个列表 List 对象代表一类匹配（称为模式 pattern），而其元素（即规则）就是匹配标记的一个或多个词典 Dic 对象。例如下面的规则：

```
pattern1 = [{"LOWER": "hello"}, {"IS_PUNCT": True}, {"LOWER": "world"}]
```

在这个模式 pattern1 中，顺序定义了三个匹配标记（token）的规则，分别是一个小写为“hello”的标记、一个标点符号标记、一个小写为“world”的标记。满足这个条件的匹配结果可以是下面的任何一个：

```
Hello, world
Hello, WoRlD
HEllo, world
… …
```

（1）使用标记属性编写匹配规则

我们可以根据标记（token）的属性编写一条规则。但是在编写一条规则（即一个词典 dict 对象）时，并不是标记（token）的所有属性都适用于编写规则。匹配引擎 Matcher 支持的标记属性如表 5-18 所示。

表 5-18　匹配引擎 Matcher 支持的标记属性列表

属性	说明
ORTH	原始文本内容。类型：str
TEXT	原始文本内容，与“ORTH”等同。类型：str
NORM	标记（token）文本的规范形式。类型：str
LOWER	标记（token）文本的小写形式。类型：str
LENGTH	标记（token）原始文本的长度。类型：int
IS_ALPHA IS_ASCII IS_DIGIT	标记是由字母字符组成、由 ASCII 字符组成、由数字组成。类型：bool
IS_LOWER IS_UPPER IS_TITLE	标记文本时小写、大写、首字母大写（也称为标题大小写）。类型：bool
IS_PUNCT IS_SPACE IS_STOP	标记是一个标点符号、空白字符、停用词。类型：bool

续表

属性	说明
IS_SENT_START	标记是一个句子的开始。类型：bool
LIKE_NUM LIKE_URL LIKE_EMAIL	标记（token）文本是否与一个数字、URL、Email 类似。类型：bool
SPACY	标记带有尾随空格。类型：bool
POS、TAG、MORPH、DEP、LEMMA、SHAPE	符合核心词性标签（POS）、详细词性标签（TAG）、形态标签（MORPH）、依存标签（DEP）、原形（LEMMA）和形状（SHAPE，如由多少个字符组成、字符大小写、标点符号等信息）的标记。注意：这些属性的值是大小写敏感。 类型：str
ENT_TYPE	标记（token）的实体标签。类型：str
ENT_TYPE	标记（token）的实体标签，例如 GPE、ORG、FAC 等。类型：str
ENT_IOB	标记（token）实体标签的标注字符，包括 B、I、O 等。 类型：str
ENT_ID	标记的实体 ID。类型：str
ENT_KB_ID	标记对应实体在知识库中 ID。 类型：str
_	满足用户自定义的扩展属性的标记，例如 Token._.my_attr。类型：Dict[str, Any]
OP	指定运算符或者量词，用以确定一个标记出现次数。类型：str

在表 5-18 中，“OP”可取值如表 5-19 所示。其使用方面见后面的示例。

表 5-19 “OP”可取值

OP	说明
!	使得模式无效，即匹配 0 次
?	匹配 0 次或 1 次
+	匹配 1 次或多次
*	匹配 0 次或多次
{n}	匹配正好 n 次
{n,m}	匹配次数在 n 和 m 之间（包括 n 次和 m 次）
{n,}	匹配至少 n 次
{,m}	匹配最多 m 次，相当于{0, m}

下面列举几个使用上述操作符的例子：

```
patterns1 = [
    [{"TEXT": "北京"}, {"IS_PUNCT": True}, {"TEXT": "中国"},
     {"TAG": "DEG"}, {"TEXT": "首都"} ],
    [{"LOWER": "hello"}, {"LOWER": "首都"}]
]

# 匹配"FACEBOOK is very good"、"Facebook was very good"等等。
# 注意"OP"的位置
patterns2 = [
    [{"LOWER": "facebook"}, {"LEMMA": "be"}, {"POS": "ADV", "OP": "*"},
     {"POS": "ADJ"}]
]
```

（2）使用标记属性和扩展匹配符编写匹配规则

前面根据标记属性编写的规则只能匹配一个标记（token）。除此之外，通过扩展匹配符可以实现一条规则映射符合条件的多种情况，这样可以扩展匹配对象。例如，指定一个词汇原形的值应该为一个值列表对象的一部分，或者设置最小字符长度。表 5-20 展示了各种可用的匹配符。

表 5-20　扩展规则的匹配符

匹配符	描述
IN	属性值是列表中的一个元素。类型：Any
NOT_IN	属性值不在列表中，与 IN 相反。类型：Any
IS_SUBSET	属性值是列表的一个子集，主要用于 MORPH 属性。类型：Any
IS_SUPERSET	属性值是列表的一个超集，主要用于 MORPH 属性。类型：Any
INTERSECTS	属性值与列表元素的集合具有非空交集。主要用于 MORPH 属性。类型：Any
==、>=、<=、>、<	属性值等于、大于等于、小于等于、大于、小于某个值。 类型：Union[int, float]

下面列举几个使用上述操作符的例子：

```
# 匹配模式为："love cats" 或者 "likes flowers" 的标记
pattern1 = [ {"LEMMA": {"IN": ["like", "love"]} }, {"POS": "NOUN"} ]

# 匹配长度大于等于 10 的标记
pattern2 = [ {"LENGTH": {">=": 10}} ]

# 基于形态属性的匹配
pattern3 = [ {"MORPH": {"IS_SUBSET": ["Number=Sing", "Gender=Neut"]}} ]
# 注意："", "Number=Sing" 和 "Number=Sing|Gender=Neut" 都是 Morph 中的自己(IS_SUBSET)
# 但是："Number=Plur|Gender=Neut" 不是其子集
# "Number=Sing|Gender=Neut|Polite=Infm" 也不是其子集

```

（3）使用标记属性和正则表达式操作符编写匹配规则

在一些场景中，仅仅按照标记文本或标记属性匹配是不够的，例如，我们希望匹配一个词语的不同拼写方式，但是不想为每一种拼写设置特定的模式规则。这种情况下，就需要用到正则表达式了。

在 spaCy 中，专门提供了一个操作符“REGEX”用于操作标记（token）的文本属性（包括自定义属性），例如“TEXT”“LOWER”或者“TAG”等属性。

下面列举几个使用上述操作符的例子：

```
# 注意：这些匹配模式只作用在一个标记上，不适用于跨标记

# 匹配一个标记文本的不同拼写
pattern1 = [{"TEXT": {"REGEX": "deff?in[ia]tely"}}]

# Match tokens with fine-grained POS tags starting with 'V'
pattern2 = [{"TAG": {"REGEX": "^V"}}]
```

```
# 匹配形如 "2023 年"的日期格式。
pattern3 = [{"TEXT": {"REGEX": "^\d{4}年"}}]

# 匹配中国的手机号码和固定电话号码。
pattern4 = [{"TEXT": {"REGEX": "^(\+86-?)?\d{11}"}}]
```

读者需要特别注意的是，操作符“REGEX”只作用于一个标记（token）上，不适合跨标记使用。如果需要跨标记匹配，可以使用 Python 自带的内置正则表达式 re 模块的相关功能（作用于文档对象 Doc 的 text 属性上）。关于正则表达式的元字符及使用语法，请读者参考 re 模块或其他资料，这里不再赘述。

（4）使用标记属性和模糊操作符编写匹配规则

模糊匹配是 spaCy 提供的一个非常优秀的功能。有了模糊匹配，我们无须为每一种可能的标记（token）变体设置规则，直接就可以与很多打字错误（拼写错误）的标记（token）进行匹配。为此，spaCy 提供了模糊操作符“FUZZY”。与操作符“REGEX”一样，操作符“FUZZY”也是用于操作标记（token）的文本属性上（包括自定义属性）。

这里，spaCy 进行模糊匹配时使用的指标是 Levenshtein 编辑距离。操作符“FUZZY”允许的 Levenshtein 编辑距离至少为 2，但最多为匹配字符串长度的 30%。如果需要更加精确的模糊匹配，则需要“FUZZY1”“FUZZY2”…“FUZZY9”操作符。其中，“FUZZY”后面的数字表示可允许的最大 Levenshtein 编辑距离。例如操作符“FUZZY5”表示匹配 Levenshtein 距离不大于 5 的标记（token）。

下面列举几个使用上述操作符的例子：

```
# 匹配一个 token 的小写形式下的模糊匹配，使用 FUZZY
pattern = [{"LOWER": {"FUZZY": "definitely"}}]

# 对自定义属性“country”使用模糊匹配操作符 FUZZY。
# 注意书写格式
pattern = [{"_": {"country": {"FUZZY": "Kyrgyzstan"}}}]

# 对自定义属性“country”，进行匹配编辑距离等于 4 的模糊匹配
pattern = [{"_": {"country": {"FUZZY4": "Kyrgyzstan"}}}]
```

这里稍微介绍一下 Levenshtein 距离。

Levenshtein 距离，也称为编辑距离，或者莱文斯坦距离，由俄罗斯科学家 Vladimir Iosifovich Levenshtein 提出。它是衡量两个文本（字符串）之间相似度的一种方法。它表示将一个字符串转换为另一个字符串所需的最少编辑操作次数，其中编辑操作包括插入一个字符、删除一个字符和替换一个字符。

例如，考虑两个字符串 "广西" 和 "广西壮族自治区"。为了将 "广西" 转换为 "广西壮族自治区"，需要进行以下编辑操作：在“广西”末尾添加“壮”“族”“自”“治”“区”5 个字，相当于 5 次编辑。因此，这两个字符之间的 Levenshtein 距离为 5。

Levenshtein 距离的用途包括拼写检查、自动更正、语言翻译和生物信息学中的序列比对等。

（5）标记属性、正则表达式和模糊匹配符的联合使用

在 spaCy 中，允许正则表达式匹配符“REGEX”和模糊匹配符“FUZZY”与扩展匹配符为“IN”和“NOT_IN”结合使用。示例如下：

```
pattern = [{"TEXT": {"FUZZY": {"IN": ["awesome", "cool", "wonderful"]}}}]

pattern = [{"TEXT": {"REGEX": {"NOT_IN": ["^awe(some)?$", "^wonder(ful)?"]}}}]
```

（6）使用通配符编写匹配规则

在已知上下文内容，但是某个特定标记未知的情况下，可以使用 spaCy 提供的通配符匹配功能。实际上，通配符匹配规则就是一个空的词典对象：{}。它可以表示任何一个标记（token）。示例如下：

```
# 表示“User name:XXX”的情况
pattern = [{"ORTH": "User"}, {"ORTH": "name"}, {"ORTH": ":"}, {}]
```

上面介绍了 6 种标记匹配的方式。通过这些方式的组合应用，可以匹配各种各样的标记。此外，spaCy 除了可以对标记进行规则匹配之外，通过对匹配引擎 Matcher 设置其参数“on_match”为一个可回调的函数，可以做到在匹配到一个标记时，通过回调函数实现自定义的期望操作。对此本书不做介绍，感兴趣的读者请参考 spaCy 的详细使用指南。

下面举一个例子简要说明 Matcher 的使用方法。

```
# -*- coding: utf-8 -*-

#https://zhuanlan.zhihu.com/p/354356361?utm_id=0


import spacy
from spacy.matcher import Matcher

nlp = spacy.load("zh_core_web_sm")

matcher = Matcher(nlp.vocab)

# 匹配规则。
patterns1 = [
    [{"TEXT": {"REGEX": "\d{4}年"}},
     {"TEXT": {"REGEX": "\d{1,2}月"}},
     {"TEXT": {"REGEX": "\d{1,2}日"}} ],
    [{"TEXT": {"REGEX": "^广西"}}]
]
matcher.add("txtInfo", patterns1)
patterns2 = [
    [{"POS": "PUNCT"}]
]
matcher.add("posInfo", patterns2)


doc = nlp("Hello, 1969年03月24日! 今天是个特殊的日子。广西自治区今年GDP创历史新高。")
```

```
matches = matcher(doc)

for match_id, start, end in matches:
    string_id = nlp.vocab.strings[match_id]  # Get string representation
    span = doc[start:end]  # The matched span
    print(string_id, start, end, span.text)

print("---------***----------")

```

上述代码运行结果如下：

```
posInfo 1 2 ,
txtInfo 2 5 1969年03月24日
posInfo 5 6 !
posInfo 12 13 。
txtInfo 13 14 广西
posInfo 20 21 。
---------***----------
```

5.1.4.5.2　基于规则的短语匹配

在需要匹配较长的短语（由多个 token 组成）的情况下，需要使用短语匹配引擎 PhraseMatcher。它以短语构成的文档 Doc 对象为模式。因为 Doc 对象是一个标记(token)序列，而短语也是由标记（token）组成的，所以，可以认为 PhraseMatcher 是对一批标记的匹配，对标记进行了批处理式的操作，所有性能更强。

表 5-21 说明了短语匹配引擎 PhraseMatcher 的构造函数及其主要方法。

表 5-21　短语匹配引擎 PhraseMatcher

spacy.matcher.PhraseMatcher：短语匹配引擎	
PhraseMatcher(vocab, attr="ORTH", validate=False)	
vocab	必选。一个词汇 Vocab 对象，必须与匹配引擎操作的文档 Doc 对象共享
attr	可选。设定匹配标记（组成短语）时使用的属性名称。 默认值为“ORTH”
validate	可选。布尔型变量(bool)，表示是否对添加的规则模式进行验证。 默认值为 True
PhraseMatcher 的方法	
add(key, docs, *_docs, on_match=None)：添加匹配规则	
key	必选。指定匹配规则 ID，可以为字符串 str，或者一个整型数 int
docs	必选。一个 Doc 对象的列表，表示匹配模式（一个 Doc 对象表示一条规则）
_docs	可选。一个匹配模式列表。已经过时，仅为了兼容保留
on_match	可选。指定匹配到标记后的回调函数，格式为: on_match_func(Matcher,Doc, int, List[tuple])，可返回任何值（无特定要求）
返回值	（无）
remove(key)：删除匹配规则	
key	必选。添加匹配规则时指定的匹配规则 ID
返回值	（无）

下面举一个例子简要说明 PhraseMatcher 的使用方法。

```
# -*- coding: utf-8 -*-
import spacy
from spacy.matcher import PhraseMatcher
""" 加载中文模型，构建一个中文 Language 对象 """
nlp = spacy.load("zh_core_web_md")
''''' 默认 PhraseMatcher 的第二个参数 attr="ORTH"，即严格按照元文本匹配 '''
matcher = PhraseMatcher(nlp.vocab)
''''' 形成文档对象规则的短语（PhraseMatcher 以文档对象作为规则模式的载体） '''
terms = ["Barack Obama", "Angela Merkel", "Washington, D.C."]
''''' 根据 terms 短语内容，构造 Doc 对象规则模式 '''
patterns = [nlp.make_doc(text) for text in terms]
matcher.add("TerminologyList", patterns)
''''' PhraseMatcher 操作的 Doc 对象 '''
doc = nlp("German Chancellor Angela Merkel and US President Barack Obama "
          "converse in the Oval Office inside the White House in Washington, D.C.")
matches = matcher(doc)
print("基于原文内容的匹配项如下：")
for match_id, start, end in matches:
    span = doc[start:end]
    print("[", start, ",", end, "]", doc[start:end])
print("-"*37,"\n")
''''' 设置 PhraseMatcher 的属性 attr="SHAPE" '''
matcher = PhraseMatcher(nlp.vocab, attr="SHAPE")
matcher.add("IP", [nlp("127.0.0.1"), nlp("127.127.0.0")])
doc = nlp("公司局域网的子网掩码是 255.255.0.0，默认网关是 192.168.2.1。")
matches = matcher(doc)
print("基于标记形状的匹配项如下：")
''''' start：标记（token）的开始序号（在 Doc 对象中的位置）
    end ：标记（token）的结束序号 '''
for match_id, start, end in matches:
    span = doc[start:end]
    print("[", start, ",", end, "]", span.text)
print("-"*37)
```

上述代码运行结果如下：

```
基于原文内容的匹配项如下：
[ 3 , 5 ] Angela Merkel
[ 8 , 10 ] Barack Obama
[ 20 , 26 ] Washington, D.C.
------------------------------------

基于标记形状的匹配项如下：
[ 6 , 13 ] 255.255.0.0
[ 17 , 24 ] 192.168.2.1
------------------------------------
```

5.1.4.5.3 基于规则的实体识别

基于规则的命名实体识别管道组件EntityRuler可以让我们实现基于规则模式的实体识别功能，并且能够与基于管道模型的命名实体识别组件EntityRecognizer结合起来实现更强大的实体识别功能。由于其内部实现使用了标记匹配引擎Matcher和短语匹配引擎PhraseMatcher，所以它的一个优势是在编写规则时可以根据实际语料文本比较灵活地定义新的实体标签，例如“手机号码”“身份证号”等。

表5-22说明了组件EntityRuler的构造函数及其主要方法。

表5-22 基于规则的实体识别组件EntityRuler

spacy.pipeline.EntityRuler：基于规则识别命名实体	
EntityRuler(nlp, name="entity_ruler", *, phrase_matcher_attr=None, matcher_fuzzy_compare=levenshtein_compare, validate=False, overwrite_ents=False, ent_id_sep=DEFAULT_ENT_ID_SEP, patterns=None, scorer=entity_ruler_score)	
nlp	必选。一个类型为Language的语言对象，用于把语言词汇传递到匹配引擎
name	可选。EntityRuler的字符串名称，即“entity_ruler”
phrase_matcher_attr	可选。一个标记属性名称，用于EntityRuler内部的PhraseMatcher使用。类型为字符串。 默认值为None
matcher_fuzzy_compare	可选。指定用于EntityRuler内部的Matcher使用的模糊查询函数。类型为可调用函数。 默认值为spacy.matcher.levenshtein.levenshtein_compare
validate	可选。布尔型变量(bool)，表示是否对添加的规则模式进行验证，由EntityRuler内部的Matcher和PhraseMatcher使用。 默认值为False
overwrite_ents	可选。布尔型变量(bool)，表示与其他识别结果重叠时是否需要覆盖。 默认值为False
ent_id_sep	可选。字符串变量，EntityRuler内部使用的实体ID分隔符。 默认值为“‖”
patterns	可选。列表对象，表示初始化时可导入的匹配规则。 默认值为None
scorer	可选。可调用函数，表示内部使用评分函数。 默认值为spacy.scorer.get_ner_prf
EntityRuler的方法	
add_patterns(patterns)：添加匹配规则模式	
patterns	必选。待添加的匹配规则。类型为列表List对象
返回值	（无）

续表

remove(id)：删除匹配规则	
id	必选。添加匹配规则时指定的匹配规则 ID，类型为字符串
返回值	（无）
to_disk(path)：把 EntityRuler 对象的匹配规则存为一个 JSONL 格式的文件	
path	必选。指定规则模式文件的路径，模式文件必须是一个 JSONL 格式的文件，或者一个路径对象。类型为字符串或路径对象
返回值	（无）
from_disk(path)：从指定规则模式文件中读取匹配规则	
path	必选。指定规则模式文件的路径，模式文件必须是一个 JSONL 格式的文件，或者一个路径对象。类型为字符串或路径对象
返回值	修改后的 EntityRuler 对象

在实际应用时，通常使用 Language 对象 nlp 的 add_pipe()方法获取 EntityRuler 对象，形如：

```
# 获得 EntityRuler 对象 entRuler
entRuler = nlp.add_pipe("entity_ruler")
```

与前面介绍的基于规则的标记匹配规则编写方式一样，组件 EntityRuler 所需的规则同样也是一个词典列表，同样一个词典对象元素表示一条识别规则，对应一个或一类实体。一个实体识别规则可以包含三个关键词："label""pattern""ID"，其中前两个是必需的，最后一个是可选的。其含义如下：

"label"：指定实体标签，即类别。

"pattern"：匹配模式（规则）。

"ID"或者"id"：这个关键词可以使多个规则（模式）具有同一个 ID 值，这对于一个实体具有多个变形体时非常有帮助。例如："广西"和"广西壮族自治区"的规则可以设置为同一个 ID 值。

组件 EntityRuler 可以接受以下两种匹配模式。

① 标记模式。标记模式与前面介绍的基于规则的标记匹配类似，是以标记（token）为基础。一条规则（一个词典 Dict 对象）描述一个标记，可以通过列表 List 对象包含多个规则，形成识别连续多标记实体的规则。例如：

```
patterns = [{"label": "GPE", "pattern": [{"LOWER": "san"}, {"LOWER":
    "francisco"}]}]
```

在这个规则中，定义了一个识别类型为"GPE"实体的规则，其模式为"san"标记后接"francisco"标记组成的实体。

在编写规则的"pattern"时，完全可以使用前面介绍规则匹配中提到的正则表达式匹配符"REGEX"和模糊匹配符"FUZZY"等操作符，但是必须注意它们只能在标记（token）的"TEXT""LOWER"等字符串属性下。例如：

```
patterns = [
            {"label": "FRT", "pattern": [{'TEXT' : {'REGEX': "[Aa]ppl[e|es]"}}]},
            {"label": "BRN", "pattern": [{"LOWER": "granny"}, {"LOWER": "smith"}]}
           ]
```

②短语模式。短语模式与前面介绍的基于规则的短语匹配类似，是以短语为基础。例如：

```
patterns = [{"label": "ORG", "pattern": "Apple Inc."}]

patterns = [{"label": "ORG", "pattern": "启文科技", "id": "qiwen"},
            {"label": "ORG", "pattern": "启文科技有限公司", "id": "qiwen"}
         ]
```

在这个规则中，识别出的“启文科技”和“启文科技有限公司”将具有相同的ID值“qiwen”。这对后续的实体对齐等工作具有极大的帮助。

在实际应用中，特别是在处理大语料的时候，匹配规则可能有很多条。这种情况下，我们希望能够将一个匹配规则文件导入组件EntityRuler中。此时，就需要用到EntityRuler提供的from_disk()方法。这个方法以一个JSONL格式文件为参数，而JSONL文件中的每一行包含了一条匹配规则（不包含最外面的中括号）。形如：

```
# 规则模式文件的扩展名应为“jsonl”
entRuler.from_disk("somePatterns.jsonl")
```

其中文件“somePatterns.jsonl”的内容格式如下：

```
{"label": "GPE", "pattern": [{"LOWER": "san"}, {"LOWER": "francisco"}]}
{"label": "ORG", "pattern": "Apple Inc."}
{"label": "ORG", "pattern": "启文科技", "id": "qiwen"}
{"label": "ORG", "pattern": "启文科技有限公司", "id": "qiwen"}
```

注意：由于spaCy的预训练模型都会自带基于模型的实体识别组件EntityRecognizer(ner)，所以在使用基于规则的命名实体识别组件EntityRuler（entity_ruler）时，默认情况下两种功能会同时发挥作用，除非人为屏蔽实体识别组件（ner），否则最终输出的是同时使用规则识别和模型识别的结果。例如，对于中文模型“zh_core_web_sm”“zh_core_web_md”等，默认会带有tok2vec、tagger、parser、senter、attribute_ruler、ner等，组件。对于组件EntityRecognizer和组件EntityRuler同时出现的情况，最后识别的结果取决于两者的先后顺序。具体情况如下：

如果组件EntityRuler添加在组件EntityRecognizer前面，则组件EntityRecognizer将保留组件EntityRuler的识别结果；

如果组件EntityRuler添加在组件EntityRecognizer后面，则组件EntityRuler识别的结果只有在与组件EntityRecognizer识别的结果不发生重叠时（标记没有发生重叠的情况）才会被认为是一个识别结果，并将它添加到文档对象Doc的ents属性中。如果需要覆盖发生重叠的识别结果（识别出的实体），则需要在使用Language对象nlp的add_pipe()方法获取EntityRuler对象时，通过设置此方法的参数config，设置overwrite_ents为True，实现覆盖重叠的识别结果。形如：

```
config = {
   "overwrite_ents": True,
}
entRuler = nlp.add_pipe("entity_ruler", config=config)
```

下面举一个例子简要说明组件EntityRuler的使用方法。

```
# -*- coding: utf-8 -*-

```

```
# https://universaldependencies.org/
# https://universaldependencies.org/zh/dep/

import spacy


""" 加载中文模型，构建一个中文 Language 对象 。
    这里，我们故意屏蔽了模型自动加载的实体识别组件 ner，
    以便能够更好地观察到基于规则的实体识别功能（EntityRuler）。"""
nlp = spacy.load("zh_core_web_md", disable="ner")
#nlp.remove_pipe("ner") # 也可以这样屏蔽实体识别组件 ner


""" 添加 entity_ruler 组件 """
config = {
  "overwrite_ents": True,
}
entRuler = nlp.add_pipe("entity_ruler", config=config)
# 可以设计新的实体标签，如“制鞋企业”...
patterns = [{"label": "制鞋企业", "pattern": "鸿星尔克"},
            {"label": "GPE", "pattern": [{"LOWER": "san"}, {"LOWER": "francisco"}]}]
entRuler.add_patterns(patterns)


""" 准备就绪 """
doc = nlp("我认为鸿星尔克是一家不错的公司。")
print([(ent.text, ent.label_) for ent in doc.ents])
print("-"*37)

''''' 设计多条匹配规则 '''
patterns1 = [{"label": "GPE", "pattern": [{"LOWER": "san"}, {"LOWER": "francisco"}]}]
patterns2 = [{"label": "ORG", "pattern": "启文科技", "id": "qiwen"},
             {"label": "ORG", "pattern": "启文科技有限公司", "id": "qiwen"},
            ]
patterns3 = [{"label": "ORG", "pattern": "Apple Inc.", "id":"APPLE"}]
# 使用正则表达时 REGEX 编写规则（注意：是基于标记 token 的字符串属性
patterns4 = [
             {"label": "PHONE_NUMBER", "pattern": [{"TEXT": {"REGEX": "((\d){10})"}}]}
            ]

entRuler.add_patterns(patterns1)
entRuler.add_patterns(patterns2)
entRuler.add_patterns(patterns3)
entRuler.add_patterns(patterns4)

```

```
doc = nlp("Apple Inc. 在 San Francisco 新开了一个办公室。他们的电话是 9999999999."
          "在这个大厦中有启文科技公司，其全称为启文科技有限公司。")
for ent in doc.ents:
    print(ent.text, ent.label_, ent.id_)
print("-"*37)
```

上述代码运行结果如下：

```
[('鸿星尔克', '制鞋企业')]
-------------------------------------
Apple Inc. ORG APPLE
9999999999 PHONE_NUMBER
启文科技 ORG qiwen
启文科技有限公司 ORG qiwen
-------------------------------------
```

到这里为止，我们介绍了基于规则的命名实体识别管道组件 EntityRuler 与基于管道模型的命名实体识别组件 EntityRecognizer 的使用方法。通常情况下，通过这两个组件的结合，可以识别出不同类型的命名实体。但是读者请注意，由于实体识别模型的能力严重依赖训练时所使用的训练数据，所以识别模型并不总是能够很好地达到我们的预期。在这种情况下，我们需要根据应用场景进行调优。本书不对如何调优进行论述，具体请参考 spaCy 的具体资料。

5.2 实体属性和关系抽取

实体抽取的下一步工作是抽取实体属性及实体间的关系。我们知道，关系反映一个实体的外部联系，而属性体现了实体的内部特征。所以我们可以把属性值看作是一种特殊的实体，正如章节“5.1.1.3OntoNotes 命名规范”中提到的“DATE”“MONEY”“PERCENT”类等，这些都是实体的属性，我们可以把它们视为一种实体来抽取。前面章节“5.1.4.4 基于管道模型的命名实体识别”和“5.1.4.5 基于规则的命名实体识别”中也是把属性当作实体来抽取的。所以，本节将主要讲解如何进行关系抽取。

对于存储了实体关系的结构化数据，无须经过特殊处理就可以映射到三元组，成为知识图谱的内容。然而非结构化数据（包括半结构化数据）的关系抽取，是近几年自然语言处理任务的一项重点工作。本节也以非结构化文本为研究对象，讲述如何实现文本中实体关系的抽取。

5.2.1 实体关系抽取技术概述

实体抽取得到的只是一系列离散的命名实体（节点），只有抽取了实体间的关联关系（边），才能将多个实体或概念链接起来，形成有组织和生命力的网状结构，从而实现更高级的自然语言处理任务，例如问答系统、推荐系统和情感分析等等。所以，关系抽取是在实体抽取结果的基础上根据实体之间的上下文信息和语法结构，识别和推断出它们之间的关系，形成“主体—关系—客体”这样的三元组。所以关系抽取有时也称为三元组抽取。从关系抽取的任务可以看出，一个完整的关系抽取主要有两个步骤：

① 识别文本中的主体（主语，subject）和客体（宾语，object），这实际上是命名实体识别的任务。

② 识别和确定主体和客体的关系类别（关系分类）。

例如，对于句子：张三于 1997 年 7 月 1 日出生于北京，这个句子中至少包含一个实体关系三元组（张三，出生地，北京）。

关系抽取时经常会遇到关系重叠和实体重叠的问题。文本数据可能只有一个实体对关系，也有可能是一个实体与其他不同实体存在关系，或者一个实体与另一个实体之间存在着多种关系等等。所以识别和解决各种关系重叠是目前研究的重点和难点。从重叠角度看，句子中常见的关系包括如下几种。

（1）正常关系

正常关系是指文本中只存在一种实体关系。例如句子“张飞是一员猛将。”中，主体“张飞”与客体“猛将”之间存在“身份”这一种关系。

（2）单实体关系重叠 SEO（Single Entity Overlap）

单实体关系重叠是指一个实体与多个实体之间存在关系。例如句子“张飞是三国时期的一员猛将。”中，主体“张飞”与客体“三国时期”之间存在关系“时代”，与客体“猛将”之间存在关系“身份”。

（3）实体对关系重叠 EPO（Entity Pair Overlap）

实体对关系重叠是指一个实体对之间存在多种关系。例如句子“《罗刹海市》是刀郎作词、作曲并演唱的歌曲。”中，主体“《罗刹海市》”与客体“刀郎”之间存在作词、作曲和演唱等三种关系。

5.2.1.1 关系抽取的常见方法

关系抽取历史可以追溯到人工智能和自然语言处理领域早期的信息抽取技术。最初的关系抽取主要是基于规则和模板的方法，这种方法通过人工定义规则或模板来抽取实体之间的关系。随着机器学习技术的不断发展，基于机器学习的方法逐渐兴起。这些方法使用有监督学习、无监督学习和半监督学习等技术来自动抽取实体之间的关系。常见的方法有以下几种。

（1）基于规则的关系抽取

在关系抽取的早期阶段，关系抽取主要依赖于手工编写的规则，使用正则表达式或特定的模板来匹配和提取文本中的关系。例如，我们要从一段文本中抽取人名和职务之间的关系，制定如下规则：

① 如果文本中出现了“担任”或“任职”等词语，那么提取这个人名和职务作为关系。

② 如果文本中出现了人名和职务之间的其他动词或短语，如“任命为”“选举为”等，也提取这个人名和职务作为关系。

基于规则的关系抽取方法主要基于手工构建的规则和模板，这些规则通常是由领域专家根据先验知识手动制定的，需要大量的人力投入，因此难以扩展和适应大规模数据集。

（2）有监督学习的关系抽取

有监督学习的关系抽取是一种基于标注数据的方法，通过训练模型来识别实体之间的关系。这种方法通常需要大量的人工标注数据，其中实体和关系被标记为训练样本。有监督学习的关系抽取又划分为基于特征的方法和基于深度学习的方法两种。其中，基于特征的方法首先从文本中提取特征，然后使用分类器或回归模型对特征进行训练和预测。常见的特征包括词袋模型、TF-IDF、依存关系等；基于深度学习的方法使用神经网络来自动提取文本中的特征，并使用分类器或回归模型进行训练和预测。常见的深度学习模型包括卷积神经网络（CNN）、循环神经网络（RNN）、长短期记忆网络（LSTM）和 Transformer 等等。

有监督学习的关系抽取方法可以获得较高的准确率，但需要大量的人工标注数据。此外，由于标注数据需要花费大量时间和成本，因此这种方法可能不适合大规模的关系提取任务。

（3）无监督学习的关系抽取

有监督学习的关系抽取需要提前确定关系的类型（并标注），但是在实际应用的大规模语料库中，事先往往无法预测所有类型的实体关系。Hasegawa 等人在 2004 年的 ACL 会议上首次提出了无监督学习的关系抽取方法，随后的大多数方法都是在 Hasegawa 的基础上改进的。无监督学习的关系抽取方法可以分类两类：基于聚类的方法和基于模式的方法。

无监督学习的关系抽取属于弱监督学习的关系抽取，这是一种自底向上的信息抽取策略。它不依赖于人工标注的数据集，也不需要外部知识库的引入，可以比较快地迁移应用到新的领域，同时由于不通过人工定义的关系标准进行类别判断，所以具有一定的新类别发现的能力。但是无监督学习的关系抽取效果没有监督学习的关系抽取效果好，且更难解释模型的预测结果。

（4）远程监督学习的关系抽取

Mintz 于 2009 年首次提出将远程监督应用到关系抽取任务中。这种方法利用外部知识库或预定义的启发式规则为大量未标注数据提供噪声标签，通过数据自动对齐远程知识库来解决开放域中大量无标签数据自动标注的问题。严格来说，也是一种弱监督学习的关系抽取方法。

远程监督学习有一个基本假设：如果一对实体之间具有某种关系，那么所有包含这对实体的句子都将具有这个关系的含义。所以，在利用远程监督进行关系抽取模型的学习时，只需要收集文本，在文本中识别实体对，然后与知识库比对标注关系即可。

目前，随着全球化的发展和多语言数据的增加，跨语言关系抽取逐渐成为一个新的研究方向，这些研究旨在从多种语言的数据中抽取关系，从而构建更全面的知识图谱。

5.2.1.2 实体关系抽取评价指标

实体关系抽取的评价指标与命名实体识别的评价指标类似，也包括准确率（P）、召回率（R）和综合指标（F）。其计算公式为：

$$P=\frac{\text{正确识别的关系数}}{\text{识别的关系数}}\times 100\%$$

$$R=\frac{\text{正确识别的关系数}}{\text{文本中关系总数}}\times 100\%$$

综合指标 F 是准确率 P 和召回率 R 的组合，表达了关系抽取的综合效果。其计算公式为：

$$F=\frac{1+\beta^2}{\frac{1}{P}+\beta^2\frac{1}{R}}=\frac{(1+\beta^2)PR}{\beta^2 PR}$$

式中，β 是召回率相对于准确率的相对权重。β 越大，给予召回率的权重越大。如果 $\beta=1$，则：

$$F=\frac{2PR}{P+R}$$

5.2.1.3　实体关系抽取工具

实际上，几乎所有的命名实体识别工具都具备一定的实体关系抽取功能。在前面章节“5.1.4.1.3 命名实体识别工具”中我们已经列举了多个开源的实体识别工具。这里，重点针对实体关系抽取再列举几个实体关系抽取的工具（包括部分前面介绍的实体识别工具），如表 5-23 所示。

表 5-23　常用的实体关系抽取工具（均为开源）

工具	说明
Hanlp	面向生产环境的多语种自然语言处理工具包，它基于 PyTorch 和 TensorFlow 2.x 双引擎，支持命名实体识别、词性标注、依存句法分析等等
OpenNRE	清华大学自然语言处理与社会人文计算实验室（THUNLP）推出的一款开源的神经网络关系抽取工具包，包括了多款常用的关系抽取模型。使用 OpenNRE，不仅可以一键运行预先训练好的关系抽取模型，还可以使用示例代码在自己的数据集上进行训练和测试
Stanford CoreNLP	集成了 Stanford 的许多 NLP 工具，包括词性（POS）标记器、命名实体识别器（NER）、依存句法分析、共指解析系统和开放信息提取工具等。提供 Server 的方式进行交互，方便在 Python 等语言中使用
DeepKE	由浙江大学知识图谱团队维护的开源知识图谱抽取工具集。支持 cnSchema、低资源、长篇章、多模态的知识抽取工具，可以基于 PyTorch 实现命名实体识别、关系抽取和属性抽取功能
AllenNLP	基于 PyTorch 的 NLP 研究库，用于提供各语言任务中的深度学习模型。这些任务包括分类、实体提取和关系提取，每个任务都与 20 个不同的带注释的(输入、输出)示例配对
OLLIE	OLLIE（Open Language Learning for Information Extraction）是由华盛顿大学研发的知识库 KnowItAll 的三元组抽取组件，支持基于语法依赖树的关系抽取
Apache OpenNLP	OpenNLP 支持最常见的 NLP 任务，如标记化、句子分割、词性标注、命名实体提取、依存句法分析、语言检测和共指消解
SpaCy	一个高性能的神经网络模型，提供了分词、命名实体识别、句法分析和文本分类等自然语言处理任务，spaCy 还提供了扩展库 spacy-transformers，这使得 spaCy 能够集成和使用各种预训练的 Transformer 模型（如 BERT、GPT 等等）

5.2.2　基于依存句法分析的关系抽取

句法（syntax）是指句子内各个组成部分的相互关系，揭示句子构成的法则。所以句法分析（syntactic parsing）就是研究句子的各个组成部分和它们的排列顺序，从而展现句子的结构方式。句法分析是通过对句子进行分析，提取句子内部词汇之间的搭配或修饰关系，将句子从序列形式转变为树状结构，从而得到句子的句法结构的过程。句法分析是抽取实体间关系的利器，也有助于进行语义分析（词语和句子所表达的概念和含义），实现语言理解。根据得到的句法结构的表示形式不同，句法分析可以分为三种。

① 依存句法分析。依存句法分析（DEP，dependency syntactic parsing），简称依存分析，它识别一个句子中词汇与词汇之间的相互依存关系，并形成依存句法树，表示单词之间的主谓关系、动宾关系等各种关系，是最常用的句法分析方法。

② 成分句法分析。成分句法分析（CON，constituency syntactic parsing），又称短语结构分析（phrase structure parsing），或者句法结构分析（syntactic structure parsing），它分析句子在语法上的递归构成，识别句子中的短语结构以及短语之间的层次句法关系，重点关注两个相邻词汇能不能接在一起构成成分。

③ 深层文法句法分析。深层文法句法分析是利用深层文法，例如词汇化树邻接文法、词汇功能文法和组合范畴文法等，对句子进行深层的句法以及语义分析。

5.2.2.1 依存句法分析

依存句法是由法国语言学家 L.Tesniere 于 1959 年在其著作《结构句法基础》中提出的，它将句子分析成一棵依存句法树，通过分析句子中各个词汇之间的依存关系来揭示其句法结构，而不仅仅是词汇的线性序列 关系。直观来讲，依存句法分析就是在词性标注的基础上，通过分析名词、动词和形容词等不同词性的词汇在句子中的出现顺序，实现词汇之间的关系描述。

在 20 世纪 70 年代，美国语言学家 Robinson 提出了依存关系的四条公理。另外，在处理中文信息方面，中国学者提出了依存关系的第五条公理：

① 一个句子中只有一个成分是独立的，称为中心成分；

② 其他成分直接依存于某一成分；

③ 任何一个成分都不能依存于两个或两个以上的成分；

④ 如果 A 成分直接依存于 B 成分，而 C 成分在句中位于 A 和 B 之间，那么 C 或者直接依存于 B，或者直接依存于 A 和 B 之间的某一成分；

⑤ 中心成分左右两边的其他成分相互不发生关系。

依存句法认为核心动词是一个句子的中心，是支配其他成分的中心成分，其他成分与核心动词直接或者间接产生联系。而核心动词却不受其他任何成分的支配，所有受支配成分都以某种依存关系从属于支配者。这种关系是有方向性的，是一种二元非对称关系。通常称主体为支配词（用 head 表示，有时也称为核心词），客体称为被支配词或从属词（用 dependent 表示，有时也称为依存词）。在依存分析中，箭头方向表示词与词之间的依存关系，并且箭头的方向始终从支配词指向从属词，表示从属词在语法上依赖于支配词。也就是说，箭头方向表示“支配”的意思，对于理解和分析句子的内部结构至关重要。一个依存句法树如图 5-7 所示。

“spacy”是主语，表示是谁或什么在“提供”（支配词），即“spacy”的出现依赖于“提供”这个核心动词。所以箭头方向是从“提供”指向“spacy”。注意：依存句法认为，在一个句子中，谓语是句子的中心，它描述了主语所执行的动作或状态。虽然主语是动作的执行者或状态的主体，但是主语之所以依赖于谓语，是因为谓语提供了主语在句子中的角色和功能。没有谓语，主语就失去了其作为动作执行者或状态主体的意义；

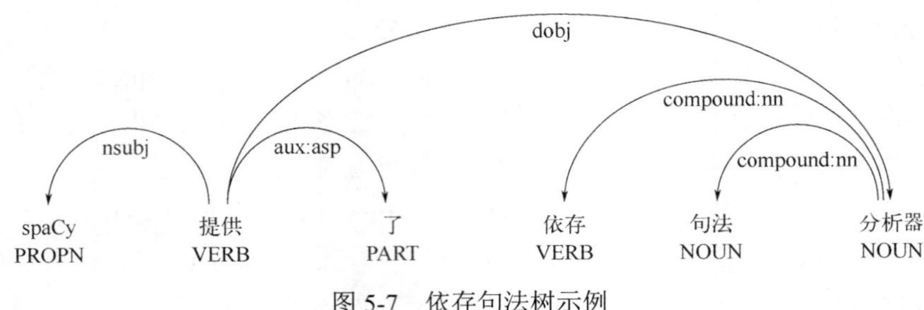

图 5-7 依存句法树示例

“了”是助词，表示动作“提供”的完成时态，是一个时态标记 。所以箭头方向是从“提供”指向“了”；

“分析器”是“提供”这个动作的对象，即“分析器”依赖于“提供”，所以箭头方向是从“提供”指向“分析器”；

“依存”和“句法”都是修饰“分析器”的，所以，这两个词都依赖于“分析器”（支配词）。箭头方向是从“提供”分别指向“依存”和“句法”。

从上面讲解中可以看出，依存句法树有以下几个特征：

① 使用有方向的弧线指向一个词语（标记）的直接子节点；

② 句子的根节点词语 ROOT（句子的核心词）没有箭头指向它，即没有父节点，或者说它的父节点就是它自己；

③ 除了 ROOT 它外，其他每个词语有且只一个箭头指向它；

④ 一个词语可以指向多个不同的词语，即一个词语可以有多个直接子节点；

⑤ 每个词语有且只有一条路径回溯到根节点；

⑥ 弧线之间不能存在交叉或者回路。

评估一个依存句法分析工具性能的指标包括：无标记依存正确率 UAS（unlabeled attachment score）、带标记依存正确率 LAS（labeled attachment score）、依存正确率 DA（dependency accuracy）、根正确率 RA（root accuracy）、完全匹配率 CM（complete match）等。

① 无标记依存正确率 UAS：测试集中找到其正确支配词的词（包括没有标注支配词的根结点）所占总词数的百分比。

② 带标记依存正确率 LAS：测试集中找到其正确支配词的词，并且依存关系类型也标注正确的词（包括没有标注支配词的根结点）占总词数的百分比。

③ 依存正确率 DA：测试集中找到正确支配词非根结点词占所有非根结点词总数的百分比。

④ 根正确率 RA：有二种定义，一种是测试集中正确根结点的个数与句子个数的百分比，另一种是指测试集中找到正确根结点的句子数所占句子总数的百分比。

⑤ 完全匹配率 CM：测试集中无标记依存结构完全正确的句子占句子总数的百分比。

与命名实体标注规范一样，依存句法分析也有自己的标注体系。目前常见的中文体系有通用依存标注体系（Universal Dependencies）、斯坦福中文依存标注体系（Stanford Dependencies Chinese）和北京大学多视图中文依存树库（PKU Multi-view Chinese Treebank）等等。

表 5-24 展示了通用依存标注体系的各个标签及其说明。

表 5-24 通用依存标注体系标签

名称	含义
acl	名词性从句修饰语（clausal modifier of noun）
acl:relcl	关系从句修饰语（relative clause modifier）
advcl	状语从句修饰语（adverbial clause modifier）
advcl:relcl	状语关系从句修饰语（adverbial relative clause modifier）
advmod	状语（adverbial modifier）
advmod:emph	强调词语（emphasizing word, intensifier）
advmod:lmod	方位状语（locative adverbial modifier）
amod	形容词修饰语（adjectival modifier）
appos	同位修饰语（appositional modifier）
aux	助动词（auxiliary）
aux:pass	被动助动词（passive auxiliary）
case	所有格标记（case marking）
cc	协调连词（coordinating conjunction）
cc:preconj	前置连接词（preconjunct）
ccomp	从句补足语（clausal complement）
clf	类别修饰语（classifier）
compound	复合词（compound）
compound:lvc	轻动词结构（light verb construction）
compound:prt	短语动词（phrasal verb particle）
compound:redup	叠声合成词（reduplicated compounds）
compound:svc	序列合成动词（serial verb compounds）
conj	连词（conjunct）
cop	（连）系动词（copula）
csubj	从句主语（clausal subject）
csubj:outer	从句外从句主语（outer clause clausal subject）
csubj:pass	从句被动主语（clausal passive subject）
dep	非确定性依存（unspecified dependency）
det	限定词（determiner）
det:numgov	支配名词格的代词量词（pronominal quantifier governing the case of the noun）
det:nummod	与名词一致的代词量词（pronominal quantifier agreeing in case with the noun）
det:poss	物主限定词（possessive determiner）
discourse	语素（discourse element）
dislocated	错位元素（dislocated elements）
expl	感叹词（expletive）
expl:impers	非人称感叹词（impersonal expletive）
expl:pass	反身被动语态中的反身代词（reflexive pronoun used in reflexive passive）
expl:pv	带有固有反身动词的反身代词（reflexive clitic with an inherently reflexive verb）
fixed	固定多字表达式（fixed multiword expression）
flat	扁平表达式（flat expression）

续表

名称	含义
flat:foreign	外来词扁平表达式（foreign words）
flat:name	名称扁平表达式（names）
goeswith	配合词（goes with）
iobj	间接宾语（indirect object）
list	列表关系（list）
mark	标记词（marker）
nmod	名词修饰语（nominal modifier）
nmod:poss	所有格名词修饰语（possessive nominal modifier）
nmod:tmod	时间修饰语（temporal modifier）
nsubj	名词性主语（nominal subject）
nsubj:outer	outer clause nominal subject
nsubj:pass	被动名称主语（passive nominal subject）
nummod	数字修饰语（numeric modifier）
nummod:gov	控制名词大小写的数字修饰语（numeric modifier governing the case of the noun）
obj	宾语（object）
obl	间接名词（oblique nominal）
obl:agent	间接名词之被动语态的发出者（agent modifier）
obl:arg	间接名词之间接名词论元（oblique argument）
obl:lmod	间接名词之位置修饰语（locative modifier）
obl:tmod	间接名词之时间修饰语（temporal modifier）
orphan	孤立词（orphan）
parataxis	并列结构（parataxis）
punct	标点符号（punctuation）
reparandum	阻碍语项，即待修正语（overridden disfluency）
root	中心词（root）
vocative	呼格词（vocative）
xcomp	开放从句补语（open clausal complement）

虽然 spaCy 的依存句法分析器使用了通用依存标注体系，但是不同的语言使用的标签不完全相同，会根据具体语言的特征有所变化，这是需要读者特别注意的地方。如果读者想要了解 spaCy 中某一种语言使用的完整标注标签，可以通过下面的程序获取。

```
'''''
输出模型（管道）组件的标注标签及其含义。
例如词性标注 POS（对应 tagger 组件）、依存分析标注（对应 parser 组件）
、命名实体标注标签（对应 ner 组件）
'''
import spacy

# 可以通过更改语言模型，获取具体某种语言的标注信息
# 这里使用中文大尺寸模型 zh_core_web_lg
nlp = spacy.load("zh_core_web_lg")

```

```
#                    管道（模型）组件的名称
for component in nlp.pipe_names:
    tags = nlp.pipe_labels[component]
    if len(tags)!=0:
        print(f"组件{component}的标注标签：")
        print("-"*45)
        for tag in tags:
            strTag = "'"+ tag +"'"
            print(f"{strTag:18s}: '{spacy.explain(tag)}'")
        print()
# end of for ...

```

由于中文管道模型加载时会加载依存句法分析组件 parser、词性标注组件 tagger 和命名实体识别组件 ner 等，所以上述代码运行后，不仅会把依存句法分析的标签打印出来，还会把词性标注的标签和命名实体识别的标签等完整地输出。表 5-25 展示了 spaCy 中汉语依存关系标签，部分标签与表 5-24 中的标签重合。

表 5-25　spaCy 中汉语依存关系标签

依存分析标签	标签说明	依存分析标签	标签说明
ROOT	根，即核心词	det	限定词
acl	形容词子句	discourse	语气词
advcl: loc	状语从句修饰语	dobj	直接宾语
advmod	状语	etc	省略
advmod: dvp	状语：地	mark	标记
advmod: loc	状语：限定	mark: clf	标记：量词
advmod: rcomp	状语：因果	name	名称
amod	形容	neg	否定
amod: ordmod	形容：数量	nmod	名词修饰语
appos	同位	nmod: assmod	名词修饰：关联
aux: asp	助语：时态	nmod: poss	名词修饰：所有格
aux: ba	助语：把	nmod: prep	名词修饰：介词
aux: modal	助语：情态	nmod: range	名词修饰：范围
aux: prtmod	助语：分词	nmod: tmod	名词修饰：时间
auxpass	被动	nmod: topic	名词修饰：主题
case	条件	nsubj	名词主语
cc	并列连词	nsubj: xsubj	名词主语：补语
ccomp	从句补语	nsubjpass	被动态主语
compound: nn	复合名词	nummod	数量修饰语
compound: vc	复合动词	parataxis: prnmod	并列修饰语
conj	连接	punct	标点符号
cop	连系动词	xcomp	从句补语
dep	尚未定义		

5.2.2.2 spaCy 依存句法关系抽取

在实际应用开发中，由于语言句子的形式多种多样，实体间的关系也是纷繁复杂，所以关系的提取比实体提取要困难得多，另外关系抽取也与具体业务领域息息相关。所以，spaCy 并没有直接提供关系抽取的模型。不过我们可以基于 spaCy 提供的依存句法分析器，结合其他功能实现实体间关系的抽取。

运用依存句法分析进行实体关系抽取的方法认为实体和实体之间的关系可以组成主谓宾结构。在一个句子中，只要能够找出“主谓关系”和“动宾关系”，并且其中的“谓”和“动”，即谓词和动词，是同一个词，那么这个动词就是一个关系。比如说“林黛玉看海棠花”，这里主谓关系是“林黛玉看”，动宾关系是“看海棠花”，并且由于“林黛玉”和“海棠花”都是实体，所以我们可以认为“看”是一个关系，并由此形成一个依存关系：（林黛玉，看，海棠花）。所以，一个依存关系连接两个词：主体（主语）和客体（宾语）。通常这种关系是有方向性的，我们称主体为支配者，客体称为被支配者。所以，依存句法认为“谓词”或“动词”是一个句子的中心，其他成分与动词直接或者间接产生联系。

spaCy 提供了一个快速、准确的依存句法分析器，并为句子构建依存句法树。spaCy 使用“head”和“child”两个术语描述依存树中单条弧线链接的两个词语，术语“dep”标识弧线的标签，描述链接的两个词语之间的句法关系，而弧线的方向是从“head”指向“child”，即始发点为父节点（head），箭头指向其子节点（child）。注意：一个词语可以有多个子节点。例如，句子“该项目能够大力传播中医药文化”的依存句法树如图 5-8 所示。

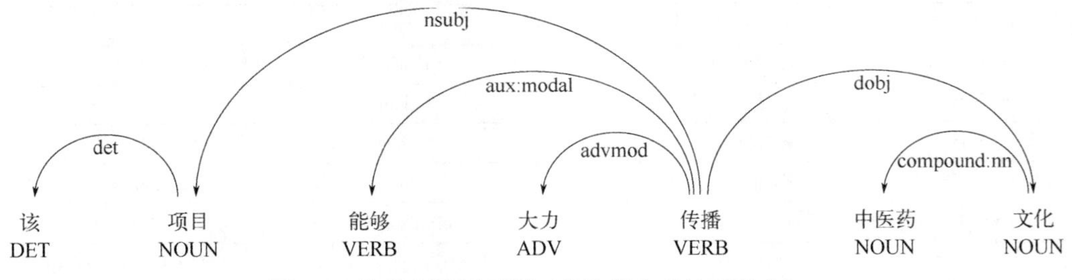

图 5-8 依存句法树示例（箭头指向直接子节点）

从上图的依存句法树中，我们可以推断出关系：（项目，传播，文化），其中“传播”为根节点 ROOT，代表了关系。现在假设我们有一个文本文件，我们要使用 spaCy 提供的依存句法分析器，从这个文件中抽取其中实体间的关系。具体步骤如下。

① 导入文件内容，并进行段落划分；

② 根据段落进行句子分割；

③ 针对每个句子，进行句子核心词获取（ROOT）和实体识别；

④ 如果句子中实体数量小于 2，则忽略这个句子（因为实体数量小于 2，不会存在有效的关系）；

⑤ 如果一个标记的内容在实体之中，并且词标记的 head 属性等于 ROOT，则这个标记为关系三元组的主体或客体；

⑥ 形成关系三元组；

⑦ 最后根据知识本体中关系的类别，把获得的三元组关系映射到关系类别中。

下面我们以示例形式说明基于依存句法分析器进行实体关系抽取的过程。(Relation_Dep_EX.py)：

```
# -*- coding: utf-8 -*-

import spacy


#%% 1. 导入文件内容，并进行段落划分；
textFileName = "d:\\test.txt"
textContent = ""
with open(textFileName, 'r', encoding='utf-8') as file:
    textContent = file.read()
    file.close()
#print(textContent)

#%% 构建 Language 对象 nlp
nlp = spacy.load("zh_core_web_md")
nlp.add_pipe("merge_entities")

#%% 段落划分
'''''
1. 划分段落。以段落（paragraph）为单位进行命名实体识别 '''
lstParagraph = textContent.split('\n')
# 过滤掉不必要的段落，例如删除空段落
lstParagraph = [item for item in lstParagraph if item]

#%% 2. 根据段落进行句子分割，获得句子列表
'''''
 进行句子分割 '''
lstSentences = []
for paraText in lstParagraph:
    doc = nlp(paraText)

    for sentence in doc.sents:
        txtSent = str(sentence.text).strip()
        # 清洗句子，例如删除空行...
        if (len(txtSent) > 0):
            lstSentences.append(txtSent)
# end of for paraText in lstParagraph ...
#print(f"sentences:{lstSentences}\n")

#%% 3. 处理每个句子，获取核心词（ROOT）、实体列表，并获取关系
'''''
 根据以上信息，寻找实体间关系 '''
```

```
lstAllRelation = []  # 包含所有的实体间关系
for txtOneSent in lstSentences:
    docOne = nlp(txtOneSent)

    # 找到句子的核心词（动词或其他）
    root0 = [token for token in docOne if token.head == token]
    if(len(root0)>=1):
        root = root0[0]

    lstEnts = [ent.text for ent in docOne.ents]
    # 如果一个句子中的实体数目小于 2，则不含有效关系，忽略
    if (len(lstEnts)<2):
        continue

    relOne = []
    for token in docOne:
        if (token.text in lstEnts) and (token.head==root):
            relOne.append(token.text)

    relOne.insert(1, root.text)  # 三元组
    lstAllRelation.append(tuple(relOne))
# end of for ...
print("-"*37)
#print("实体间关系：", lstAllRelation)
print("实体之间的关系如下")
for index, item in enumerate(lstAllRelation):
    print(f"{index:2}: {item}")

```

读者需要注意，上面的代码只是一个示例，并没有考虑语言的复杂性。由于语言句子的形式多种多样，实体关系的提取要比上述代码复杂得多。在具体图谱开发过程中，要根据数据的特点和业务领域的特性进行多种方式的抽取。有时甚至需要对 spaCy 提供的管道模型进行后训练，或者使用 Bert 等大模型来实现关系的抽取。

5.3 本章小结

本章对构建知识图谱过程中的知识获取进行了讲述，包括命名实体规范及其抽取技术、实体属性及关系抽取技术，并以数据库到 RDF 的映射引擎 D2RQ 和自然语言处理工具库 spaCy 为基础，对知识获取的实现进行了展示。

制定命名实体规范的目的是使数据标注工作标准化，统一化命名实体的识别过程。鉴于此，国内外很多机构制定了多种实体规范，其中比较常用的有国际标准 MET-2、ER-99、北京大学的 PKU 规范、BBN 科技公司发起的 OntoNotes 和微软的 MSRA 规范等。

在结构化数据中，由于实体和属性以及实体间的关系存储在结构化数据库中，通常是一个表对应一个类，一行数据相当于一个类的实例（实体），每个字段就相当于类的属性。而

D2RQ 就是一个遵循 Apache 许可协议的将数据从数据库映射到 RDF 的映射引擎，也是一个 SPARQL 查询服务器，实现了 W3C 的直接映射 DM 和 R2RML 协议。它能够根据数据库的模式（Schema）信息自动创建 RDF 词汇表，从而实现数据库内容到 RDF 词汇表的自动映射，也支持通过手工方式将表和列映射到 RDF 中实体的属性和类，实现精调。

自然语言处理工具库 spaCy 是由专门开发人工智能和自然语言处理工具的厂商 Explosion 采用 MIT 协议的开源工具库，目前已经成为业界最受欢迎的自然语言 处理库之一。它支持超过包括中文在内的 73 种语言，使用 Transformer 技术，提供了各种自然语言处理包，例如命名实体识别、词性标注、依存句法分析、句子分割、文本分类、词形还原、形态分析、实体链接等等组件，并提供了 SOTA 级别的性能。另外，除了提供了 25 种语言 84 个预先训练管道模型外，spaCy 还支持组件定制化及接入大模型（如 BERT、GPT 等）的能力。

本章讲述的命名实体识别和实体间关系抽取的实现都是以 spaCy 提供的功能为基础的。其中命名实体识别支持基于管道模型的命名实体识别和基于规则的命名实体识别两种方式；实体间关系抽取主要根据基于 spaCy 提供的依存句法分析器实现的依存分析结果找到一个句子的核心词，并以实体与核心词之间的依存关系作为判断实体间关系的依据，实现实体关系的抽取。

由于语言句子的形式多种多样，实体关系的抽取非常复杂。在具体图谱开发过程中，要根据数据的特点和业务领域的特性进行多种方式的抽取，有时甚至需要对 spaCy 提供的管道模型进行后训练，或者使用 Bert 等大模型来实现关系的抽取。所以，关系提取是一个具有挑战性的工作，就目前来说，还没有一个完美的解决方案。

6 知识融合-完善图谱

知识融合是知识治理的核心工作，是优化知识、消除矛盾和歧义、提升知识质量、形成全局统一的知识表示的关键步骤。在知识获取后，实体中存在着名称不同的实体，实际上可能指向同一个实体对象，或者一个实体名称可能对应着不同的实体对象，所以非常有必要对这些实体进行进一步的优化处理，这就是知识融合的工作。这一步骤主要包括实体对齐、实体消歧和实体指代消解等三项工作。

6.1 实体对齐

实体对齐（Entity Alignment）是指判断并解决一个或多个不同数据来源（例如已建知识图谱）的实体是否指向领域中的同一个实体（等价实体）的情况，所以也称为实体匹配（Entity Matching）。实体对齐也可以是实体命名识别任务中的一环。

实际上，实体对齐本质上是一个去重的工作，在数据治理等工作中也有很多的应用场景。实体对齐如图 6-1 所示。在这个图中，我们的目标是判断图谱 KG1 中的实体 e_{i1} 和图谱 KG2 中的实体 e_{i2} 是否为同一个实体。

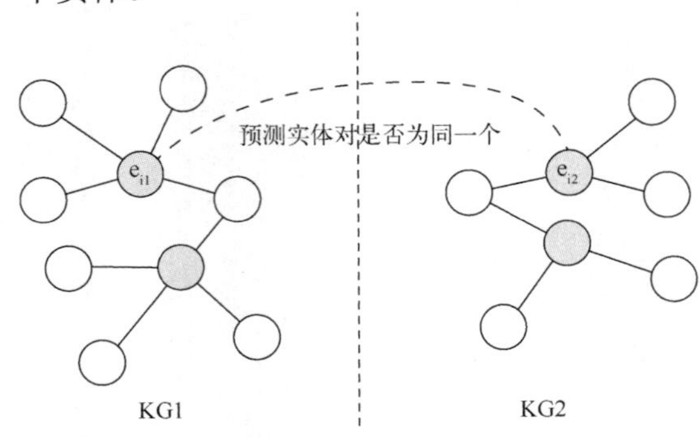

图 6-1　实体对齐示意图

实体对齐消除了“多词一义”的现象（多对一），所以也称为实体重复检测（duplicate detection）、实体匹配（Entity Matching）、实体解析（Entity Resolution）、记录链接（record linkage）等。

6.1.1 实体对齐技术

根据知识图谱的结构，实体对齐可分为本体对齐和实例对齐，其中本体对齐重点关注类、属性和关系，而实例对齐则更加注类的实例。相对于本体对齐而言，实例对齐对信息的精细度要求更多，也更加复杂。近几年随着机器学习和深度学习的普及和应用，实体对齐技术也取得了显著的发展。

传统的实体对齐方法通常基于规则、模板或字符串匹配的算法，而近几年随着机器学习和深度学习的普及和应用，深度神经网络技术也逐渐应用到实体对齐中。深度神经网络能够自动提取特征，并能够处理复杂的非线性映射关系，因此在实体对齐任务中表现出色。其中，基于知识表示学习（knowledge representation learning）技术的实体对齐方法逐渐成为主流。这种方法又可以分为基于平移的实体对齐方法和基于图神经网络的实体对齐方法，它们都有较强的鲁棒性和泛化能力。

6.1.1.1 传统实体对齐方法

传统的实体对齐方法聚焦在句法和结构上，主要侧重于计算实体之间标签和字符的相似度或距离上。常见的方法包括基于相似度计算的实体对齐方法和基于关系推理的实体对齐方法。

（1）基于相似度计算的实体对齐方法

基于相似度计算的实体对齐方法主要包括以下几种：

① 基于编辑距离的实体对齐方法（直接根据两个实体名称字符串之间的编辑距离）；

② 基于 TF-IDF 的实体对齐方法；

③ 基于机器学习和主动学习的实体对齐方法；

④ 基于同义词集和语义验证的实体对齐方法；

⑤ 基于过滤机制和主动学习的实体对齐方法。

（2）基于关系推理的实体对齐方法

基于关系推理的实体对齐方法，主要利用了知识图谱中实体之间的关系，通过构造概率函数、关系相似函数、关系可比性函数来推理关系之间的语义等价性，进而实现实体之间的对齐。基于关系推理的实体对齐方法主要包括以下几种：

① 基于概率函数的实体对齐方法；

② 基于关系相似函数的实体对齐方法；

③ 基于关系可比性函数的实体对齐方法。

6.1.1.2 基于知识表示学习的实体对齐方法

传统的实体对齐方法主要通过属性相似度匹配和关系推理的方式实现，利用有监督学习的机器学习模型，如：决策树、支持向量机、集成学习等。这种方法依赖实体的属性信息，通过属性相似度，进行跨平台实体对齐关系的推断；而基于知识表示学习的方法通过将知识图谱中的实体和关系都映射低维空间向量，直接用数学表达式来计算各个实体之间相似度，例如 TransE、PTransE 方法等等。

对于传统的实体对齐方法来说，实体的各种属性不同，涉及的领域也不同，很难给出统一的相似度计算函数。而离散的属性信息又忽略了多方面隐含的语义信息，使得对齐效果有限。因此，随着机器学习和深度学习的发展，基于知识表示学习的实体对齐方法逐渐流行起来。

表示学习又称为表征学习（representation learning），其目的是利用机器学习技术将研究对象表示为低维稠密的向量，而两个向量之间的距离反映了两个对象之间的语义关系。将表示学习技术应用于知识表示中，即知识表示学习（knowledge representation learning），可以实现知识图谱中实体和实体之间关系的向量表示，通过降低高维实体和关系，得到低维向量的数值表示。根据知识图谱表示学习方法的不同特征，分为平移距离模型（Translational Distance Model）、语义匹配模型（Semantic Matching Model）、基于神经网络的模型（Neural Networks-based Model）和基于外部知识库的模型（Model with External Knowledge）等四类。表 6-1 所示为知识图谱表示学习方法。

表 6-1　知识图谱表示学习方法

类别	嵌入方法
平移距离模型	TransE (Bordes et al., 2013)
	RotatE (Sun et al., 1902)
	HAKE (Zhang et al., 2020b)
	MuRP (Balažević et al., 2019a)
语义匹配模型	RESCAL (Nickel et al., 2011)
	DistMult (Yang et al., 2015)
	HolE (Nickel et al., 2016)
	ComplEx (Trouillon et al., 2016)
	TuckER (Balažević et al., 2019b)
基于神经网络的模型	ConvE (Dettmers et al., 2018)
	ConvKB (Nguyen et al., 2018)
	R-GCN (Schlichtkrull et al., 2018)
	CapsE (Nguyen et al., 2019)
	KBGAT (Nathani et al., 2019)
基于外部知识库的模型	TEKE (Wang and Li, 2016)
	DKRL (Xie et al., 2016)
	IKRL (Xie et al., 2017)
	RUGE (Guo et al., 2018)

（1）平移距离模型（Translational distance model）

Bordes 等人提出的 TransE（Bordes et al.，2013）被公认为知识图谱表示学习的里程碑。它在同一个向量空间中同时表示实体和关系，其中关系相当于从头实体向量到尾实体向量的平移。尽管该模型非常简洁，但在稀疏知识图谱上具有值得称赞的表示效果，并启发了一系列变体方法来解决 TransE 在构造复杂关系方面的缺点。

近年来，一些基于极坐标系统（polar coordinate system）的平移模型也应用于知识图谱的知识表示。RotatE 将实体表示为极坐标系统中具有单位模量但角度不同的点，并将关系表示为这些单位模量的旋转角度，这可以充分展示知识图谱中的不同类型的关系。在这种模型中，传递关系、反传递关系和对称关系得到了充分表达。基于 RotatE，HAKE 为不同的实体赋予了不同的模量，并且关系也不是等模旋转，而是实体的模长可以缩放，这可以很好地表示实体在知识图中的层次关系。

（2）语义匹配模型（Semantic matching model）

除了基于向量平移的模型之外，基于语义匹配的模型也是最早出现的知识图谱表示学习方法。RESCAL 使用双线性变换来计算事实三元组的合理性得分。DistMult 在 RESCAL 中对关系矩阵添加了约束，使其成为对角矩阵，从而增强了模型的泛化能力。HolE 结合了 RESCAL 的效率和 DistMult 的简单性，并定义了一个循环相关运算来计算事实三元组的合理性得分。ComplEx 在复数空间中定义了类似于 DistMult 的复数值运算。TuckER 使用 Tucker 分解来分解由知识图三元组组成的三阶张量，以获得实体和关系的表示，并在评估知识图表示模型性能的链接预测任务中取得了不错的结果。

（3）基于神经网络的模型（Neural networks-based model）

随着神经网络模型的快速发展，基于神经网络的知识图谱表示学习模型也被广泛提出。ConvE 使用卷积神经网络 CNN（Convolutional Neural Network）融合实体和关系的表示来计算合理性得分。ConvKB 在基于 ConvE 的向量平移模型的基础上保留了一些特征，并提高了模型的表示能力。基于图神经网络 GNN 和知识图谱结构之间的天然通用性，Schlichtkrull 等人通过在图卷积网络 GCN 中引入关系矩阵作为实体合并邻居特征时的映射变换，提出了 R-GCN，实现了对知识图的结构信息进行建模的目的。CapsE 使用 Geoffrey Hinton 在 2017 年提出的胶囊网络（Capsule Network）对知识图谱的事实三元组进行建模。KBGAT 结合了图注意力网络 GAT 和 ConvKB 的优点，其中 GAT 用作编码器来集成实体的多跳邻居节点的信息，然后 ConvKB 用于解码实体编码表示。

（4）基于外部知识库的模型（Model with external knowledge）

融合事实三元组以外的其他重要信息来增强知识图谱表示也是一个研究热点。基于 TransE 模型，王自力等人 2016 年将百科中实体对应的文本上下文表示集成到实体表示中，提高了模型处理复杂关系的能力。谢若冰等人 2016 年提出了 DKRL，使用 CNN 表示百科中三元组头尾实体的描述摘要，并将其纳入基于 TransE 的实体表示中。同样，谢若冰等人 2017 年使用类似于 DKRL 的模型结构，将图像信息纳入知识表示。

基于知识表示的对齐模型使用知识图谱表示学习方法或基于图的方法，结合知识图谱的结构信息（关系三元组）或外部资源，将知识图谱的实体表示为低维向量，然后计算向量之间的相似度，以找到等价的实体对。该方法能够大规模地从异构知识图中自动提取等价实体对，而无需引入许多人工特征，因此广受欢迎。基于知识表征学习构建的对齐框架如图 6-2 所示。

基于知识表示的对齐模型可以分为基于语义匹配的模型和基于图神经网络的模型两类。如表 6-2 所示。在这个表中，使用信息种类包括 R（关系三元组 Relation Triples）、A（属性三元组 Attribute Triples）和 T（文本信息 Textual Information）等 3 种，学习策略包括 S（有监督学习 Supervised）、Ss（半监督学习 Semi-supervised）和 U（无监督学习 Unsupervised）等 3 种。

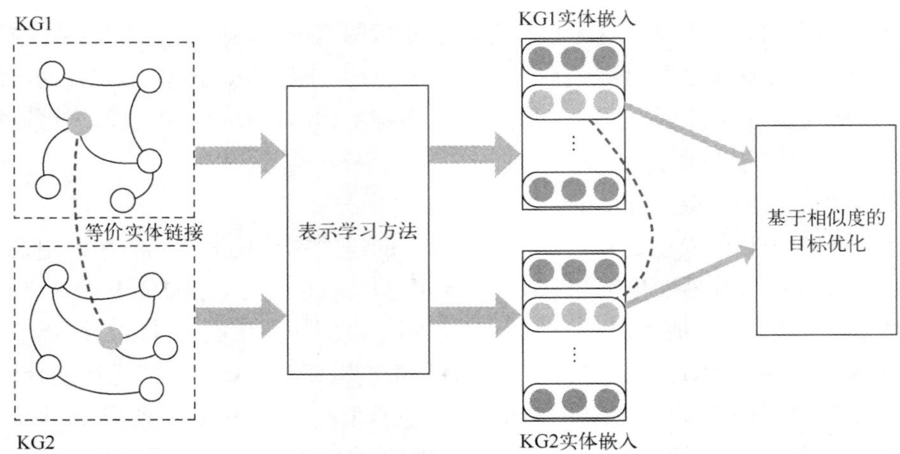

图 6-2　基于知识表示学习的实体对齐框架

表 6-2　基于知识表示学习的实体对齐模型

类别	方法	使用信息种类			学习策略		
		R	A	T	S	Ss	U
基于语义匹配的模型	MTransE (Chen et al., 1611)	✓			✓		
	IPTransE (Zhu et al., 2017)	✓				✓	
	JAPE (Sun et al., 2017)	✓	✓		✓		
	BootEA (Sun et al., 2018)	✓				✓	
	KDCoE (Chen et al., 2018)	✓		✓		✓	
	NTAM (Li et al., 2018)	✓			✓		
	AttrE (Trisedya et al., 2019)	✓	✓				✓
	SEA (Pei et al., 2019a)	✓			✓		
	RSN4EA (Guo et al., 2019)	✓			✓		
	OTEA (Pei et al., 2019b)	✓			✓		
	MultiKE (Zhang et al., 2019)	✓	✓	✓	✓		
	TransEdge (Sun et al., 2019)	✓			✓		
	MMEA (Shi and Xiao, 2019)	✓			✓		
	AKE (Lin et al., 2019)	✓			✓		
	CEAFF (Zeng et al., 2020a)	✓		✓	✓		
	COTSAE (Yang et al., 2020)	✓	✓			✓	
	DAT (Zeng et al., 2020b)	✓	✓		✓		
	BERT-INT (Tang et al. Li)	✓	✓	✓	✓		
基于图神经网络的模型	GCN-Align (Wang et al., 2018)	✓	✓		✓		
	GMNN (Xu et al., 2019)	✓		✓	✓		
	MuGNN (Cao et al., 2019)	✓			✓		
	NAEA (Zhu et al., 2019)	✓				✓	
	AVR-GCN (Ye et al., 2019)	✓			✓		
	RDGCN (Wu et al., 2019a)	✓		✓	✓		
	HGCN (Wu et al., 2019b)	✓		✓	✓		
	HMAN (Yang et al., 2019)	✓		✓	✓		

续表

类别	方法	使用信息种类			学习策略		
		R	A	T	S	Ss	U
基于图神经网络的模型	NMN (Wu et al., 2020)	✓	✓		✓		
	SSP (Wong et al., 2020)	✓	✓		✓		
	MRAEA (Mao et al., 2020a)	✓				✓	
	AliNet (Sun et al., 2020b)	✓			✓		
	RREA (Mao et al., 2020b)	✓	✓			✓	
	CG-MuAlign (Zhu et al., 2020)	✓			✓		
	AttrGNN (Liu et al., 2010)	✓	✓		✓		
	EPEA (Wang et al., 2020)	✓	✓		✓		
	REA (Pei et al., 2020)	✓			✓		
	HyperKA (Sun et al., 2020c)	✓			✓		

（1）基于语义匹配的模型

基于语义匹配的实体对齐模型的核心任务是根据知识图中每个实体的语义信息为其学习不同的低维向量表示。

最早的语义匹配模型 MTransE（Chen et al.，1611）使用 TransE 学习单个知识图谱的向量空间，然后学习线性变换将它们映射到同一向量空间，以达到对齐不同知识图中实体的目的。IPTransE（Zhu et al.，2017）限制预对齐的等价实体，从而具有相同的向量表示，然后使用 PTransE（Lin et al.，2015b）在统一的向量空间中迭代学习和对齐不同的知识图谱。而 BootEA（Sun et al.，2018）更关注实体对齐过程中预对齐实体对较少的问题，并通过迭代方法不断选择可能的实体对进行训练，从而提高实体对齐的准确性。这种迭代扩展训练数据的策略通常被称为半监督对齐策略。

另一种有代表性的方法是整合多种知识来丰富实体语义，例如 JAPE、KDCoE、MultiKE、COTSAE 等等。此外，还有一些工作专注于使用知识图谱的结构信息来对齐实体的模型，例如 RSN4EA、NTAM、SEA 等等。

（2）基于图神经网络 GNN 的模型

图神经网络 GNN 模型以图结构数据为输入，图中每个节点的表示受其邻居节点的表示影响，从而可以在一定程度上捕获图的全局或局部结构信息，使得节点的表示得到增强。这种模型利用知识图谱的结构信息，使用图注意力网络（Graph Attention Network, GAT）或图卷积神经网络（Graph Convolutional Network, GCN）作为嵌入对齐模型学习不同实体的低维向量表示，且能够充分利用预先对齐的实体对，从而达到较好的效果。

6.1.1.3 实体对齐评价指标

实体对齐本质上可以看作是一个分类任务。所以实体对齐的评价指标与命名实体识别评价指标一样，除此之外，实体对齐指标还有 Hits@k、MR、MRR 等三个指标可供参考。

- Hits@k：指结果排名前 k 个中存在正确实体的情况所占的比例。Hits@k 值越大，说明方法的效果越好。对于一对关系及实体，将头实体或尾实体替换成任意一种其他的实体，得到 n-1 个新的关系三元组，然后对这些三元组计算实体关系距离，将这 n-1 个三元组按照距离从小到大排列。在排好序的元组中，从第一个开始遍历，看从第一个到第 k 个是否能够遇到真实的实体，如果遇到了就将这个指标加 1，表示算法具有能够正确表示三元组关系的能力（不要求第一个才是对的，能做到前十的能力就可以了）。通常设 $k=10$。

- MR（Mean Rank）：计算在测试集里，平均到第几个才能匹配到正确的结果，值越小代表效果越好。

- MRR（Mean Reciprocal Rank）：正确对齐实体排名的倒数的平均值，MRR 越大，方法的效果越好。具体计算原理是：如果第一个结果匹配，则指标分数为 1；如果是第二个结果匹配，则分数为 0.5；如果是第 n 个结果匹配，则分数为 $1/n$；如果没有匹配的句子，分数为 0。最终的分数为所有得分之和。

6.1.2 实体对齐实现

根据前面介绍的内容可知，知识图谱中实体对齐可以通过语义相似度、规则匹配或机器学习（知识表示）等方法来实现。目前 OpenEA 和 dedupe 是两个代表性的 Python 开源实体对齐工具，两者都是基于有监督方式实现实体对齐。其中 dedupe 是由 Dedupe.io 团队开源的一个 python 库，使用主动学习和聚类的方式对结构化数据快速执行模糊匹配，重复数据删除和实体对齐；而 OpenEA 是由南京大学万维网软件研究组 Websoft 开源的、使用知识嵌入的方式实现实体对齐的工具。

6.1.2.1 OpenEA 概述和安装

OpenEA 是一个面向基于嵌入的知识图谱实体对齐的开源软件库，由南京大学万维网软件研究组（Websoft）贡献。OpenEA 通过 Python 和 Tensorflow 开发得到，集成了 12 种具有代表性的基于嵌入的实体对齐方法，同时它使用了一种灵活的架构，可以较容易地集成大量现有的嵌入模型。

随着表示学习技术在诸如图像、视频、语音、自然语言处理等领域的成功应用，基于嵌入的实体对齐方法开始涌现，并取得重大突破。这类方法基于知识图谱嵌入技术，将知识图谱中的符号（即节点、关系、标签或属性等）表示嵌入到低维向量中，使得实体之间的语义关联能够通过嵌入空间中的几何结构捕捉到。基于嵌入的实体对齐方法典型框架以两个不同知识图谱作为输入，并根据源信息收集种子实体对，然后在嵌入和对齐模块中输入这两个知识图谱和种子实体对，捕捉实体嵌入的对应关系。模块交互有两种典型的组合范式。

① 嵌入模块将两个知识图谱嵌入到不同空间中，同时对齐模块通过种子实体对学习两个空间中的映射关系；

② 对齐模块指导嵌入模块，通过强制种子实体对中的对齐实体具有非常相似的嵌入，使得两个知识图谱被表示到一个统一空间中。最后，通过学习到的嵌入表示来衡量实体的相似性。

OpenEA 的软件架构如图 6-3 所示。

OpenEA 的软件架构具有松耦合、灵活的可扩展性以及具备准备就绪的解决方案的特点。它主要包括嵌入模块（Embedding module）、对齐模块（Alignment module）和交互模块（Interaction between modules）等三大部分组成。

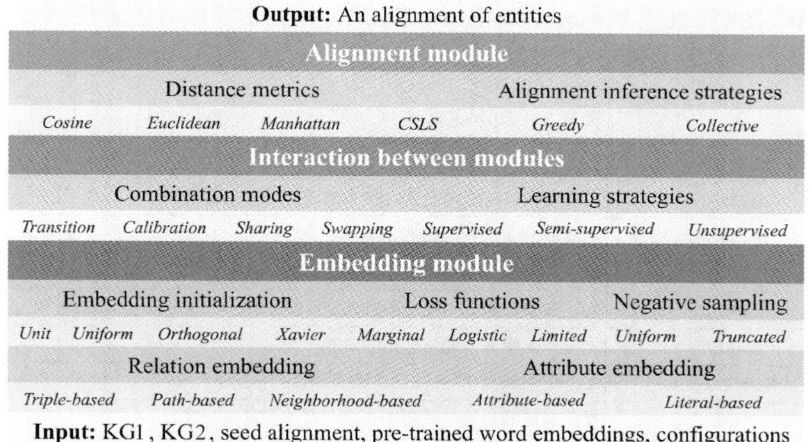

图 6-3 OpenEA 软件架构

（1）嵌入模块

嵌入模块试图将知识图谱嵌入到低维空间中。根据三元组的类型，我们可以将嵌入模型分为两类：关系嵌入与属性嵌入。前者采用关系学习技术捕捉知识图谱结构，后者利用实体的属性三元组信息。关系嵌入主要有三种实现方式：①基于三元组的嵌入，能够捕捉关系三元组的局部语义（例如 TransE）；②基于路径的嵌入，利用跨越路径的关系之间的长程依赖信息（例如 IPTransE、RSN4EA）；③基于邻居的嵌入，主要利用实体之间的关系构成的子图结构（例如 GCN）。一些方法使用属性嵌入增强实体之间的相似性度量。属性嵌入有两种方式：①属性相关性嵌入，主要考虑属性间的相关性（例如 JAPE）；②字面量嵌入，将字面量值引入属性嵌入中（例如 AttrE）。

（2）对齐模块

对齐模块使用种子实体对作为训练数据来捕捉实体嵌入表示的相关性，其中两个关键是选择何种距离度量方式以及设计何种对齐推断策略。度量方式有三种被广泛使用：余弦距离、欧几里得距离和曼哈顿距离。针对对齐推断策略，目前所有方法都采用贪心搜索方式，即为每一个实体依据度量方式选择距离最短的实体作为推断的对齐实体。

（3）交互模块

有四种典型的组合模式用于调整知识图谱嵌入，以便实体对齐。嵌入空间的转换通过种子实体对(e1,e2)学习两个嵌入空间中的转换矩阵 M，使得 Me1≈e2。另一种组合模式称为嵌入空间校准，其将两个知识图谱嵌入到同一空间中，通过最小化||e1−e2||来校准实体对中的嵌入表示。作为两个特例，参数共享模式直接设置 e1=e2，而参数交换模式通过在三元组中交换种子实体来产生额外三元组作为监督数据。这两种方式都没有引入新的损失函数，但后者会产生更多三元组。基于如何处理标记和未标记数据，学习策略可以被分为监督学习和半监督学习。监督学习采用种子实体对作为标记的训练数据。对于嵌入空间的转换，种子实体对用于学习转换矩阵；对于空间校准，其被用于让对齐的实体具有相似的嵌入表示。半监督学习会在训练阶段使用未标记数据，例如自我学习和协同学习。前者迭代地选出新的实体对补充进种子实体对中，后者通过组合两个学习模型，交替增强彼此的对齐能力。

目前，OpenEA 实现了基于 MTransE、IPTransE、JAPE 等嵌入技术的实体对齐方法。如表 6-3 所示。

表 6-3　OpenEA 实现的实体对齐方法

序号	对齐方法	说明
1	MTransE	基于多语言知识图谱嵌入技术的跨语言知识对齐
2	IPTransE	通过联合知识嵌入的迭代实体对齐
3	JAPE	基于联合属性保持嵌入技术的跨语言实体对齐
4	KDCoE	基于知识图和实体描述的协同训练嵌入技术的跨语言实体对齐
5	BootEA	基于知识图嵌入的自举实体对齐
6	GCN-Align	基于图卷积网络 GCN 的跨语言知识图谱对齐
7	AttrE	使用属性嵌入技术的两个知识图谱间的实体对齐
8	IMUSE	使用属性三元组和关系三元组的无监督实体对齐
9	SEA	基于度差异感知的知识图谱嵌入技术的半监督实体对齐
10	RSN4EA	基于循环跳跃网络的实体对齐
11	MultiKE	多视图知识图嵌入技术的实体对齐
12	RDGCN	异构知识图谱的关系感知实体对齐
13	AliNet	具有门控多跳邻域聚合的知识图对齐网络

由于 OpenEA 软件包并没有在 Python 软件仓库 PyPI（Python Package Index）中发布，所以不能使用 pip 工具直接安装，需要首先将 OpenEA 源码从 GitHub 地址上下载到本地，然后使用 pip 安装本地软件包的形式安装。在下载安装之前，需要确认 OpenEA 所依赖的软件包已经成功安装到本地，其所依赖的软件包列表如下：

- ✧ Python 3.x（Python 3.6 最佳）；
- ✧ Tensorflow 1.x（Tensorflow 1.8 and 1.12 最佳）；
- ✧ Scipy；
- ✧ Numpy；
- ✧ Graph-tool 或者 igraph 或者 NetworkX；
- ✧ Pandas；
- ✧ Scikit-learn；
- ✧ Matching==0.1.1；
- ✧ Gensim。

在确认满足以上条件后，下一步执行下面的命令下载并安装 OpenEA 软件包：

```
git clone https://github.com/nju-websoft/OpenEA.git OpenEA
cd OpenEA
pip install -e .
```

上面最后一行的命令表示执行当前目录下的 setup.py 安装文件。

6.1.2.2　使用 OpenEA 实现实体对齐

OpenEA 是基于表示学习的实体对齐方法，这种 方法将两个知识图谱映射到一个向量空间，期望对齐的实体具有相似的向量表示，即在空间内互为最近邻。本节以 OpenEA 提供的示例展示如何实现实体对齐。

（1）数据集

本示例基于 DBP2.0 数据集（来源于多语言 DBpedia 数据集），它包含三个实体对齐任务，分别是 ZH-EN（汉语-英语）、JA-EN（日语-英语）和 FR-EN（法语-英语），但本示例只考虑了 ZH-EN，即考虑中文实体和英文实体的对齐。数据集包含以下文件：

- rel_triples_1：源知识图谱的关系三元组。格式是：（头实体 \t 关系 \t 尾实体）；
- rel_triples_2：目标知识图谱的关系三元组，格式同上；
- splits/train_links：实体对齐的训练数据。格式是：（源实体 \t 等价的目标实体）；
- splits/valid_links：实体对齐的验证数据，格式同上；
- splits/test_links：实体对齐的测试数据，格式同上。

（2）代码结构

本示例提供了 5 个文件：

➢ main.py：训练、验证和测试的主程序（包括参数设置）。

➢ mtranse.py：实现了实体对齐方法 MTransE 的代码。可修改定制 self._define_embed_graph()方法（嵌入模块）和 self._define_align_graph()方法（对齐模块）。

➢ eval.py：验证测试方法。

➢ nn_search.py：近邻搜索方法。

➢ utils.py：其他有用的方法。

主程序 main.py 的代码如下：

```
import argparse
import os

from openea.modules.load.kg import KG
from openea.modules.load.read import read_relation_triples, read_links

from mtranse import MTransEV2
from utils import read_items, MyKGs

parser = argparse.ArgumentParser(description='NullEA')
parser.add_argument('--training_data', type=str, default='./DBP2.0/zh_en/')
parser.add_argument('--output', type=str, default='../../output/results/')
parser.add_argument('--dataset_division', type=str, default='splits')

parser.add_argument('--align_direction', type=str, default='left')

parser.add_argument('--init', type=str, default='xavier')
parser.add_argument('--alignment_module', type=str, default='mapping')
parser.add_argument('--search_module', type=str, default='greedy')
parser.add_argument('--neg_sampling', type=str, default='truncated', choices=['uniform', 'truncated'])

parser.add_argument('--dim', type=int, default=128)
parser.add_argument('--loss_norm', type=str, default='L2')
```

```
parser.add_argument('--ent_l2_norm', type=bool, default=True)
parser.add_argument('--rel_l2_norm', type=bool, default=True)
parser.add_argument('--batch_size', type=int, default=20480)

parser.add_argument('--embed_margin', type=float, default=1.5)
parser.add_argument('--mapping_margin', type=float, default=1.0)
parser.add_argument('--mapping_neg_num', type=int, default=1)
parser.add_argument('--mapping_neg_weight', type=int, default=0.1)

parser.add_argument('--neg_triple_num', type=int, default=1)
parser.add_argument('--truncated_epsilon', type=float, default=0.9)
parser.add_argument('--truncated_freq', type=int, default=10)

parser.add_argument('--learning_rate', type=float, default=0.001)
parser.add_argument('--optimizer', type=str, default='Adam')
parser.add_argument('--batch_threads_num', type=int, default=4)
parser.add_argument('--test_threads_num', type=int, default=1)
parser.add_argument('--max_epoch', type=int, default=200)
parser.add_argument('--eval_freq', type=int, default=10)

parser.add_argument('--ordered', type=bool, default=True)
parser.add_argument('--top_k', type=list, default=[1, 5, 10])

parser.add_argument('--eval_norm', type=bool, default=True)
parser.add_argument('--start_valid', type=int, default=0)
parser.add_argument('--stop_metric', type=str, default='mrr')
parser.add_argument('--eval_metric', type=str, default='inner')

args = parser.parse_args()
print(args)


def read_kgs_from_folder(training_data_folder, division, mode, ordered, direction):
    kg1_relation_triples, _, _ = read_relation_triples(training_data_folder + 'rel_triples_1')
    kg2_relation_triples, _, _ = read_relation_triples(training_data_folder + 'rel_triples_2')

    train_links = read_links(os.path.join(training_data_folder, division, 'train_links'))
    valid_links = read_links(os.path.join(training_data_folder, division, 'valid_links'))
    test_links = read_links(os.path.join(training_data_folder, division, 'test_links'))

    train_unlinked_ent1 = read_items(os.path.join(training_data_folder, division, 'train_unlinked_ent1'))
    valid_unlinked_ent1 = read_items(os.path.join(training_data_folder,
```

```
division, 'valid_unlinked_ent1'))
    test_unlinked_ent1 = read_items(os.path.join(training_data_folder, division, 'test_unlinked_ent1'))

    train_unlinked_ent2 = read_items(os.path.join(training_data_folder, division, 'train_unlinked_ent2'))
    valid_unlinked_ent2 = read_items(os.path.join(training_data_folder, division, 'valid_unlinked_ent2'))
    test_unlinked_ent2 = read_items(os.path.join(training_data_folder, division, 'test_unlinked_ent2'))

    kg1 = KG(kg1_relation_triples, set())
    kg2 = KG(kg2_relation_triples, set())

    if direction == "left":
        two_kgs = MyKGs(kg1, kg2, train_links, test_links,
                        train_unlinked_ent1, valid_unlinked_ent1, test_unlinked_ent1,
                        train_unlinked_ent2, valid_unlinked_ent2, test_unlinked_ent2,
                        valid_links=valid_links, mode=mode, ordered=ordered)
    else:
        assert direction == "right"
        train_links_rev = [(e2, e1) for e1, e2 in train_links]
        test_links_rev = [(e2, e1) for e1, e2 in test_links]
        valid_links_rev = [(e2, e1) for e1, e2 in valid_links]
        two_kgs = MyKGs(kg2, kg1, train_links_rev, test_links_rev,
                        train_unlinked_ent2, valid_unlinked_ent2, test_unlinked_ent2,
                        train_unlinked_ent1, valid_unlinked_ent1, test_unlinked_ent1,
                        valid_links=valid_links_rev, mode=mode, ordered=ordered)
    return two_kgs


if __name__ == '__main__':
    kgs = read_kgs_from_folder(args.training_data, args.dataset_division, args.alignment_module, args.ordered, args.align_direction)
    model = MTransEV2()
    model.set_args(args)
    model.set_kgs(kgs)
    model.init()
    model.run()
model.test()
```

6.2 实体消歧

实体消歧（entity disambiguation）是指将一个可具有多种含义的指称项（代表待消歧实体）根据上下文信息映射（对应）到一个无歧义实体的过程，所以也称为语义消歧。例如对

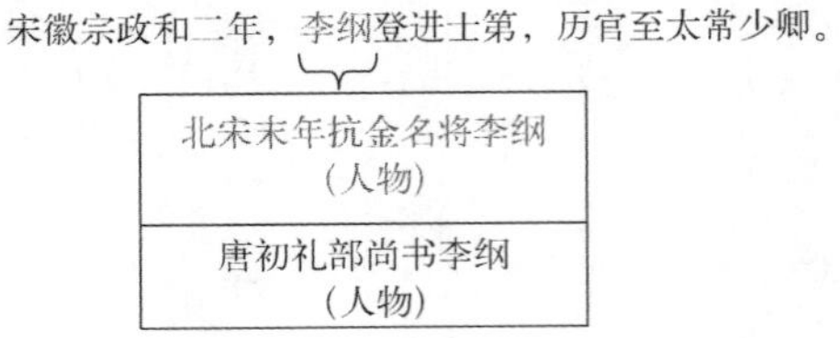

宋徽宗政和二年，李纲登进士第，历官至太常少卿。

北宋末年抗金名将李纲（人物）
唐初礼部尚书李纲（人物）

图 6-4　实体消歧示意图

于一个指称项（名字或标签）为"苹果"的实体，在不同的上下文场景中可能是美国制造智能手机的"苹果公司（Apple Inc.）"，也可能是代表水果的"苹果"。这要根据实体"苹果"出现的上下文来判断；又例如历史人物"李纲"，在不同的上下文场景中可能指的是"唐初礼部尚书李纲"，也可能是"北宋末年抗金名将李纲"。实体消歧如图 6-4 所示。

实体消歧能够有效解决"一词多义"的现象（一对多），明晰了实体含义的边界。实体消歧实际上也是实体命名识别任务中的一环。读者需要注意，实体对齐和实体消歧不是一回事，它们的目标和处理方式有所不同。实体对齐主要关注的是如何将不同的实体描述映射到同一个实体上，这通常涉及对实体名称、别名、缩写等进行匹配和识别，而实体消歧主要关注如何根据上下文确定一个词或短语的具体含义，这通常涉及对文本进行语义分析和理解，以确定实体的真实含义。

6.2.1　实体消歧技术

实体消歧技术按照有无目标知识库可划分为基于无监督的聚类实体消歧方法（无目标知识库或目标知识图谱）和基于实体链接的实体消歧方法（有目标知识库或知识图谱）等两类。其中基于聚类的实体消歧方法把所有实体指称项按其指向的目标实体进行聚类，而基于实体链接的实体消歧将实体指称项链接到目标候选实体列表中所对应的实体上实现实体消歧。这里目标知识库或知识图谱是指正确无误的实体信息集合，包含了所有待消歧实体名称可能指向的"真正实体"名称及其别称、同义词等信息，例如李娜（网球运动员）、李娜（跳水运动员）等。在实际应用中，常用的目标知识库通常包括 Wikidata（维基数据）、Freebase 等等。

6.2.1.1　基于聚类的实体消歧

基于聚类的实体消歧方法的核心工作是选取特征对指称项表示的实体进行表示。根据如何定义实体对象与指称项之间的相似度，可分为以下 5 种方法。

（1）基于词袋模型的聚类方法

也称为基于空间向量模型的聚类方法，是以指称项（待消歧实体）周围的词作为特征向量，利用向量的相似度对指称项进行比较，将指称项（实体）划分到最接近的实体引用项集合中。这种方法采用的特征向量往往不能很好地代表实体本身，而且实体之间的向量区分不明确，从而会影响聚类效果。

（2）基于语义特征的聚类方法

基于语义特征的聚类方法与基于词袋模型的聚类方法类似，但两者的构造方法不同。语义模型的特征向量不仅包括词袋向量，还包含语义特征。例如通过对文本进行分解得到实体的语义向量，并结合词袋向量得到更精确的聚类结果。

（3）基于社会化网络的聚类方法

基于社会化网络的聚类方法先构造社会化网络，再利用网络中的社会关系计算实体指称项之间的相似度。这种方法较为注重实体之间的关系，而忽略实体本身的特征以及实体的上下文特征，并且网络构造难度大、复杂度高。

（4）基于百科知识的聚类方法

基于百科知识的聚类方法充分利用百科类网站为每个实体（指称项）分配的独立页面的信息，而这些独立页面中会包括指向其他实体页面的链接。这种方法利用这些链接关系计算实体指称项之间的相似度，实现实体消歧。但是，由于百科知识覆盖性有限且实体种类较少，因此这种方法使用率较低。

（5）基于多源异构语义知识融合的聚类方法

基于多源异构语义知识融合的聚类方法可以充分利用多源一致知识源的知识，挖掘和集成不同知识源中的结构化语义知识表示模型来统一表示这些语义知识，提高实体消歧效率。这种方法的一个主要问题是多种数据源之间表达方式需要融合统一，否则会影响实体聚类效果。

6.2.1.2 基于实体链接的实体消歧

基于实体链接的实体消歧方法中目标知识库或目标知识图谱已给定，将待消歧的实体指称项与目标知识库中的对应实体进行链接实现消歧。

实体链接（entity linking）是指对于从文档中抽取得到的实体对象，将其链接到知识库中对应的正确实体对象的操作，用于解决实体间存在的歧义性问题。实体链接的基本思想是首先根据给定的实体指称项，从知识库中选出一组候选实体对象，然后通过相似度计算将指称项链接到正确的实体对象。在实体链接过程中需要利用实体指称项及其上下文的文本信息，借助目标知识库或知识图谱，将其链接到知识图谱中正确的映射实体上。

基于实体链接的实体消歧是将给定的实体指称项链接到目标知识库中的相应实体上，所以目标知识库应该是一个正确无误的知识库或知识图谱。也就是说，这种方法需要一个事先存在的参考知识库或知识图谱。根据消歧过程，基于实体链接的实体消歧过程分为两个步骤：一是候选实体的生成，二是候选实体的链接，其中实体链接又分为基于知识库的实体链接以及基于知识图谱的实体链接。

（1）候选实体的生成

候选实体的生成首先需要给定一个实体指称项，然后根据知识、规则等信息找到实体指称项所对应的候选实体列表。候选实体集合的质量主要由以下两个因素决定：是否包含目标实体（待消歧实体），候选实体的数目。

候选实体生成的方法主要有 3 种：基于词典构建的方法、基于表面形式扩展的候选生成方法以及基于目标库的候选生成方法。

基于词典构建的方法主要针对目标库为维基百科知识库的情况。利用维基百科的页面信息可构建实体指称与实体之间的映射关系，生成指称-实体映射词典，首先通过同义词词典将实体指称映射为规范形式，然后通过歧义词典获得实体指称的初始候选实体集合。

基于字面形式扩展的候选生成方法包括基于启发式的方法和基于监督学习的方法。对于实体指称的缩写形式，通过启发式模式（例如规则）匹配搜索实体指称周围的文本来扩展缩写。例如可将已经被识别的实体看成一个子串，如果实体指称包含一个子串，则该实体为实体指称的扩展形式。基于监督学习的方法需要标记数据，利用标记数据找到候选实体。例如可利用SVM分类器对每个候选缩写扩展输出一个置信得分，将得分最高的扩展实体作为候选实体。

由于目标知识库（例如维基百科、DBpedia 等）包含多种页面数据，可以充分利用消歧页面以及重定向页面的信息生成候选实体。

（2）基于知识库的实体链接

这种实体链接的目标知识库通常为维基百科知识库。最常用的两种候选实体链接方法是局部实体链接和协同实体链接。

局部实体链接通常得到实体指称项以及实体的上下文信息的特征表示，然后计算实体指称以及实体表示的相似度以选出目标实体。局部实体链接方法主要包括传统特征方法和表示学习方法两种。

① 传统特征方法。传统特征方法的核心是如何手工设计有效的特征。可利用词袋模型BOW 、TF-IFD 算法等得到实体指称项和候选实体的向量，并将余弦相似度得分最高的作为候选实体。但这种方法的一个缺点是很难捕获更细粒度的语义信息和结构信息。

② 表示学习方法。表示学习方法的核心是如何获得实体和实体指称项上下文的分布式表示。一般实体的表示比较复杂，通常采用 LSTM、CNN、RNN 等神经网络的方法自动学习实体以及实体指称项的分布式表示。

协同实体链接也称为全局连接方法。这种方法认为一个文档中的实体之间具有一定的关联性，因而在局部链接之上增加了一个全局项（协同策略），综合考虑目标实体之间的一致性，可以提升实体链接的性能。协同实体链接方法包括基于图的方法、基于条件随机场的方法、基于 Pair-Linking 的方法和基于深度学习的方法。

① 基于图的方法。这种方法通常将所有实体指称的候选实体作为图的节点，指称之间的联系作为边的权重，构成图模型，并在此基础上采用消歧算法为实体指称选出一组最有可能的实体组合。基于图的方法对于全局消歧有很好的准确性，但很难与局部方法联合对消歧进行优化。

② 基于条件随机场的方法。基于条件随机场的方法可以很好地与局部方法联合起来，通过在局部注意力机制基础上利用条件随机场来建模全局项以进行消歧。

③ 基于 Pair-Linking 的方法。Par-Linking 算法不考虑所有给定的指称项，而是在决策的每一步迭代地选择置信度最高的一对进行运算，比较适用于多主题的长文档中的实体消歧。

④ 基于深度学习的方法。基于深度学习的方法通过对局部信息以及全局信息进行编码，大大提高了实体消歧效率。例如通过使用 CNN 学习局部上下文、提及、实体、类型信息的语义表征，使用随机漫步网络对文档信息进行学习，结合局部信息和全局信息得到文档中每个提及所对应的正确实体。

（3）基于知识图谱的实体链接

基于知识图谱的实体消歧所使用的候选实体多侧重于从图结构中获取上下文信息，涉及图拓扑结构，根据实体链接过程中涉及的实体信息，包括局部实体链接和协同实体链接两类。其中协同实体链接假设文档中所有实体指称在知识图谱中所对应的目标实体是相关的，将一个文档中的多个指称项一起连接到目标知识图谱中，从而可以提升实体链接的性能。

基于知识图谱的实体链接中的目标知识图谱是结构化的数据形式，实体的邻居节点可作为上下文信息，实体与实体之间的关系也可对链接提供有效帮助，所以这种方法会成为未来实体消歧的主要方向。

6.2.1.3 实体消歧评价指标

实体消歧本质上可以看作是一个分类（分组）任务。所以实体消歧的评价指标与命名实体识别评价指标一样，也包括准确率（P）、召回率（R）和综合指标（F）等三个指标。其计算公式为：

$$P=\frac{\text{正确消歧的实体数}}{\text{消歧的实体数}}\times 100\%$$

$$R=\frac{\text{正确消歧的实体数}}{\text{文本中实体总数}}\times 100\%$$

综合指标 F 是准确率 P 和召回率 R 的组合，表达了实体消歧的综合效果。其计算公式为：

$$F=\frac{1+\beta^2}{\frac{1}{P}+\beta^2\frac{1}{R}}=\frac{(1+\beta^2)PR}{\beta^2 P+R}$$

式中，β 是召回率相对于准确率的相对权重，β 越大，给予召回率的权重越大，如果 $\beta=1$，则：

$$F=\frac{2PR}{P+R}$$

6.2.2 实体消歧实现

目前实体消歧的主流技术是基于实体链接的实体消歧，所以本节以这种方法为例说明实体消歧。完整的实体消歧需要三个步骤：先是命名实体识别，获取所有实体的指称（待消歧的实体名称），然后根据实体指称，访问目标知识库，获取每个指称的候选实体列表，最后根据实体指称的上下文信息获得每个实体指称对应的知识库中唯一的实体 ID。实体消歧过程如图 6-5 所示。

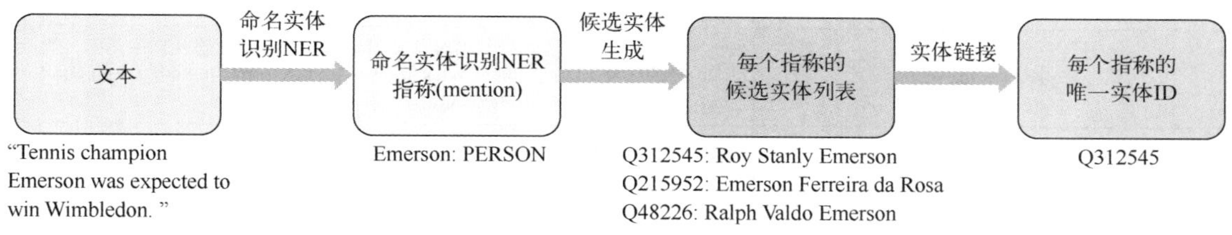

图 6-5 实体消歧过程

上述的三个步骤中，第一个步骤“命名实体识别”我们已经在前面章节“5.1 实体抽取”中讲述过，所以本节重点讲述后面两个步骤的实现。

获取候选实体列表时需要给定一个实体指称项 m 和目标知识库中的实体候选项 $E=\{e_1,e_2,\cdots,e_n\}$，选择与指称项具有最高一致性评分的实体作为其目标实体 ，评分函数为：

$$e = \text{argmax}Score(e,m)$$

这样，$Score(e,m)$的计算成为关键。前面讲过，计算方法包括协同实体链接方法和局部实体链接等方法，使用它需要三个重要参数：

- 指定或创建一个目标知识库，如维基数据（Wikidata）；
- 在给定一个实体指称项的情况下，能够从该知识库中生成合理候选实体列表的函数；
- 在给定一个实体指称项当前上下文信息的情况下，能够从候选实体列表中选择唯一正确候选实体的模型。

本节将使用前面讲的自然语言处理框架 spaCy 实现实体消歧。spaCy 提供的实体链接的功能将实体指称项解析为目标知识库中的一个唯一标识符对应的实体。并且 spaCy 也支持自定义目标知识库，以及训练新的实体链接模型。在 spaCy 中，实体链接组件是 EntityLinker，这是一个基于实体链接技术的实体消歧管道组件。关于 spaCy 的详细内容，请读者参考章节“5.1.4.2SpaCy 概述”中的内容。

表 6-4 说明了实体链接管道组件 EntityLinker 的构造函数及其主要方法。

表 6-4　实体链接组件 EntityLinker

spacy.pipeline.entity_linker.EntityLinker：实体链接管道组件	
EntityLinker(vocab,model,name="entity_linker",labels_discard,n_sents,incl_prior,incl_context,entity_vector_length,get_candidates, get_candidates_batch,generate_empty_kb,overwrite,scorer,use_gold_ents,candidates_batch_size,threshold)	
vocab	必选。类型为 Vocab 的位置参数，指定在 Language 语言模型对象共享的词汇对象
model	必选。类型为 thinc.api.Model 的位置参数，支持管道组件的 Thinc 模型。可设置为 DEFAULT_NEL_MODEL
name	可选。类型为字符串（str）位置参数，指定在训练期间向损失函数添加的组件名称。 默认值为“entity_linker”
labels_discard	必选。设置自动获得预测值为“NIL”的标签值列表。其中“NIL”代表不存在连接。可设置为空的列表[]
n_sents	必选。需要考虑的相邻句子的数量。可设置为 0
incl_prior	必选。设置是否在模型中包含来自知识库的先验概率（布尔值 True/False）
incl_context	必选。设置是否在模型中包含当前上下文信息。（布尔值 True/False）
entity_vector_length	必选。表示知识库中嵌入编码时的向量维度（整型数值）。一般设置为 64
get_candidates	必选。给定一个实体指称项时从知识库中生成合理候选实体的函数，为一个可调研对象，返回值类型为[[KnowledgeBase,Span], Iterable[Candidate]]。可设置为{"@misc": "spacy.CandidateGenerator.v1"}
get_candidates_batch	必选。给定多个实体指称项时从知识库中生成合理候选实体的函数，为一个可调研对象，返回值类型为[[KnowledgeBase, Iterable[Span]], Iterable [Iterable[Candidate]]], Iterable[Candidate]]。可设置为{"@misc": "spacy.Candidate BatchGenerator.v1"}
generate_empty_kb	必选。指定生成空知识库 KnowledgeBase 对象的函数，返回值为[[Vocab, int],KnowledgeBase]。可设置为 spacy.EmptyKB.v2，表示生成一个空的 InMemoryLookupKB
overwrite	可选。是否覆盖当前的标注信息 默认值为 BACKWARD_OVERWRITE，其值为 True
scorer	可选。待消歧的实体指称项与知识库中的候选实体的评分函数。 默认值为 Scorer.score_links

续表

use_gold_ents	必选。设置是否从 Doc 文档中拷贝实体。如果设置为 False，则实体必须在训练数据中设置或由管道中的注释组件设置。可设置为 True
candidates_batch_size	必选。指定候选实体生成时的批量值，即一次生成多少个候选实体（整型值）。可设置为 1
threshold	可选。实体预测时使用的置信度阈值。如果实体预测的置信度小于设置的阈值，则放弃此预测；否则保留。 默认值为 None，表示对实体预测不做任何过滤
EntityLinker 的主要方法	
Token.ent_kb_id	知识库的 ID（哈希值，整型数）
Token.ent_kb_id_	知识库的 ID（字符串）
EntityLinker 的主要方法	
create_optimizer()	创建一个管道组件使用的优化器
initialize()	为训练过程做好准备
pipe()	将管道组件应用于文档流，返回依次处理后的文档流
predict()	对输入文档对象 docs 进行处理，返回每个文档中实体对应的知识库唯一 ID。注意：不会修改输入的文档对象
set_kb()	通过提供一个使用 vocab 的函数创建知识库
set_annotations()	使用预计算的实体 ID 修改文档
update()	从一系列文档和标准规则中学习，并更新管道链接组件
use_params()	使用给定参数值更新管道链接组件
to_disk()	把管道链接组件存储到硬盘中
from_disk()	把管道链接组件导入内存中
to_bytes()	把管道链接组件序列化到一个字节字符串中
from_bytes()	把管道链接组件从字节字符串导入到内存中

下面我们举一个使用实体链接的例子。在这个例子中，我们创建了一个定制的链接管道组件 EntityLinker，通过训练和测试，效果还是不错。重要的是，通过本示例读者可以按照这种方法训练和使用自定义的链接组件，通过实体链接完成定制化的实体消歧。例子中使用了两个数据文件：一个是包含了构建目标知识库实体信息的 entities.csv 文件；另一个是训练实体链接组件"entity_linker"使用的 emerson_annotated_text.jsonl。这个例子主要参考以下网址的项目：https://github.com/explosion/projects/tree/v3。

请看本示例的 Python 代码：

```
# -*- coding: utf-8 -*-

import csv
from pathlib import Path
import spacy  # version 3.5
from spacy.kb import InMemoryLookupKB

#%%
# 创建并初始化语言模型对象 nlp
nlp = spacy.load("en_core_web_lg")

```

```
# 使用 nlp 创建 Doc 对象，并输出其中的命名实体信息
text = "Tennis champion Emerson was expected to win Wimbledon."
doc = nlp(text)
for ent in doc.ents:
    print(f"命名实体 '{ent.text}' 具有标签（类别） '{ent.label_}'")
print("-"*37 + "\n")

#%% 创建知识库
#%%
# 名称“Emerson”可能对应多个人，即同名的人很多。那么这里的“Emerson”到底是哪一个呢？
# 这需要一个包含了所有真正的实体信息的数据库，里面的每一个实体应该都是独一无二的。

# 创建目标知识库
# 这里有一个包含了实体信息的 entities.csv 文件。这个文件应该包含了每个可能需要用到的实体的
# 唯一 ID 号、实体名称、描述等信息。这个例子中，示例文件 entities.csv 只包含了三个实体。
#1 首先导入实体信息，为创建知识库做准备
def load_entities():
    entities_loc = Path.cwd() / "assets" / "entities.csv"

    entity_names = dict()
    entity_desc  = dict()
    with entities_loc.open("r", encoding="utf8") as csvfile:
        csvreader = csv.reader(csvfile, delimiter=",")
        for row in csvreader:
            qid = row[0]
            name = row[1]
            desc = row[2]
            entity_names[qid] = name
            entity_desc[qid]  = desc
    return entity_names, entity_desc
# end of load_entities()...

name_dict, desc_dict = load_entities()
for QID in name_dict.keys():
    print(f"{QID}, 名称={name_dict[QID]}, 描述={desc_dict[QID]}")
print("*"*37 + "\n")

#2 根据导入的实体信息，创建我们自己的目标知识库。
# 创建知识库 InMemoryLookupKB 实例，需要使用 nlp 对象的 vocab 作为共享词汇对象，设定实体向量维度
doc = nlp("test")
entity_vector_length = doc.vector.shape[0] # 获取当前语言模型 nlp 的实体向量长度
kb = InMemoryLookupKB(vocab=nlp.vocab, entity_vector_length=entity_vector_length)

```

```
for qid, desc in desc_dict.items():
    desc_doc = nlp(desc) #
    desc_enc = desc_doc.vector #
    # 这里 freq=234 是人为设定的，应为语料库出现的频率
    kb.add_entity(entity=qid, entity_vector=desc_enc, freq=234)

# 给每个实体名称设置别名或者同义词，首先全名作为一个别名
for qid, name in name_dict.items():
    # 这里 probabilities=[1] --> 100%先验概率 P(entity|alias)
    kb.add_alias(alias=name, entities=[qid], probabilities=[1])

# 针对实体“Emerson”有三个，假设他们 3 个同样有名，即他们的概率相同
qids = name_dict.keys()
probs = [0.3 for qid in qids]
kb.add_alias(alias="Emerson", entities=qids, probabilities=probs)  # sum([probs]) should be <= 1 !
print(f"知识库中的实体: {kb.get_entity_strings()}")
print(f"知识库中的实体别名: {kb.get_alias_strings()}")
print("="*37 + "\n")

# 输出候选实体
print(f"候选实体 for 'Roy Stanley Emerson': {[c.entity_ for c in kb.get_alias_candidates('Roy Stanley Emerson')]}")
print(f"候选实体 for 'Emerson': {[c.entity_ for c in kb.get_alias_candidates('Emerson')]}")
print(f"候选实体 for 'Sofie': {[c.entity_ for c in kb.get_alias_candidates('Sofie')]}")
print("*"*37 + "\n")


#%%
# 把上面创建好的知识库存入硬盘，后面可以导入
import os
output_dir = Path.cwd() / "my_output"
if not os.path.exists(output_dir):
    os.mkdir(output_dir)
kb.to_disk(output_dir / "my_kb")

# 把当前语言对象也存入硬盘
nlp.to_disk(output_dir / "my_nlp")


#%%创建训练数据集，为训练定制的 EntityLinker
#%%
# 训练数据集是标注后的数据集，是为训练连接模型使用的。可以使用任何标注工具实现数据标注
# 这里使用已经标注好的文件 emerson_annotated_text.jsonl。可以用文本工具打开查看其格式
import json
```

```
from pathlib import Path

json_loc = Path.cwd() / "assets" / "emerson_annotated_text.jsonl"
with json_loc.open("r", encoding="utf8") as jsonfile:
    line = jsonfile.readline()
    print(line)   # print just the first line
# 在输出的内容中可以看出，在训练数据集中包括原始句子的文本及其他详细信息。
# 这里最重要的一点是键“accept”的值，这是实体的 ID 号。
print("-"*37 + "\n")


#%% 训练定制的 EntityLinker
#%% 把训练数据集进行格式转换，分成两部分，第一部分是原始句子文本，
#第二部分是一个标注的词典。其中词典定义了待链接的实体("entities")和真正的链接 ("links")
dataset = []
json_loc = Path.cwd() / "assets" / "emerson_annotated_text.jsonl"
with json_loc.open("r", encoding="utf8") as jsonfile:
    for line in jsonfile:
        example = json.loads(line)
        text = example["text"]
        if example["answer"] == "accept":
            QID = example["accept"][0]
            offset = (example["spans"][0]["start"], example["spans"][0]["end"])
            entity_label = example["spans"][0]["label"]
            entities = [(offset[0], offset[1], entity_label)]
            links_dict = {QID: 1.0}
        dataset.append((text, {"links": {offset: links_dict}, "entities":
                        entities}))


#   How many cases of each QID do we have annotated?
gold_ids = []
for text, annot in dataset:
    for span, links_dict in annot["links"].items():
        for link, value in links_dict.items():
            if value:
                gold_ids.append(link)

from collections import Counter
print(Counter(gold_ids))
print("-"*37 + "\n")


#%% 划分训练数据集和测试数据集
#%%
import random

```

```
train_dataset = []  # 训练数据集
test_dataset  = []   # 测试数据集
for QID in qids:
    indices = [i for i, j in enumerate(gold_ids) if j == QID]
    train_dataset.extend(dataset[index] for index in indices[0:8])  # first 8 in training
    test_dataset.extend(dataset[index] for index in indices[8:10])  # last 2 in test
random.shuffle(train_dataset)
random.shuffle(test_dataset)
#%% 在正式训练之前，需要创建 Example 对象，喂入训练过程。
# 一个 Example 对象包含一个文档及其预测（预测目标）。
# 在训练阶段，管道组件将比较它的预测与真实目标（gold-standard）的差距，并不断更新神经网络的权重参数。
from spacy.training import Example
TRAIN_EXAMPLES = []
if "sentencizer" not in nlp.pipe_names:
    nlp.add_pipe("sentencizer")
sentencizer = nlp.get_pipe("sentencizer")
for text, annotation in train_dataset:
    example = Example.from_dict(nlp.make_doc(text), annotation)
    example.reference = sentencizer(example.reference)
    TRAIN_EXAMPLES.append(example)
# 创建实体链接组件 entity_linker 对象，并加入语言模型对象 nlp，并保障参数正确初始化，以便准备训练
# 为此使用 initialize()函数初始化
from spacy.ml.models import load_kb
entity_linker = nlp.add_pipe("entity_linker", config={"incl_prior": False}, last=True)
entity_linker.initialize(get_examples=lambda: TRAIN_EXAMPLES, kb_loader=load_kb(output_dir / "my_kb"))
#%% 下面开始真正的训练阶段（只训练实体链接组件）
from spacy.util import minibatch, compounding
with nlp.select_pipes(enable=["entity_linker"]):    # 只训练实体链接组件(entity_linker)
    optimizer = nlp.resume_training()
    for itn in range(500):  # 做大迭代次数设为 500
        random.shuffle(TRAIN_EXAMPLES)
        batches = minibatch(TRAIN_EXAMPLES, size=compounding(4.0, 32.0, 1.001))
```

```
#增加批量尺寸
        losses = {}
        for batch in batches:
            nlp.update(
                batch,
                drop=0.2,      # 防止过拟合
                losses=losses,
                sgd=optimizer,
            )
        if itn % 50 == 0:
            print(itn, "Losses", losses)   # 输出训练过程中的损失
print(itn, "Losses", losses)
print("="*37 + "\n")

#%% 测试实体链接组件
#%% 使用前面构建的测试数据进行测试
for text, true_annot in test_dataset:
    print(text)
    print(f"Gold annotation: {true_annot}")
    doc = nlp(text)  # 也可以使用 nlp.pipe()
    for ent in doc.ents:
        if ent.text == "Emerson":
            print(f"Prediction: {ent.text}, {ent.label_}, {ent.kb_id_}")
    print()
print("*"*37 + "\n")
```

6.3 指代消解

指代（mention）是一种存在于自然语言表达中常见的语言现象，它能够有效避免同一词语重复出现所造成的语句冗长臃肿、繁琐赘述等问题，但是也因为这种省略造成了表意不明、容易产生歧义等指代不明的问题。指代通常包括回指和共指两种情况。

回指也称为指示性指代，是指当前的回指语（起指向作用的词）与上文出现的词、短语或句子存在密切的语义关联性，指代依存于上下文语义中，在不同的语言环境中可能指代不同的实体，具有非对称性和非传递性。例如语句“会上李明经理表示，他将继续带领大家攻坚克难。”中，“他”是实体“李明”的指代。如图 6-6 所示。

会上李明经理表示，他将继续带领大家攻坚克难。

李明

图 6-6　指代消解示意图

共指也称为同指，是指两个名词(包括代名词、名词短语）指向真实世界中的同一实体，这种指代脱离上下文仍然成立。例如语句“公司经理李明参加了此次会议。”中，“公司经理”和“李明”表示共指关系，两者之间存在等价关系，并同时指向现实世界中的同一个实体。

在指代现象中，涉及两个术语需要掌握：回指语和先行语。

- 回指语：用于指向作用的语言表述称为回指语，或者照应语、指代语（Anaphor）。例如上面例句中的“他”，通常可以是代词、别名、缩略语、省略语等。
- 先行语：被指向的语言表述（具体的实体）称为先行语，或者先行词（Antecedent）。例如上面例句中的“李明”，通常就是具体的实体。

确定回指语所指的先行语的过程就是指代消解（coreference resolution）。在知识图谱构建过程中，实体的指代消解中常见的指代（指称）包括人称代词（你、我、他等）、指示代词（这、这个、其他等）。而实体指代消解的目标就是解决“指代不明”的现象，使计算机能够更好地理解文本含义，以及进行后续的语义分析和图谱推理。

6.3.1 指代消解技术

指代作为一种常见的语言现象，对指代消解的研究历史悠久。早期的方法侧重于从理论上进行探索，运用大量手工构建的语言甚至领域知识进行指代消解。近年来，由于自然语言处理技术 NLP 的发展以及各类应用对指代消解技术的需求越来越迫切，人们转向了基于深层语言知识的方法，特别是结构化句法信息和语义信息方面的研究，侧重于实用的自动指代消解技术的研究开发。

一般来说，指代消解主要有两个步骤。第一步是指代识别（mention detection），即找出句子中所有的指代，这一步相对简单；第二步才是进行真正的指代消解，这一步实现相对困难，目前的工作也聚焦这一方面。其中指代识别阶段尽量保留所有找到的可能是指代的词，参与后期的指代消解。如果一个指代没有找到它的共同指代（coreference），则说明这个指代是孤立的（singleton mention），则表示不是指代的词，直接舍弃。而在此基础上的指代消解方法主要包括基于规则的指代消解和基于学习的指代消解。

6.3.1.1 基于规则的指代消解

基于规则的指代消解可划分为基于句法结构的方法、基于语篇结构的方法和基于突显性计算的方法等 3 个子类。

（1）基于句法结构的方法

该种方法是 1976 年由 Hobbs 提出的朴素算法，所以也称为 Hobbs 算法。该算法的基本流程为：先对文本进行句法分析，构建出文本的句法分析树。之后先固定一个回指语，然后在句法分析树上从回指语节点开始按照一系列规则进行反复回溯和广度优先遍历，直至找到先行语。

（2）基于语篇结构的方法

基于语篇结构方法的理论基础是 Grosz 等人提出的局部篇章连贯性理论，即中心理论（Center Theory）。该理论主要关注篇章结构中的焦点转移、表述形式选择以及话语一致性等问题。它的主要目标是跟踪句子中实体的焦点变化。由于共指消解中所研究的代词消解问题往往就是寻找代词所指向的某个焦点实体，因此，中心理论一经提出便常用于代词消解研究。

Brennan 等学者提出了一种基于中心理论的代词消解算法，即 BFP 算法（以提出该算法的 3 位作者 Brennan、Friedman 和 Pollard 的首字母命名），其能够用来寻找给定句子中代词所指向的先行语，具体流程为:顺序遍历所有可能的候选先行语，选择能够同时满足词汇句法（Morphosyntactic）、约束（Binding）和类型标准（Sortal criteria）的那个表述作为先行语。

（3）基于突显性计算的方法

Lappin 和 Leass 等学者提出的 RAP（Resolution of A.naphora Procedure）算法采用句法信息来识别第三人称代词和具有反身特征与共指特征的先行语。其基本原理是先通过槽位文法（Slot Grammar）进行句子分析，再使用句法知识计算候选先行语的突显性，最后选择突显性打分最高的作为先行语。

6.3.1.2 基于学习的指代消解

基于机器学习的指代消解的核心在于距离准则的学习（distance metric learning）。这里的“距离”既可以是表述对之间的距离，也可以是实体与表述之间的距离，不同的定义方式与相应的消解粒度以及解决问题的框架有关。根据采用机器学习的算法不同，又分为有监督的学习模型和无监督的学习模型。两者的差别就在于学习“距离”准则时是否有训练数据的参与。

（1）有监督学习指代消解

① 表述对方法。表述对（mention pair）方法，也称为指代对方法，把指代消解问题转化为一个二分类问题，这是一种使用机器学习解决指代消解的方法。该方法对任意两个指代作出判断，即这两个指代是否指向同一个实体。例如，对于任意两个指代（指代对），通过训练一个二分类器（可以是决策树、SVM 等）预测它们是同一类指代的概率，使得正样本预测概率接近 1，而负样本预测概率接近 0。

② 表述排序方法。表述排序（mention ranking）方法，也称为指代等级方法，对每个指代与前面所有指代打分，用 softmax 归一化，找出概率最大的先行词，添加一条连边。注意需要添加一个 NA 节点，因为有的指代可能第一次出现，前面没有先行词，或者这个指代根本就不是一个真正的指代。

（2）无监督学习指代消解

无监督学习模型克服了有监督学习模型中需要大量人工标注训练语料的问题。作为篇章级别的自然语言处理任务，指代消解的标注工作的复杂性要远远大于句子级别的词性标注（POS Tagging）、命名实体识别（NER）以及句法分析（Parsing）等任务，所以无监督学习的指代消解能够大大提升消解的效率。

无监督学习指代消解通常使用特征向量来刻画每个表述（指代），然后采用层次凝聚聚类 HAC（Hierarchical Agglomerative Clustering）来对这些表述进行迭代式合并，或者使用非参数贝叶斯模型完成指代消解。

6.3.1.3 指代消解评价指标

指代消解本质上也可以看作是一个分类（分组）任务。所以指代消解的评价指标与命名实体识别评价指标一样，也包括准确率（P）、召回率（R）和综合指标（F）等三个指标。其计算公式为：

$$P=\frac{\text{正确消解的实体数}}{\text{消解的实体数}}\times 100\%$$

$$R=\frac{\text{正确消解的实体数}}{\text{文本中实体总数}}\times 100\%$$

综合指标 F 是准确率 P 和召回率 R 的组合，表达了指代消解的综合效果。其计算公式为：

$$F=\frac{1+\beta^2}{\frac{1}{P}+\beta^2\frac{1}{R}}=\frac{(1+\beta^2)PR}{\beta^2 P+R}$$

式中，β 是召回率相对于准确率的相对权重。β 越大，给予召回率的权重越大。如果 $\beta=1$，则：

$$F=\frac{2PR}{P+R}$$

此时，F 为准确率和召回率的调和平均数。

命名实体识别任务的评价指标请参见章节“5.1.4.1.2 命名实体识别评价指标”。

6.3.2 指代消解实现

与前面介绍的实体对齐和实体消歧相比，指代消解的实现要困难得多，因为它需要对文本的上下文进行深入理解，并处理复杂的指代关系，特别是中文的指代消解。所以，目前很多自然语言工具集唯独缺少中文的指代消解功能。不过，随着自然语言处理技术的不断进步和新的方法的不断涌现，指代消解任务的实现难度也在逐渐降低。未来，随着技术的进一步发展，特别是大语言模型技术的应用，有望看到更加高效、准确的指代消解方法的出现。

现在经常用到的开源指代消解工具主要有斯坦福大学的 CoreNLP（Stanford CoreNLP）、NeuralCoref 等工具。其中斯坦福的 CoreNLP 一定程度上支持中文指代消解，但是效果却差强人意；而 NeuralCoref 是对 SpaCy 管道模型（pipeline）的扩展，它使用神经网络标注和解析共指聚类，可惜的是暂不支持中文的指代消解。实际上，目前 SpaCy 本身也在开发指代消解的模型，并已经有部分试验阶段的成果出现，相信很快也会推出中文的指代消解功能。具体请参见网址：https://github.com/explosion/spacy-experimental。

本节以将以 NeuralCoref 为例说明如何实现指代消解（英文）。NeuralCoref 是一个可立即使用的，并与 SpaCy 集成在一起的预训练模型。它由两个子模块组成：

- 基于规则的指代探测模块。该模块使用 SpaCy 的标记组件、解析组件和命名实体识别组件来识别一组潜在的指代。
- 前馈神经网络。该模块实现对每对潜在的指代计算共指得分。

NeuralCoref 的 GitHub 地址如下：https://github.com/huggingface/neuralcoref。

（1）NeuralCoref 安装

由于 NeuralCoref 是 SpaCy 管道模型的扩展，所以使用 NeuralCoref 需要首先安装 SpaCy。关于 SpaCy 的安装，请参考章节“5.1.4.3spaCy 安装和使用”。NeuralCoref 的安装命令如下：

```
pip install neuralcoref
```

注意：安装 NeuralCoref 需要微软 Visual C++ 14.0 相关组件。请到如下地址下载组件安装程序：https://visualstudio.microsoft.com/visual-cpp-build-tools/。

运行安装程序后，安装图 6-7 所示选择项，然后点击“修改”进行安装。

图 6-7　安装 Visual C++ 14.0 相关组件相关组件

上述安装方式将从网络上下载 NeuralCoref 的源码并使用 Visual C++组件进行编译。如果按照这种方式安装还是出现问题，可采用直接下载 whl 文件进行安装。这种方式可跳过编译，直接安装。下载NeuralCoref的whl文件地址为：https://github.com/huggingface/neuralcoref/releases。

在上述地址，选择合适的文件。这里下载了 neuralcoref-4.0-cp35-cp35m-win_amd64.whl。则安装命令为：

```
pip install neuralcoref-4.0-cp35-cp35m-win_amd64.whl
```

第一次使用 NeuralCoref 时，它会将神经网络模型的权重参数缓存到目录“~/.neuralcoref_cache”中，即在系统盘（一般为 C 盘）当前用户目录下的子目录“.neuralcoref_cache”中。但是可以通过设置系统环境变量“NEURALCOREF_CACHE”来重新指向保存权重系数的目录。

（2）使用 NeuralCoref 实现指代消解

NeuralCoref 对指代消解的处理结果以 SpaCy 中的 Doc、Span 和 Token 对象的扩展属性形式返回。也就是说需要通过“Doc._.”” 等方式访问结果（词典类型）。在使用 NeuralCoref 时需要明确两个概念：

- NeuralCoref 的指称

NeuralCoref 的指称实际上就是一个 SpaCy 的 Span 对象，所以对 Span 对象的访问操作完全适用于 NeuralCoref 的指称。

- NeuralCoref 的簇（cluster）

NeuralCoref 的簇表示指代名称的分组，它包括 mentions、main 等属性和__getitem__等方法，用于访问簇的内容。

下面我们举一个使用 NeuralCoref 的例子。在这个例子中，展示了指代消解的过程以及指称项和簇的使用方法。本例来源于 NeuralCoref 在 GitHub 的项目。

```
# -*- coding: utf-8 -*-

# https://github.com/huggingface/neuralcoref

import spacy
import neuralcoref
nlp = spacy.load('en')
neuralcoref.add_to_pipe(nlp)

doc = nlp(u'My sister has a dog. She loves him')

doc._.coref_clusters
doc._.coref_clusters[1].mentions
doc._.coref_clusters[1].mentions[-1]
doc._.coref_clusters[1].mentions[-1]._.coref_cluster.main

token = doc[-1]
token._.in_coref
token._.coref_clusters

span = doc[-1:]
span._.is_coref
span._.coref_cluster.main
span._.coref_cluster.main._.coref_cluster

```

6.4 本章小结

本章对构建知识图谱过程中的知识融合进行了讲述，重点讲述了实体对齐、实体消歧和指代消解等三个关键任务。知识融合是知识治理的核心工作，是优化知识、提高图谱质量的关键步骤。

实体对齐是指判断并解决不同数据来源的实体是否指向领域中的同一个实体的情况，也称为实体匹配。实际上，实体对齐本质上是一个去重的工作，在数据治理等中也有很多的应用场景。通过实体对齐，对它们所包含的信息进行整合，形成这个实体完整的信息融合，为后续任务提供更全面的知识表示。实体对齐消除了“多词一义”的语言现象（多对一）。

实体消歧是指将一个可具有多种含义的指称项根据上下文信息映射（对应）到一个无歧

义实体的过程，也称为语义消歧。实体消歧技术按照有无目标知识库可划分为基于无监督的聚类实体消歧方法（无目标知识库或目标知识图谱）和基于实体链接的实体消歧方法（有目标知识库或知识图谱）等两类。

指代消解是确定回指语所指的先行语的过程。实体的指代消解中常见的指代（指称）包括人称代词（你、我、他等）、指示代词（这、这个、其他等）。指代消解主要包括指代识别和消解指代名称两个步骤。指代消解解决了“指代不明”的现象，使计算机能够更好地理解文本含义，以及进行后续的语义分析和图谱推理。

7 知识存储–高效访问

知识存储是将知识进行组织、管理和存储，以便于应用的过程。通过知识获取和知识融合处理之后的知识集合（三元组）需要通过存储和计算才能充分发挥知识的价值，实现赋能应用。

7.1 知识存储概述

目前知识集合的存储形式主要包括传统关系型数据库存储、RDF 图数据库存储和属性图数据库存储等 3 种。其中后面两种属于两类不同的图数据库。

（1）关系型数据库存储

使用传统的关系型数库进行知识存储是最简单，也是最原始的一种方式。关系型数据库把知识三元组保存在数据库表中，以表的形式进行保存。由于知识图谱本质上是由众多知识三元组组成的，所以使用二维表来保存知识三元组的内容是最简单直接的方式。然后我们就可以通过 SQL 语句对数据库中的知识进行增删改查的操作。常见的关系型数据库包括 MySQL、PostgreSQL、Oracle 等。

虽然这种方式使用简单明了，但是其缺点也是显而易见的。如果存储的三元组知识数量庞大，或者存储的表比较单一，势必会造成数据的增删改查代价过大，关联查询效率过于低下，进而会影响知识图谱的使用价值。所以，使用关系型数据库进行知识存储通常用于演示等非生产环境中。

（2）RDF 图数据库存储

RDF 图数据库，即资源描述框架图(RDF Graphs)数据库，是针对三元组而设计的一类图数据库，所以也称为三元组数据库。RDF 图数据库将 RDF 数据集的三元组抽象为图的形式存储数据，具有图结构的描述直观、语义表达能力强和易于共享发布数据的特点，并且通过六重索引（SPO、SOP、PSO、POS、OSP、OPS）的方式缓解了搜索效率的问题。RDF 图数据库支持标准的图查询语言 SPARQL。

RDF 图数据库模型主要是由节点和边两部分组成的：

节点对应图结构中的顶点，可以是具有唯一标识符的资源，也可以是字符串、整数等有值的内容。

边是节点之间的定向链接，也称为谓词或属性。边的入节点称为主语，出节点称为宾语，由一条边连接的两个节点形成一个主语-谓词-宾语的陈述，即三元组。边是定向的，它们可以在任何方向上导航和查询。

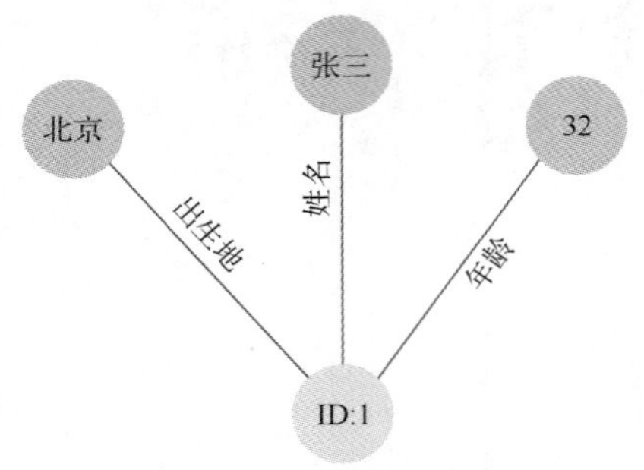

图 7-1　RDF 图数据模型示例

RDF 图数据模型示例如图 7-1 所示。

在 RDF 图中每增加一条信息，都要用一个单独的节点表示。比如，如果需要对节点“人”添加属性“姓名”，则必须添加单独的一个名字节点，并用 hasName 与原始节点（通常为唯一表示这个实体的 ID）相连。也就是说，在 RDF 图结构模型中所有的信息都是节点，无论是属性“张三”这个名称，还是实体“张三”这个人，他们都需要用节点来表示。所以，RDF 图模型中的节点和边上没有属性，只有一个资源描述符，这是 RDF 图与属性图模型之间最根本的区别。虽然 RDF 图的优点是图结构描述直观、语义表达能力强和易于共享发布数据，但是缺点是设计不灵活、占用存储空间大和查询搜索效率低。目前学术界主要开源的 RDF 图数据库包括 Jena、RDF4J、DGraph 和 gStore 等。

（3）属性图数据库存储

属性图数据库在结构上与 RDF 图数据库相似，但是除了节点和边之外，属性图还有标签（类别）和属性。每个实体作为一个节点，两个节点之间的关系作为边，这样知识图谱在内部组织上就是一张网状的图结构。与 RDF 图模型不同的是，在属性图模型中每个节点（实体）和边（关系）是具有属性的。所以，属性图模型比 RDF 图简洁紧凑，信息容量更大。示例如图 7-2 所示。

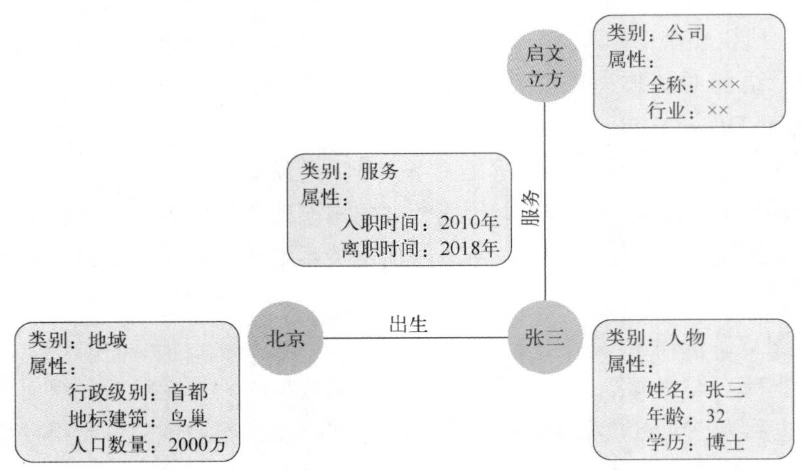

图 7-2　属性图数据模型示例

属性图数据库是目前主流的知识图谱存储和计算引擎。目前有很多属性图数据库，例如 Neo4j、JanusGraph、Giraph、TigerGraph、OrientDB、InfiniteGraph 等等，国内的百度、腾讯、阿里等公司也推出了各具特色的图数据库。在构建知识图谱系统时，需要综合考虑数据规模、查询性能、扩展性、社区支持以及成本等多方面因素，从而选择出合适的图数据库。与关系型数据库相比，图数据库善于处理大量复杂的、相互连接的低结构化的数据，这些数据变化迅速，需要频繁地查询，而在关系型数据库中，这样的查询会导致大量的多表连接，极大地影响查询性能，所以在生产环境中一般都选用 RDF 图数据库或者属性图数据库。

鉴于 Neo4j 使用的广泛性和生态的完整性，本书选择 Neo4j 作为构建知识图谱的图数据库。后面的内容我们将以属性图数据库 Neo4j 讲解为主。除非特殊说明，后面的内容中提到的图数据库均指属性图数据库。

7.2 图数据库 Neo4j

Neo4j 是美国 Neo4j 公司（https://neo4j.com/）使用 Java 开发的、完全支持事务的属性图数据库（Neo4j 中的字母 j 表示 Java），根据 2024 年 1 月份 DB-Engines 对图数据库的排名，Neo4j 排名第一（图 7-3 所示），它是目前使用最广、用户最多的图数据库（https://db-engines.com/en/ranking/graph+dbms）。

☐ include secondary database models　　41 systems in ranking, January 2024

Rank Jan 2024	Rank Dec 2023	Rank Jan 2023	DBMS	Database Model	Score Jan 2024	Score Dec 2023	Score Jan 2023
1.	1.	1.	Neo4j	Graph	48.18	-1.81	-7.66
2.	2.	2.	Microsoft Azure Cosmos DB	Multi-model	33.47	-1.07	-4.49
3.	3.	3.	Aerospike	Multi-model	6.76	-0.42	+0.28
4.	4.	4.	Virtuoso	Multi-model	5.08	-0.19	-0.80
5.	5.	5.	ArangoDB	Multi-model	4.35	-0.08	-0.73
6.	6.	6.	OrientDB	Multi-model	4.20	+0.10	-0.28
7.	7.	↑18.	Memgraph	Graph	3.15	-0.03	+1.83
8.	↑9.	↓7.	Amazon Neptune	Multi-model	2.87	+0.11	+0.07
9.	↑10.	↑15.	NebulaGraph	Graph	2.80	+0.13	+1.29
10.	↓8.	↓9.	GraphDB	Multi-model	2.73	-0.05	+0.20
11.	11.	↓8.	JanusGraph	Graph	2.51	+0.21	-0.13
12.	12.	↑13.	Stardog	Multi-model	2.19	-0.08	+0.58
13.	↑14.	↓10.	TigerGraph	Graph	2.00	+0.04	-0.20
14.	↑15.	↓12.	Fauna	Multi-model	1.96	+0.20	+0.19
15.	↓13.	↓11.	Dgraph	Graph	1.89	-0.11	+0.09
16.	16.	↓14.	Giraph	Graph	1.46	-0.26	-0.08
17.	17.	↓16.	AllegroGraph	Multi-model	1.27	+0.09	-0.11
18.	↑20.	↑23.	SurrealDB	Multi-model	1.20	+0.21	+0.74
19.	19.	↓17.	TypeDB	Multi-model	1.17	+0.11	-0.17
20.	↓18.	↓19.	Blazegraph	Multi-model	0.91	-0.18	-0.22

图 7-3　DB-Engines 对图数据库的排名（2024.01）

Neo4j 的社区版是开源的（GPLv3 协议），企业版从 V3.5 版开始实行闭源。它的以下特点使得 Neo4j 成为目前最受欢迎的图数据库。

Neo4j 提供的 Cypher 查询语言可以实现事半功倍的效果：同样的查询可以比 SQL 代码少 10 倍。Neo4j 运营着世界上最大的图开发者社区，使项目能够在更短的时间内以更低的风险交付更多。

与其他关系型数据库、RDF 图数据库等相比，在 Neo4j 上可以在几毫秒内实现在其他数据库上需要几秒、几分钟甚至几小时的查询，使用户能够在不影响性能或数据完整性的情况下实现高效扩展。

灵活的模式使 Neo4j 能够快速、无中断地适应不断发展的业务，以更少的时间、更低的风险交付更多。

与其他关系型数据库、RDF 图数据库等相比，在实现相同性能的条件下，Neo4j 所需硬件可以缩减至 1/10，从而能够显著提升投资回报率，缩减总体成本。

图数据科学 GDS（Graph Data Science）是业界第一个图机器学习工具集，包含了 6 大类 50 个算法，具有高度并行化和可大规模扩展的架构。

Neo4j 企业版支持集群部署，并且完整支持事务，即满足 ACID（原子性 Atomicity，一致性 Consistency，隔离性 Isolation 和持久性 Durability）性质。

Neo4j 官方支持 Java、.Net、JavaScript、Go、Python，同时开发者社区也提供了 PHP、Ruby、R、Erlang、Clojure、C/C++等语言。

Neo4j 最初只是一个图数据库，但是现在已经发展成为一个拥有众多工具、应用程序和库的生态系统，允许用户将图技术与各种应用进行无缝集成。如图 7-4 所示。

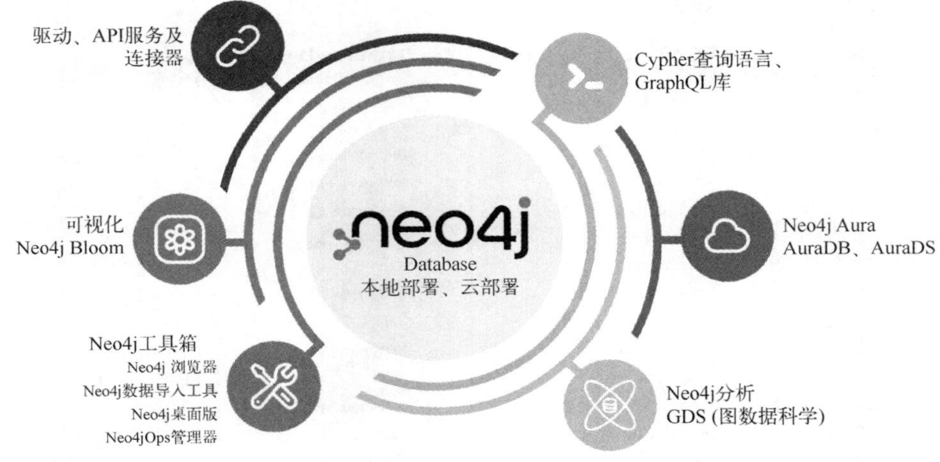

图 7-4 Neo4j 的生态系统

Neo4j 同时提供了开源免费的社区版、商业应用的企业版以及免费的桌面版。

（1）Neo4j 社区版（Neo4j Community）

Neo4j 社区版是完全开源的 Java 软件项目，遵从 GPL V3 开源协议。其包含 Neo4j 原生图数据库引擎、Cypher 分析编译器、存储管理、Neo4j Browser、cypher-shell 命令行工具等。由于 Neo4j 是纯 Java 系统，所以可以跨平台运行。

（2）Neo4j 企业版（Neo4j Enterprise）

Neo4j 企业版是商业化的图数据库系统。与社区版相比有以下特点：

支持图数据库集群(因果集群)，提供高可用性和数据冗余；

支持对超大规模数据存储的支持，例如可超过 340 亿节点和 340 亿边；

支持对更多 CPU 内核的查询执行优化；

提供在线备份等 DBA 功能；

支持其他组件，例如可视化和交互式探索工具 Bloom 等。

Neo4j 的开源版和企业版在每次版本更新中同时发布。

（3）Neo4j 桌面版（Neo4j Desktop）

桌面版实际上是 Neo4j 生态中的一个工具，也是一个 Neo4j 的本地开发环境，可以安装在 Windows 或 Mac 个人计算机上。这个版本包含了作为开发者所需的功能组件，甚至提供了可视化工具 Bloom，不仅能够创建本地图数据库，还可以连接远程图数据库。但是由于其性能等原因，不适合生产环境。

7.2.1 Windows 下安装

由于 Neo4j 是使用 Java 开发的系统，所以它天然支持跨平台运行。本书只针对 Windows 环境下的安装部署和应用做简单的介绍。在 Linux 等其他环境下的安装简单，这里从略。

7.2.1.1 安装条件

Neo4j 可以安装在 x86_64 或 ARM 架构的物理、虚拟或容器化平台上。对个人开发者或演示系统来说，建议安装 Neo4j 桌面版（Neo4j Desktop）。它可以安装在 Windows 10 或 11 中，需要 Oracle JDK 17 或者 Zulu JDK 17 及以上版本；对于生产环境下的业务系统来说，需要安装服务器端，这时需要 Windows Server 2016、2019 或 2022，以及 Oracle JDK 17 或者 Zulu JDK 17 及以上版本。

另外，不同版本的 Neo4j 运行时需要的 Java 虚拟机 JVM（Java Virtual Machine）有所不同，表 7-1 为所需 JVM 的最小要求（目前最新版本为 5.15.0）。

表 7-1　Neo4j 所需 JVM 的最小要求

Neo4j 版本	JVM
3.x	Java SE 8
4.x	Java SE 11
5.x	Java SE 17
5.14 及以上	Java SE 17 或 Java SE 21

7.2.1.2 安装部署

Neo4j 的安装部署步骤如下。

（1）下载 Neo4j

在下载中心 https://neo4j.com/deployment-center/ 选择版本和安装环境，下载所需的 Neo4j 版本，这里选择社区版（Community）下的“Windows Executable”的安装模式包“neo4j-community-5.15.0-windows.zip”。文件中的 5.15.0 表示 Neo4j 的版本号。

（2）解压下载内容

把下载的 zip 文件中的内容解压到指定的目录下，例如“d:\neo4j\”。解压中，目录“d:\neo4j\”下的内容应该如图 7-5 所示。

此电脑 > Data (D:) > neo4j

排序 查看 ···

名称	修改日期	类型	大小
bin	2024/1/16 16:30	文件夹	
certificates	2023/12/4 21:36	文件夹	
conf	2024/1/16 16:30	文件夹	
data	2024/1/16 16:30	文件夹	
import	2023/12/4 21:36	文件夹	
labs	2024/1/16 16:30	文件夹	
lib	2024/1/16 16:30	文件夹	
licenses	2023/12/4 21:36	文件夹	
logs	2023/12/4 21:36	文件夹	
plugins	2024/1/16 16:30	文件夹	
run	2023/12/4 21:36	文件夹	
LICENSE.txt	2023/12/4 21:36	文本文档	36 KB
LICENSES.txt	2023/12/4 21:36	文本文档	99 KB
neo4j.cer	2023/12/15 19:05	安全证书	2 KB
NOTICE.txt	2023/12/4 21:36	文本文档	11 KB
packaging_info	2023/12/4 21:36	文件	1 KB
README.txt	2023/12/4 21:36	文本文档	2 KB
UPGRADE.txt	2023/12/4 21:36	文本文档	1 KB

图 7-5　Neo4j 目录下内容

（3）设置系统环境变量 NEO4J_HOME

然后在系统“环境变量”中添加环境设置“NEO4J_HOME”，并设置：NEO4J_HOME= d:\neo4j\。同时在系统环境变量“Path”中配置添加：%NEO4J_HOME%\bin。

（4）运行 Neo4j

在控制台窗口中，进入“<NEO4J_HOME>\bin\”目录，运行 neo4j.bat 命令启动 Neo4j。命令格式如下：

```
neo4j.bat console
或者
neo4j console
```

然后在浏览器中可以通过 http://localhost:7474 访问。浏览器访问端口默认为 7474，用户可通过修改配置文件<NEO4J_HOME>\conf\neo4j.conf 进行重新设置。

（5）修改默认账户信息

初次安装运行时，访问的用户名和密码默认均为“neo4j”。登陆访问后，系统会要求修改账户信息，然后重新设置即可。

（6）停止运行 Neo4j

在控制台窗口中，键入“Ctrl+C”即可停止 Neo4j。

Neo4j 除了可以按照上述方式运行外，还支持作为 Windows 的系统服务运行。首先运行以下命令安装服务：

```
<NEO4J_HOME>\bin\neo4j windows-service install
```

然后，运行如下命令作为服务运行：

```
<NEO4J_HOME>\bin\neo4j start
```

停止服务运行命令：

```
<NEO4J_HOME>\bin\neo4j stop
```

7.2.2 Neo4j 基础知识

Neo4j 为使用者提供了方便的、导航式图形化的操作界面。本节以 Neo4j 桌面版为例，重点讲解 Neo4j 中的关键术语和核心概念，以及 Cypher 图查询语言的使用，不对具体操作进行详细的讲解。

7.2.2.1 Neo4j 桌面版概述

桌面版启动后界面如图 7-6 所示。

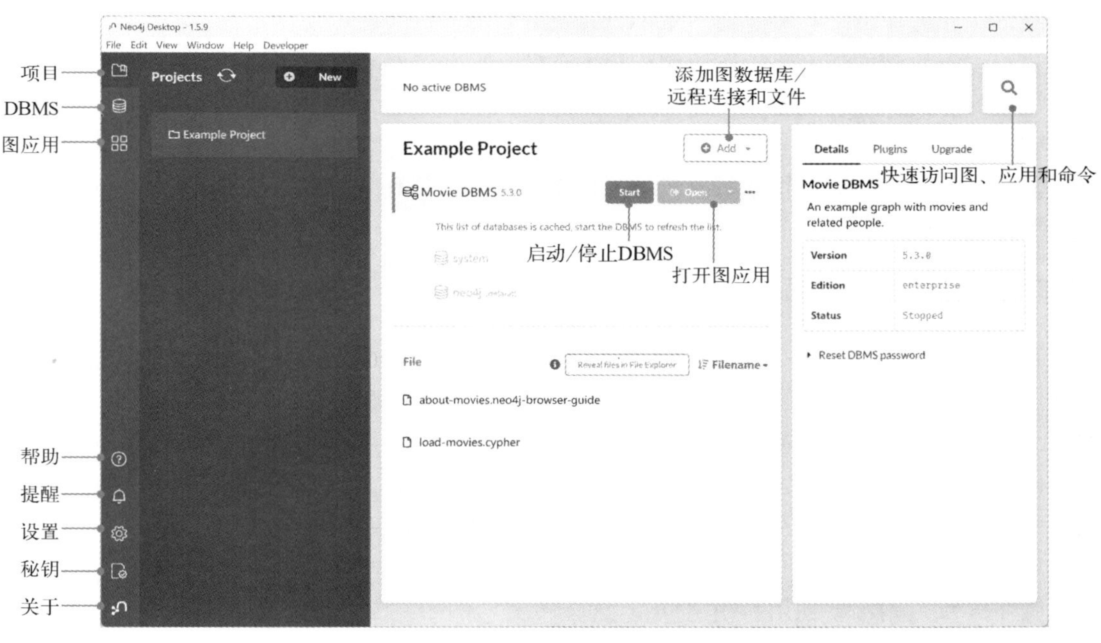

图 7-6 Neo4j 桌面版

桌面版的布局非常人性化，使用比较容易。不过有几个概念是需要使用者掌握的，包括项目、数据库管理系统 DBMS、插件、图应用等等。

（1）项目（Project）

一个项目实际上对应着硬盘上的一个目录。在一个项目中可以创建一个或多个本地图数据库管理系统 DBMS（database management system）的连接、远程图数据库管理系统 DBMS 的连接以及项目内需要的各种文档资料。桌面版提供了方便的 DBMS 和文件的管理方式，例如在不同的项目之间通过拖拽方式实现 DBMS 和文件的转移。但是，某一时刻只能有一个项目处于当前活动状态。

一个项目的创建有四种方式：

① 从头开始创建一个空的项目，然后可以设置项目名称、添加 DMMS 等元素；

② 基于一个已经存在的目录创建，并把目录中内容作为项目元素；

③ 从归档（tar、gz、zip）文档中导入项目；

④ 从 GitHub 上 Neo4j Graph 官方示例存储库中导入示例项目。

（2）数据库管理系统 DBMS

一个数据库管理系统 DBMS 是一个 Neo4j 服务器的实例（instance），它至少包含一个系统数据库和一个默认数据库。其中，系统数据库（名称为 system）保存了 DBMS 中数据库的元数据，包括相关的安全模型，它不能被删除；默认数据库名称为 neo4j，但可以将其重新命名，或者指定其他图数据库作为默认数据库。一个 DBMS 可以包含多个图数据库，这非常类似于关系型数据库 MySQL 的管理方式。在桌面版中，还提供了增强 DBMS 功能的多个插件，包括 APOC、GDS、GraphQL 等。

（3）图应用（Graph Apps）

桌面版预置了 Neo4j 浏览器（Neo4j browser）、Bloom（图可视化工具）和 ETL 应用等工具，也可以通过搜索 Neo4j 的图应用程序库（Graph Apps Gallery）选择、下载满足特定需求的应用程序，例如导入关系型数据库中的数据应用、查询日志分析工具等等。

（4）相关文件（Files）

除了管理本地和远程图数据库外，项目中还可以添加任何文件或其它目录。例如 Cypher 文件、数据库转储文件（dump 文件）等等。

7.2.2.2 Neo4j 对象命名规则

在 Neo4j 图数据库中，各种对象的命名都必须遵循一定的规则，这样才能保证 Cypher 语言的顺利执行。这些对象包括节点标签、关系类型、属性名称、变量、索引以及各种约束。对象名称是由以下各种不同的字符（characters）组成的，且其长度不能超过 65534 个字符。

对象名称必须以字母字符开头。由于 Neo4j 支持 UNICODE 编码，所以字母字符除了英语中的字符外，也包括各种非英语的字符，例如汉语中的汉字。

对象名称不能以数字开头，例如名称不能为 2Names 等等。如果某些特殊情况下，必须要以数字开头，则需要使用反引号（`）进行转义。例如：`2Names`是一个合法的名称 。注意：是把整个名称使用一对反引号包括起来。

对象名称中不能包含各种符号，但是下划线（_）除外 ，例如 my_var 是可以的，但是 ^name 是不可以的。另外，对象名称也不能以字符“$”开头，因为在 Cypher 中，以“$”开头的对象名称表示一个参数，例如$myParam。

同数字字符一样，如果某些特殊情况下，必须要以符号字符开头，则需要使用反引号（`）进行转义。例如：`^name`是一个合法的名称 ，或者`$$n`也是可以的。

对象名称的先导和结尾的空白字符将会被自动删除，不会成为名称的一部分。同数字字符一样，如果某些特殊情况下，确实需要先导或结尾的空白字符，同样需要使用反引号（`）进行转义。例如：`my variable has spaces`是一个合法的名称。

在 Cypher 中，对象名称是大小写敏感的，这一点与 SQL 语言不同。在 SQL 语言中，名称的大小写是不敏感的，而在 Cypher 语言中，“:PERSON”“:Person”“:person”代表三个不同的标签名称，而“n”和“N”则代表两个不同的变量名称。

注意：图数据库名称的命名是一个例外。图数据库名称中可以包含一个或多个逗点符号，而无需进行转义。例如，一个图数据库名称可以为：foo.bar.baz。另外，虽然节点的标签、关系类型和属性名称可以同名，但是一般不建议出现这种情况。通常来说，对于节点标签的名称，建议采用驼峰命名法，即每个单词以大写字母开头，单词之间没有分割符，例如“:VehicleOwner”；对于节点之间的关系类型名称，建议采用全部大写字母，单词之间使用下划线（_）进行分割，例如“:OWNS_VEHICLE”。

7.2.2.3 Cypher 核心概念

Cypher 是用户与 Neo4j 交互的主要接口，提供了对图数据的各种 CRUD 操作（创建 Create、读取 Read、更新 Update 和删除 Delete）。这是一种声明式图查询语言，相当于关系型数据库中的 SQL，其设计理念与 SQL 的设计理念类似，也是让使用者专注于从图数据库中查询什么，而不是考虑如何实现查询。它提供了一种寻找（匹配）特定模式和关系的可视化方式（使用字符描绘节点间的关系，也称为 ASCII-art 可视化方式 ），最大程度地让用户发挥图数据的价值。Cypher 语言的基本语法格式如下：

(nodes) -[:CONNECT_TO]-> (otherNodes)

其中，一对圆括号“()”用于表示节点，而“-[:CONNECT_TO]->”或者“<-[:CONNECT_TO]-”用于表示关系，箭头表示关系的方向 。所以，在 Neo4j 图数据库中有三个核心实体概念：节点（node）、关系（relation 或 relationship）和路径（path） 。如图 7-7 所示。

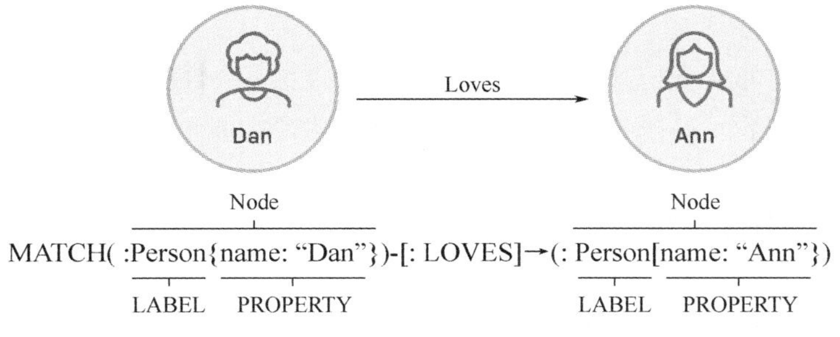

图 7-7 Neo4j 图数据库核心组成

（1）节点

Neo4j 中的节点代表着数据实体。一个节点具有如下特性：

① 节点需要打标，其标签（label）表示实体的角色（实体类型），例如：人员（Person）。注意：一个节点可以有多个标签，就像一个人（实体）可以有多种角色一样；

② 节点可以有任意数量的键值对（key-value）表示的属性，例如：“name”：“张三”；

③ 节点标签可以附加索引或约束，从而为节点增加元数据信息；

④ 节点可以具有任何数量或类型的关系，但不会影响图遍历的性能。

在 Cypher 语言中使用一对圆括号()表示匹配特定模式的节点。例如下面的 Cypher 代码：

```
MATCH (n:Person {name:'Anna'})
RETURN n.born AS birthYear
```

这段代码中体现了如下信息：

① 一个“Person”标签（label）：表示节点的类型，并且一个节点可以有多个标签，例如一个节点可以有“Person”“Actor”等标签；

② 一个“name”属性（property）：属性定义在大括号“{}”中，用于提供查询所需的特定信息。这里设置了节点的“name”属性为“Anna”；

③ 一个名称为“n”的变量（variable）：通过变量名称可以在其他 Cypher 子句中引用这个变量。

在上面的示例代码中，第一个 MATCH 子句（clause）表示查找图数据中 name 属性设置为“Anna”的所有 Person 节点，并将它们绑定到变量 n 上。这样后面的 RETURN 子句就可以使用变量 n 了；第二个子句则返回变量 n 表示的 Person 节点的 born 属性的值。

（2）关系

我们知道，图数据中两个节点之间是通过关系来连接的。所以一个关系包含三个元素：开始节点（start node）、结束节点（end node）和关系类型。

关系总是具有方向性、关系类型、一个起始节点和一个结束节点；

关系与节点一样，可具有任意数量的键值对表示的属性；

关系的方向性不会影响图遍历的性能。

在 Cypher 语言中使用“-[:CONNECT_TO]->”或者“<-[:CONNECT_TO]-”表示关系，其中箭头“->”或“<-”表示关系的方向。例如下面的 Cypher 代码：

```
MATCH (:Person {name: 'Anna'})-[r:KNOWS WHERE r.since < 2020]->(friend:Person)
RETURN count(r) As numberOfFriends
```

可以看到，在 Cypher 语言中使用一对中括号（方括号）[]表示匹配特定模式的关系。

第一句查询子句表示寻找类型为 KNOWS，并且属性 since 小于值为“2020”的关系。并使用变量 r 表示；

第二个 RETURN 子句返回变量 r 表示的符合条件的关系数量，例如：2020 年之前安娜认识了多少个朋友？

注意：一个节点可以有多个标签，但是一个关系只能有一个标签（类型）。

（3）路径

相连的节点和关系组成图中的路径（path），即路径是节点和关系的序列。探索利用路径是 Cypher 的核心工作。例如下面的 Cypher 代码：

```
MATCH (n:Person {name:'Anna'})-[:KNOWS]-{1,5}(friend:Person WHERE n.born
<friend.born)
RETURN DISTINCT friend.name AS olderConnections
```

这个示例查找最多 5 跳(hop,即步骤)的所有路径,所有路径从开始节点(标签为 Person，属性 name 为“Anna”的节点，并以变量 n 表示）到任何出生时间（属性 born）大于开始节点的出生时间的节点，并以变量 friend 表示；第二个子句中的 DISTINCT 运算符用于确保

RETURN 子句不会返回重复的路径。

前面讲过，符合（匹配）某种模式的节点或关系都可以赋予 一个变量，以便在后续需要的地方引用。同样，路径也可以被赋予 一个变量。在下面的示例代码中，展示了一个最短路径匹配的模式。该模式匹配从属性 name 为“Anna”的 Person 节点到另外一个属性 nationality 为“Canadian”的 Person 节点，且最多为 10 跳的最短路径，并把此路径赋予变量 p，最后输出这个最短路径。示例代码如下：

```
MATCH p=shortestPath((:Person {name:'Anna'})-[:KNOWS*1..10]-(:Person
{nationality: 'Canadian'}))
RETURN p
```

7.2.2.4 Cypher 数据类型和操作符

作为 Neo4j 的图查询语言，Cypher 支持的数据类型包括布尔数值、浮点数、整型数等基本类型，也支持各种时间、空间数据和图数据元素类型。

（1）基本数据类型

基本数据类型包括布尔类型、字节数组类型、浮点数、整型数等各种类型，这是 Neo4j 内置的数据类型。如表 7-2 所示。

表 7-2 基本数据类型

序号	数据类型	说明
1	BOOLEAN	布尔类型，等价于 Python 中的 bool
2	ByteArray	字节数组类型，等价于 Python 中的 bytearray
3	FLOAT	浮点类型，等价于 Python 中的 float
4	INTEGER	整型，等价于 Python 中的 int
5	LIST	列表类型，等价于 Python 中的 list
6	MAP	映射类型，等价于 Python 中的 dict
7	STRING	字符串类型，等价于 Python 中的 str
8	NULL	缺失值，等价于 Python 中的 None

（2）时间类型

时间类型的数据是由 neo4j.time 模块实现的，它提供了一套与 ISO-8601 相兼容的数据类型。如表 7-3 所示。

表 7-3 时间数据类型

序号	数据类型	说明
1	Date	当前日期，不包括时间和时区信息
2	Time	当前时间，包括时区偏移量（以秒为单位），但是不包括日期信息
3	LocalTime	当前时间，不包括日期和时区信息
4	DateTime	当前日期和时间，包括时区标识符
5	LocalDateTime	当前日期和时间，不包括时区信息
6	Duration	两个时间点之间的持续时长（时间段）

注：ISO-8601 是国际标准化组织 ISO 制定的日期和时间的表示方法标准，全称为《数据存储和交换形式·信息交换·日期和时间的表示方法》。

（3）空间类型

空间类型的数据是由 neo4j.spatial 模块实现的，包括空间点 POINT、笛卡尔坐标空间点以及 WGS-84 空间点。空间点的属性 srid（Spatial Reference Identifier）表示空间类型的唯一标识符。如表 7-4 所示。

表 7-4　空间数据类型

序号	数据类型	说明
1	POINT	地理空间点
2	CartesianPoint	笛卡尔坐标空间点
3	WGS84Point	WGS-84 空间点

（4）图数据类型

图数据类型对应着上一节讲述的节点、关系和路径等核心概念。图数据类型仅作为结果传递，不能用作参数。如表 7-5 所示。

表 7-5　图数据类型

序号	数据类型	说明
1	Node	图中的一个节点
2	Relationship	图中两个节点之间的关系
3	Path	图中的一条路径（节点和关系的序列）

（5）Cypher 语言中的数据操作符

Cypher 提供使用数据的各种操作符，如表 7-6 所示。

表 7-6　操作符

操作符类别	操作符	说明
聚合运算符	DISTINCT	去重，获取独立值
属性操作符	.、[]、=、+=	访问节点或关系的属性，其中： “.”：访问静态属性； “[]”：访问动态属性； “=”：替换所有属性； “+=”：设置某一属性值
数学操作符	+、-、*、/、%、^	数学运算操作符，其中： “+”：加； “-”：减，或者一元减操作符； “*”：乘； “/”：除； “%”：模除法，即去余数； “^”：指数
比较操作符	=、 <>、<、>、<=、>=、 IS NULL、IS NOT NULL	比较操作符，其中： “=”：相等操作符； “<>”：不相等操作符； “<”：小于操作符； “>”：大于操作符； “<=”：小于等于操作符； “>=”：大于等小于操作符； “IS NULL”：是否为空值； “IS NOT NULL”：是否不为空值

续表

操作符类别	操作符	说明
字符串比较操作符	STARTS WITH、ENDS WITH、CONTAINS、=~	字符串特有的比较操作符，其中： “STARTS WITH”：判断字符串是否以给定前缀开始（大小写敏感）； “ENDS WITH”：判断字符串是否以给定后缀开始（大小写敏感）； “CONTAINS”：判断字符串是否包含给定子串（大小写敏感）； “=~”：正在表达式匹配符
布尔操作符	AND、OR、XOR、NOT	逻辑操作符，其中： “AND”：与； “OR”：或； “XOR”：异或； “NOT”：非
字符串操作符	+	字符串操作符
时间操作符	+、−、*、/	时间日期操作符，其中： “+”、“-”：时间和时间段类型的数据的相加和相减； “*”、“/”：时间段和数值类型的数据的相乘和相除
映射操作符	.、[]	映射（字典）类数据的访问操作符，其中： “.”：通过 key 访问静态数据； “[]”：通过 key 访问动态数据
列表操作符	+、IN、[]	列表数据操作符，其中： “+”：列表数据相加； “IN”：判断一个元素是否存在； “[]”：动态访问列表元素

7.2.2.5 Cypher 查询子句

Cypher 提供了创建、更新、删除节点和关系，并通过模式来查询和修改节点间关系的功能。本节对 Cypher 查询语言中的各种子句进行概述。如表 7-7 所示。

表 7-7 Cypher 语言中的查询子句

子句	说明
1. 读取子句	
MATCH	在图数据库中搜索符合指定模式的对象（节点、关系或路径等）
OPTIONAL MATCH	与 MATCH 功能类似，不同之处是如果没有匹配的结果，则返回 null
2. 投影子句	
RETURN … [AS]	定义并返回输出结果
WITH … [AS]	使查询结果各部分链接在一起，并成为下一个子句的起点或条件
UNWIND … [AS]	把一个列表对象扩展为一系列行
3. 读取或投影子句	
WHERE	MATCH 和 OPTIONAL MATCH 的子句，用于对其指定的模式增加更具体的约束条件；也用于 WITH 子句实现对结构的过滤
ORDER BY [ASC[ENDING] | ESC[ENDING]]	RETURN 或 WITH 的子句，用于对输出结果进行排序。默认为升序（ASC）
SKIP	指定一个子句的输出是从搜索结果中的第几行开始输出，即跳跃（忽略）指定的结果行数
LIMIT	限制输出的行数

续表

子句	说明
4. 写入子句	
CREATE	创建新的节点或关系
DELETE	删除指定的节点、关系或路径。所有待被删除的节点必须显式删除
DETACH DELETE	删除指定的节点、关系或路径。一个节点一旦被删除，与其相连的关系自动被删除
SET	更新节点的标签，或者更新节点或关系的属性
REMOVE	删除节点标签，或者节点和关系的属性
FOREACH	批量处理一个列表对象中的数据
5. 读写子句	
MERGE	搜索符合指定匹配模式的节点；如果库中没有结果，则创建该节点。相当于 MATCH 和 CREATE 的结合
--- ON CREATE	MERGE 的子句，指定当匹配模式没有结果时采取的操作
--- ON MATCH	MERGE 的子句，指定当匹配模式已经存在时采取的操作
CALL … [YIELD …]	调用图数据库中的存储过程，并返回结果
6. 子查询子句	
CALL { … }	评估和触发一个查询子句，通常与 WITH 组合使用
CALL { … } IN TRANSACTIONS	子句 CALL 触发子查询，使 CALL 子句运行于独立的事务中，以免在处理大批更新、导入大量数据等操作时出现内存不足的异常情况
7. 集合操作子句	
UNION	组合多个查询结果为一个结果集，并删除重复的结果
UNION ALL	组合多个查询结果为一个结果集，并保留重复的结果
8. 图数据库切换子句	
USE	设置当前使用的图数据库
9. 导入数据子句	
LOAD CSV	导入 CSV 文件
10. 函数和过程显示子句	
SHOW FUNCTIONS	显示图数据库可用的所有函数
SHOW PROCEDURES	显示图数据库可用的所有过程
11. 配置显示子句	
SHOW SETTINGS	显示图数据库的配置信息
12. 事务命令子句	
SHOW TRANSACTIONS	显示所有执行中的事务
TERMINATE TRANSACTIONS	根据事务 ID 终止事务
13. 提示读取子句（影响查询执行计划器（planner）的执行）	
USING INDEX	指定 planner 执行查询的起始索引
USING INDEX SEEK	指定 planner 进行索引搜寻的提示
USING SCAN	使用扫描提示而不是索引来增强 planner 的标签 扫描（通常后面紧跟一个过滤操作）
USING JOIN	使用 JOIN 提示以增强连接操作
14. 索引和约束子句	
CREATE | SHOW | DROP INDEX	创建、显示和删除索引
CREATE | SHOW | DROP CONSTRAINT	创建、显示和删除约束

7.2.3 Neo4j 基本使用

节点和关系是属性图数据库的基本元素。属性图数据库的真正优势在于它能够对相互连接的节点及其关系进行链接。单个节点或关系通常包含简单少量的信息，但是由节点和关系构成的模式（pattern）可以表示任意复杂的信息。而模式是 Cypher 查询语言的基础，所以本节的内容从模式的概念开始。

7.2.3.1 Cypher 中的模式

模式是 Cypher 语言中用于匹配节点和关系的形状或结构，可用在 MATCH、CREATE 等子句中。最简单的模式可能只有一个关系和连接的两个节点，甚至是一个节点的自身连接；复杂的模式会使用多个关系，表达任意复杂的概念，支持多种应用场景。

（1）节点表示语法

在 Cypher 语言中，使用小括号()表示节点。下面代码是常见的表示不同类型和数量节点的语法：

```
1. ()
2. (matrix)
3. (:Movie)
4. (matrix:Movie)
5. (matrix:Movie {title: 'The Matrix'})
6. (matrix:Movie {title: 'The Matrix', released: 1997})
```

第一行是最简单的节点表示语法，表示一个可以为任何标签、具有任何属性的匿名节点集合，也就是图数据库中的所有节点。

第二行表示把所有节点（任何标签都可以匹配的节点）赋给一个变量 matrix，这样就可以在其他地方以 matrix 的名义进行引用。

第三行指定了标签为 Movie 的节点集合。

第四行指定了标签为 Movie 的节点集合，并赋给变量 matrix。

第四行和第五行指定了标签为 Movie 且具有属性约束的节点集合，同样赋给变量 matrix。

（2）关系表示语法

在 Cypher 语言中，使用两个破折号表示一个无方向的关系，有方向的关系按左右方向带有一个箭头，即：<-或->。而关系的具体细节使用中括号内的表达式来表示，表达式中可以有变量、属性和关系类型等信息。下面代码是常见的关系表示语法：

```
1. -->
2. -[role]->
3. -[:ACTED_IN]->
4. -[role:ACTED_IN]->
5. -[role:ACTED_IN {roles: ['Neo']}]->
```

第一行表示一个匿名无特征的指向右边节点的关系；

第二行表示把一个匿名无特征的关系赋给一个变量 role，这样就可以在其他地方以 role 名义进行引用。

第三行指定了类型为 ACTED_IN 的关系。

第四行指定了类型为 ACTED_IN 的关系，并赋给变量 role。

第五行指定了类型为 ACTED_IN 且属性 roles 的值为“Neo”的关系，并赋给变量 role。

可见，在节点模式和关系模式中，属性总是包含在大括号{}内。

（3）模式表示语法

节点和关系的结合组成了模式的语法。例如：

```
1. (keanu:Person:Actor {name: 'Keanu Reeves'})-[role:ACTED_IN {roles: ['Neo']}]->(matrix:Movie {title: 'The Matrix'})
2. acted_in = (:Person)-[:ACTED_IN]->(:Movie)
```

与节点和关系类似，一个模式也可以赋予一个变量。例如，上面代码第二行定义了一个变量 acted_in，这个变量将包含能找到的每条路径上的两个节点以及这两个节点的关系。注意：路径是节点和关系的序列。

7.2.3.2 Cypher 查询实践

一条完整的 Cypher 查询语句（statement）由多个查询子句组成，其中每条子句完成特定的任务。例如，创建或匹配图数据库中指定模式的节点、关系或路径，对查询结果进行过滤、映射、排序或分页等等。Cypher 语言中的子句，请参见上面表 7-7。下面我们简要说明常用语句的使用。

（1）创建图数据库

创建一个新的图数据库可以有两种方式：

① 在 Neo4j 的界面中创建。例如在 Neo4j 桌面版中，在启动一个数据库管理系统 DBMS 后，可以通过界面上的“Create database”按钮可视化地创建一个新的空图数据库。关于 DBMS，请参见章节“7.2.2.1Neo4j 桌面版概述”中的内容。

② 通过 CREATE DATABASE 语句创建一个新的空图数据库。

语句 CREATE DATABASE 的使用方式如下：

```
CREATE DATABASE gdb01;
```

这样就创建了一个新的图数据库 gdb01。创建图数据库后，就可以在数据库中进行创建或编辑节点、关系等工作了。

（2）创建节点

子句 CREATE 不仅能够创建图数据库，还可以创建节点和关系。一条 CREATE 子句可以同时创建一个或多个节点，每个节点可设置标签和属性。由于一个节点可以有多个标签，所以标签之间需要使用冒号（:）进行分割，并且在创建节点时就可以直接把节点赋予某个变量。例如下面的代码：

```
CREATE (charlie:Person:Actor {name: 'Charlie Sheen'}), (oliver:Person:Director {name: 'Oliver Stone'})
```

这段代码在当前图数据库中创建了两个节点，分别赋给变量 charlie 和 oliver。这两个节点都有属性 name。其中 charlie 节点具有 Person 和 Actor 两个标签，而 oliver 节点具有 Person 和 Director 两个标签。注意：两个节点之间使用逗号（,）分割。

（3）创建关系

使用子句 CREATE 创建关系时，总是需要指定一种关系类型和方向。与节点一样，关系也可以具有属性，也可以赋给某个变量。例如下面的代码：

```
CREATE (charlie:Person:Actor {name: 'Charlie Sheen'})-[:ACTED_IN {role: 'Bud Fox'}]->(wallStreet:Movie {title: 'Wall Street'})<-[:DIRECTED]-(oliver:Person:Director {name: 'Oliver Stone'})
```

这段代码创建了两个 Person 节点和一个 Movie 节点，同时创建了 ACTED_IN 和 DIRECTED 两个关系。请读者注意关系的方向标识。

（4）查询节点或关系

使用 MATCH 子句搜索匹配（符合）指定模式的节点或关系集合，然后使用 RETURN 子句返回指定的信息。例如下面的代码：

```
MATCH (keanu:Person {name:'Keanu Reeves'})
RETURN keanu.name AS name, keanu.born AS born
```

这段代码查找标签为 Person、属性 name 为“Keanu Reeves”的节点集合，然后返回每个节点的 name 属性值和 born 属性值。下面的代码中使用了 WHERE 子句和 ORDER BY 子句，分别对 MATCH 查询的结果进行条件过滤和排序。

```
MATCH (bornInEighties:Person)
WHERE bornInEighties.born >= 1980 AND bornInEighties.born < 1990
RETURN bornInEighties.name as name, bornInEighties.born as born
ORDER BY born DESC
```

下面的代码则是查询标签为 Person、属性 name 为“Oliver Stone”的节点与所有其他节点之间的关系集合。

```
MATCH (:Person {name: 'Oliver Stone'})-[r]->(movie)
RETURN type(r)
```

（5）更新节点或关系

使用 SET 子句可以更新节点的标签或者节点和关系的属性。例如下面的代码：

```
MATCH (n {name: 'Andy'})
SET n.surname = 'Taylor'
RETURN n.name, n.surname
```

这段代码首先查询属性 name 为“Andy”的所有节点，并赋予变量 n。然后将这些节点的属性 surname 置为“Taylor”。下面这段代码则是更新符合条件的关系的属性 since 的值。

```
MATCH (n:Swedish {name: 'Andy'})-[r:KNOWS]->(m)
SET r.since = 1999
RETURN r, m.name AS friend
```

（6）删除节点和关系

在 Cypher 中，使用 DELETE 子句删除节点、关系，但是如果需要删除节点和关系的属性，或者节点的标签，则需要使用 REMOVE 子句。需要注意的是，在使用 DELETE 子句删除节点时，必须事先显式删除与此节点相连的关系。也可以使用 DETACH DELETE 节点，它会自动删除与节点相连的关系。

下面的代码将删除标签为 Person、属性 name 为“Tom Hanks”的节点 。

```
1. MATCH (n:Person {name: 'Tom Hanks'})
2. DELETE n
```

下面的代码将删除标签为 Person、属性 name 为“Laurence Fishburne”的节点指向其他所有节点的 ACTED_IN 关系。注意：此时删除关系，不会影响连接的节点。

```
1. MATCH (n:Person {name: 'Laurence Fishburne'})-[r:ACTED_IN]->()
2. DELETE r
```

（7）删除标签和属性

在 Cypher 中，使用 REMOVE 子句删除节点和关系的属性，或者节点的标签。如果删除一个不存在的标签或属性，不会产生异常，只是保持原节点或关系不变。

下面的代码删除节点的属性：

```
1. MATCH (a {name: 'Andy'})
2. REMOVE a.age
3. RETURN a.name, a.age
```

上述代码中，第二行将删除匹配节点的属性 age，在第三行返回属性 age 时，将输出 null。

下面的代码将删除节点的标签：

```
1. MATCH (n {name: 'Peter'})
2. REMOVE n:German:Swedish
3. RETURN n.name, labels(n)
```

这段代码中，第二行将同时删除匹配节点 n 的两个标签：German 和 Swedish。

如果需要一次性删除节点或关系的所有属性，则可以使用 SET 子句设置节点为空映射对象即可。代码：

```
1. MATCH (p {name: 'Peter'})
2. SET p = {}
3. RETURN p.name, p.age
```

这段代码将删除节点 p 所有的属性。注意：此时节点仍然存在，只是已经没有属性而已。

上面对 Cypher 查询语言的一些基本功能进行了概述。实际上，Cypher 语言的功能非常丰富，提供了各种图数据操作的功能，并提供了应用各种插件的能力。由于 Neo4j 网站对此有非常详细的文档，本书不进行详细讲解，需要的读者可到 Neo4j 的网站上查看。

7.3 RDF 数据操作

Neo4j 自身是不支持导入导出 RDF 数据的，但是它提供了插件 Neosemantics（简称 n10s）。这个插件能够以无损方式将 RDF 数据存储在 Neo4j 中，并且以后需要导出为 RDF 时也不会丢失一个三元组。下面是 Neosemantics 插件提供的关键功能：

① RDF 和 RDF 扩展格式数据的导入/导出，支持 Turtle、N-Triples、RDF/XML、TriG 和 N-Quads、Turtle、TriG 等等。在 APOC 插件的支持下，也能够实现 JSON-LD 的序列化。

② 导入导出数据时的模型映射；

③ 不同词汇的本体/分类词汇的导入和导出（OWL、SKOS、RDFS 等）；
④ 基于结构性约束语言 SHACL 的图模型验证；
⑤ 基本推理能力。

7.3.1 Neosemantics 插件安装

Neosemantics 插件的安装在 Neo4j 桌面版和服务器上的步骤基本一致。首先需要明确的是由于插件 Neosemantics 是与图数据库管理系统 DBMS 一一对应的，所以在安装时需要确定安装在哪一个 DBMS 中。下面我们以在 Neo4j 桌面版上安装插件 Neosemantics 为例说明其安装过程。

启动 Neo4j 桌面版之后，首先选择一个项目(project)，然后再选定需要安装 Neosemantics 插件的 DBMS。此时点击右侧的“Plugins”页面，此时会出现可以安装的插件列表。在选择插件“Neosemantics(n10s)”后，Neo4j 会自动寻找当前兼容性最强、最新的版本。最后点击下面的“Install”按钮后，就会安装最新可用版本的 Neosemantics 插件。如图 7-8 所示。在这个版本的桌面版中，最适合的 Neosemantics 版本是 5.3.0.0。

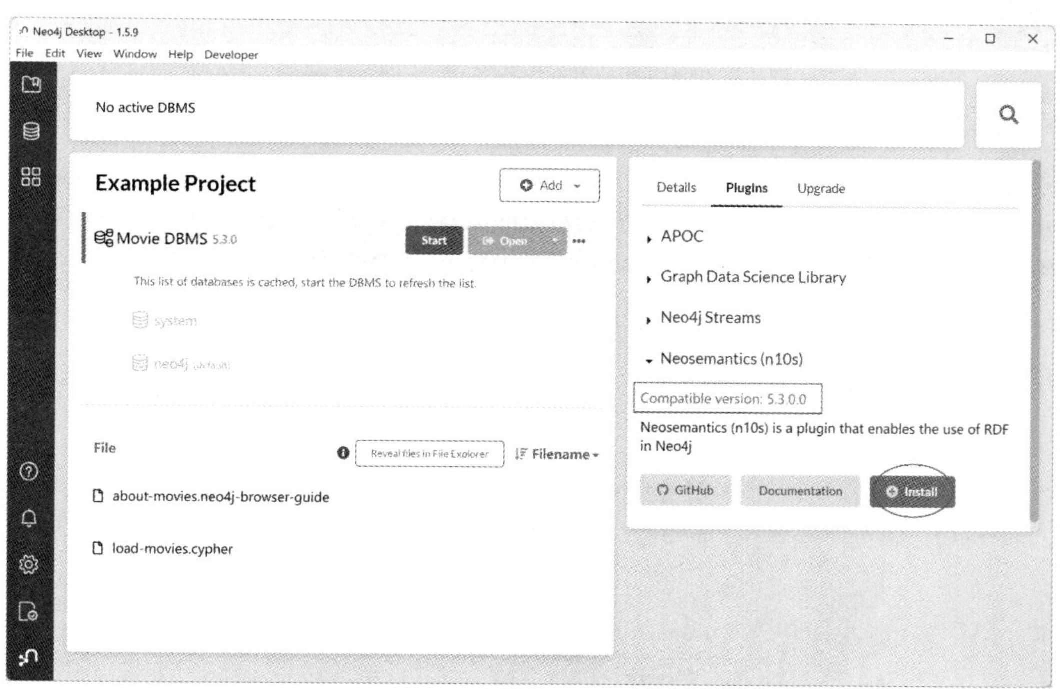

图 7-8 Neo4j 桌面版安装 Neosemantics 插件界面

成功安装之后，界面会变为图 7-9 所示。

如果通过上述方式无法下载安装（例如由于网络原因等情况），则可以通过下面的步骤手动安装：

（1）确定 Neosemantics 插件版本

从图 7-8 中确定当前兼容性最强、最新的 Neosemantics 插件的版本，这里是 5.3.0.0；

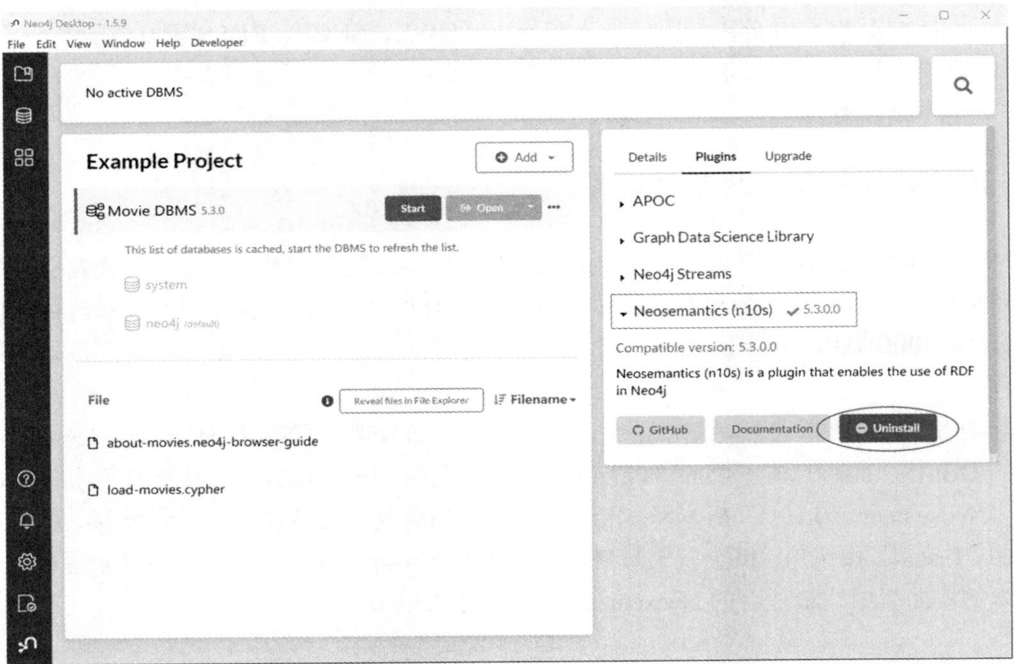

图 7-9　Neo4j 桌面版成功安装 Neosemantics 插件

（2）下载 Neosemantics 插件的 jar 文件

从下面的地址下载 Neosemantics 插件的 jar 文件：https://github.com/neo4j-labs/neosemantics/releases。在这个地址页面上，找到对应的版本 5.3.0.0 所在处，展开“Assets”，下载 Neosemantics 插件的 jar 文件：neosemantics-5.3.0.0.jar。如图 7-10 所示。

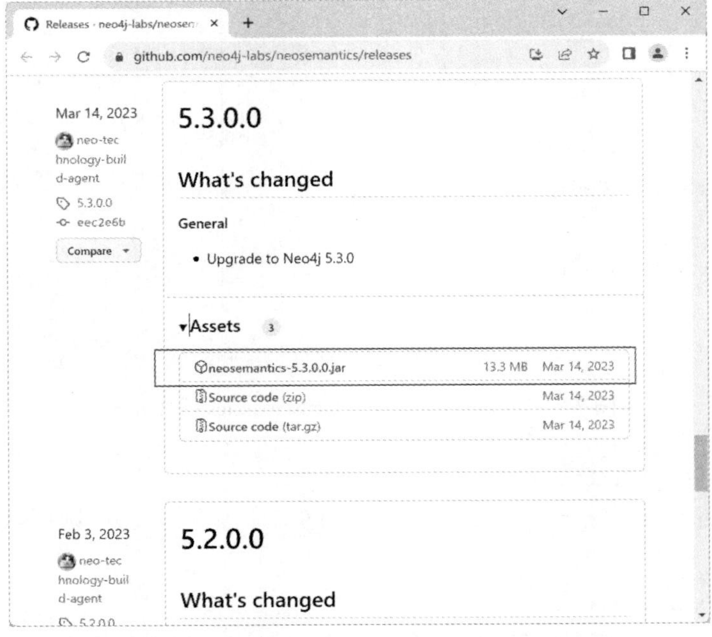

图 7-10　找到 Neosemantics 插件的对应版本

(3) 确定插件安装位置

对于桌面版来说，首先找到 Neo4j 放置数据的位置。这可以在桌面版的系统设置的“Data path”部分找到，如图 7-11 所示。这里设置的数据位置为“D:\Develop\Neo4jDesktop”。

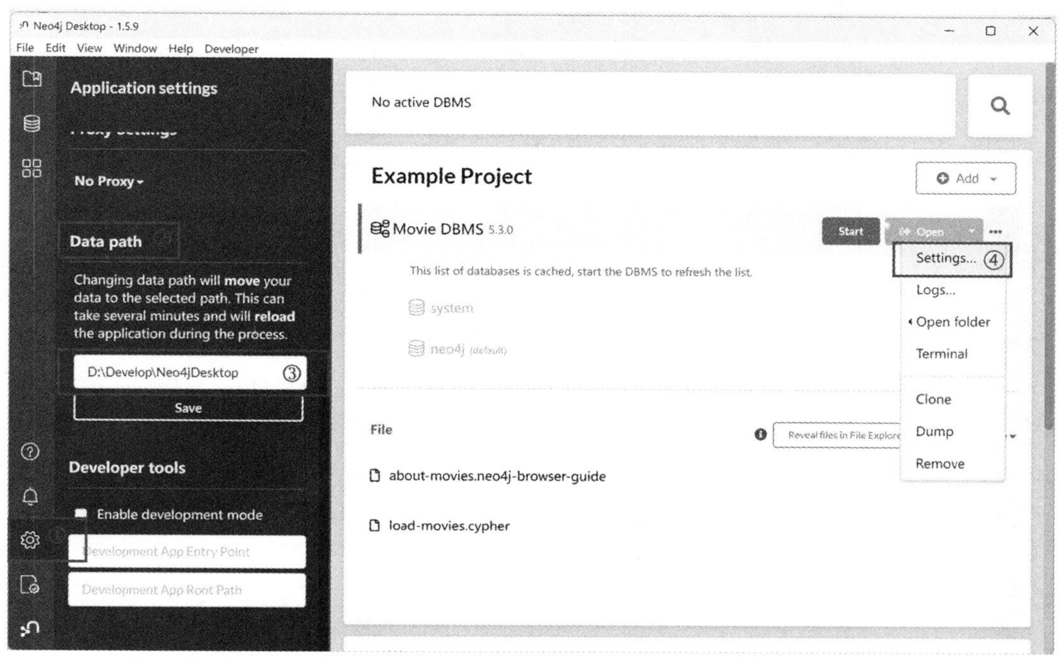

图 7-11　Neo4j 放置数据的位置

桌面版 Neo4j 把所有项目的 DBMS 放置在数据位置的子目录“\relate-data\dbmss”中。此时需要确定我们要安装在哪个 DBMS 中。为了保证每个 DBMS 所在目录的唯一性，Neo4j 为所有 DBMS 使用以“dbms-”为前缀，后加 32 位 UUID（Universally Unique Identifier）的方式组成了一个唯一的目录名称，形如“dbms-d0e9bfac-e5bf-449c-a2a3-99faf7b6360c”。一种确定目标 DBMS 的方式是进入每个 DBMS 所在目录，查看目录中的文件是否包含了 DBMS 元数据信息的“relate.dbms.json”，这个文件的第一行包含了 DBMS 最初引入项目时设置的信息，这样就确定了目标 DBMS 的位置。例如，这里的位置可能是：D:\Develop\Neo4jDesktop\relate-data\dbmss\dbms-d0e9bfac-e5bf-449c-a2a3-99faf7b6360c。

(4) 拷贝 Neosemantics 的 jar 文件到子目录“plugins”下，完成安装

最后把在第二个步骤下载的 Neosemantics 插件的 jar 文件 neosemantics-5.3.0.0.jar 移动目标 DBMS 目录的子目录“plugins”中，完成插件安装。实际上其他插件的安装基本类似。

(5) 给 DBMS 安装 http 端点

如果需要在目标 DBMS 上安装 http 端点（http endpoint），需要在 DBMS 的配置文件中添加下面一行：

```
dbms.unmanaged_extension_classes=n10s.endpoint=/rdf
```

其中，DBMS 的配置文件可以通过两种方式访问。一种方式是在 Neo4j 桌面版的界面上定位到目标 DBMS 后，点击 DBMS 右侧的三个点，然后选择设置“Settings...”，在打开的配

置文件末尾添加上述片段；另外一种方式是直接在文本编辑器中（如记事本）打开目标 DBMS 的配置文件。配置文件在目标 DBMS 位置的子目录“conf”下，文件名称为“neo4j.conf”。

（6）验证插件安装是否正确

运行目标 DBMS 后，在运行界面中输入“SHOW PROCEDURES”。如果输出结果中包含了一系列的以“n10s.”开头的过程名称，则表示 Neosemantics 插件安装成功。如图 7-12 所示。

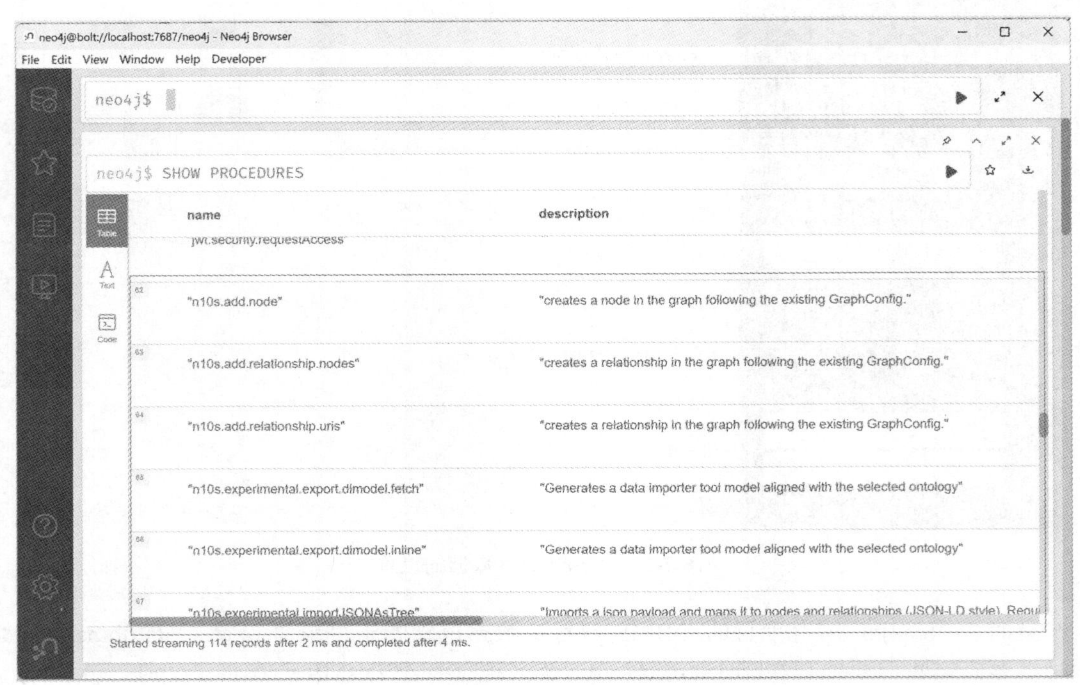

图 7-12 Neosemantics 插件安装成功

如果在前面第 5 步骤中安装了 http 端点，则可以通过查看 DBMS 的日志文件中是否出现了下面的内容判断 http 端点安装是否成功：

```
YYYY-MM-DD HH:MM:SS.000+0000 INFO  Mounted unmanaged extension [n10s.endpoint] at [/rdf]
```

DBMS 的日志文件在 DBMS 位置的子目录“logs”下，文件名称为“neo4j.log”。

至此，Neosemantics 插件已经安装成功。实际上其他插件的安装基本类似，如 APOC 的安装。

7.3.2 Neosemantics 功能列表

Neosemantics 插件提供了各种存储过程、函数等扩展功能，可实现 RDF 的导入导出、模型映射、SHACL 约束验证及基本推理。

（1）RDF 配置过程（配置 GraphConfig）

在使用 Neosemantics 插件导入 RDF 数据之前，我们必须对插件 Neosemantics 的各种选项进行配置，这些选项通过多个全局变量存储在一个称为图配置（GraphConfig）的对象中，定义了RDF数据是如何导入和存储在Neo4j中的。初始化和设置图配置的过程如表7-8所示。

表7-8 RDF图配置过程列表

过程名称	参数说明	说明
n10s.graphconfig.init	可选，包含表7-9中参数的映射对象	创建并初始化全局图配置（GraphConfig）对象
n10s.graphconfig.set	包含表7-9中参数的映射对象	设置图配置对象中的全局变量
n10s.graphconfig.show	—	图配置对象中的全局变量的当前值
n10s.graphconfig.drop	—	删除当前图配置对象

而图配置对象包含的各个变量及其意义如表7-9所示。注意：这些变量是全局性的，生命周期贯穿于Neo4j的整个生命周期，并在各个操作过程中起作用，例如导入/导出/删除/预览/流操作等过程。

表7-9 图配置对象中的全局变量

参数	取值	说明
handleVocabUris	'SHORTEN' 'SHORTEN_STRICT' 'IGNORE' 'MAP' 'KEEP'	对资源描述符URI的处理方式，即命名工具的处理方式。 默认值为'SHORTEN'
handleMultival	'OVERWRITE' 'ARRAY'	对属性具有多个值的处理方式。 默认值为'OVERWRITE'
multivalPropList	字符串列表	存储为数组的属性名称列表。 默认值为空列表（[]）
keepLangTag	布尔值true/false	是否保留RDF中的语言标签。 默认值为false
handleRDFTypes	'LABELS' 'NODES' 'LABELS_AND_NODES'	对rdf:type的处理方式。 默认值为'LABELS'
keepCustomDataTypes	布尔值true/false	是否保留包含自定义数据类型的属性（后跟一个自定义数据类型的IRI）。 默认值为false
customDataTypePropList	字符串列表	设置导入哪些字面常量值或文本串（literal）的自定义数据类型。 默认值为空列表（[]）
applyNeo4jNaming	布尔值true/false	当handleVocabUris设置为'IGNORE'时，节点标签、属性等名称的大小写设置。 默认值为false

（2）与本体导入相关的参数说明

Neosemantics插件同样支持主体元数据的导入。表7-10列举了与本体导入相关的参数信息。

（3）RDF Import

Neosemantics插件中导入RDF数据的过程信息如表7-11所示。

表7-12列举了RDF数据导入过程中使用的参数信息。这些参数对本体导入、SKOS（Simple Knowledge Organization System）导入的过程同样有效。

表 7-10　与本体导入相关的参数

参数	取值	说明
classLabelName	字符串	本体中类的标签。默认为'Class'
subClassOfRelName	字符串	RDF 中 rdfs:subClassOf 陈述的关系名称。默认为'SCO'
dataTypePropertyLabelName	字符串	数据类型属性 owl:DatatypeProperty 的标签值。默认为'Property'
objectPropertyLabelName	字符串	对象属性 owl:DatatypeProperty 的标签值。默认为'Relationship'
subPropertyOfRelName	字符串	rdfs:subPropertyOf 的标签值。默认为'SPO'
domainRelName	字符串	类与 DataTypeProperty/ObjectProperty 之间的域关系。默认为'DOMAIN'
rangeRelName	字符串	类与 DataTypeProperty/ObjectProperty 之间的范围 RANGE 关系。默认为 'RANGE'

表 7-11　RDF 数据导入过程

过程名称	参数	说明
n10s.rdf.import.fetch	• RDF 数据的 URL。 • 导入数据格式，可用的格式包括 Turtle、N-Triples、JSON-LD、TriG、RDF/XML。 • （可选）包含表 7-12 中参数的映射对象	把 URL 指定的 RDF 文件导入 Neo4j 中。URL 参数支持 file 和 http 协议。其中 file 协议可以指向本地文件，http 协议指向某个服务器上的文件。 注意：这个过程需要在节点:Resource(uri)上建立一个唯一约束。节点:Resource(uri)是 RDF 三元组的主语（subject）映射为 Neo4j 中的节点
n10s.rdf.import.inline	• 包含 RDF 片段数据的字符串 • 导入数据格式，可用的格式包括 Turtle、N-Triples、JSON-LD、TriG、RDF/XML。 • （可选）包含表 7-12 中参数的映射对象	把一个字符串包含的 RDF 数据导入 Neo4j 中。与 n10s.rdf.import.fetch 过程一样，这个过程需要在节点:Resource(uri)上建立一个唯一约束
n10s.onto.import.fetch	与过程 n10s.rdf.import.fetch 的参数一致	导入本体信息，包括类、属性（数据类型 dataType 和对象 Object）及其层次结构，以及域和范围信息
n10s.onto.import.inline	与过程 n10s.rdf.import.inline 的参数一致	把一个字符串包含的 RDF 格式的本体元数据导入 Neo4j 中
n10s.rdf.stream.fetch	与过程 n10s.rdf.import.fetch 的参数一致	解析 RDF 数据文件，并将每个三元组作为一条记录进行流式处理
n10s.rdf.stream.inline	与过程 n10s.rdf.import.inline 的参数一致	解析 RDF 数据片段，并将每个三元组作为一条记录进行流式处理
n10s.rdf.preview.fetch	与过程 n10s.rdf.import.fetch 的参数一致	解析 RDF 数据文件，产生虚拟的节点和关系，以便于浏览，但并不写入 Neo4j
n10s.rdf.preview.inline	与过程 n10s.rdf.import.inline 的参数一致	解析 RDF 数据片段，产生虚拟的节点和关系，以便于浏览，但并不写入 Neo4j
n10s.rdf.delete.fetch	与过程 n10s.rdf.import.fetch 的参数一致	从 Neo4j 中删除三元组数据
n10s.rdf.delete.inline	与过程 n10s.rdf.import.inline 的参数一致	删除第一个参数包含的 RDF 数据。工作方式与 n10s.rdf.delete.fetch 类似

表 7-12　RDF 导入过程中需要的参数信息

参数	取值	说明
predicateExclusionList	字符串列表	一个谓语（完整的 URI）列表对象。导入 Neo4j 时，这个列表中的元素将被忽略。 默认值为空列表

续表

参数	取值	说明
languageFilter	['en','fr','es',…]	包含语言标签的列表对象。导入 Neo4j 时，只有带这些语言标签的字面常量值或文本串（literal）才会被导入
headerParams	映射对象	HTTP GET/POST 请求中使用的参数映射对象
commitSize	整数	设置多少个三元组导入后进行一次事务提交 默认值为 25000
nodeCacheSize	整数	缓冲区中可保留的节点数量。 默认值为 10000
verifyUriSyntax	布尔值 true/false	是否对 URI 的语法格式进行检查。 默认值为 true

（4）命名空间前缀的管理过程（表 7-13）

表 7-13　命名空间前缀管理的过程列表

过程名称	参数	说明
n10s.nsprefixes.add	• prefix：表示前缀的字符串，例如“owl”； • namespace：URI 中命名空间的部分，例如“like http://www.w3.org/2002/07/owl#”	增加“命名空间-前缀”键值对的定义，便于在 RDF 数据导入/导出过程中使用
n10s.nsprefixes.list	—	显示所有当前定义的“命名空间-前缀”键值对
n10s.nsprefixes.remove	字符串 prefix	删除一个与前缀 prefix 相关的“命名空间-前缀”键值对
n10s.nsprefixes.removeAll	—	删除所有当前定义的“命名空间-前缀”键值对
n10s.nsprefixes.addFromText	字符串	从一段输入中抽取“命名空间-前缀”键值对，以便在 RDF 数据导入/导出过程中使用

（5）模型映射过程（表 7-14）

表 7-14　模型映射过程列表

过程名称	参数	说明
n10s.mapping.add	• 模式、词汇或其他本体元素（类、数据类型属性或对象属性）的完整 URI（事先必须通过过程 n10s.nsprefixes.add 创建命名空间的前缀）； • Neo4j 中对等元素的名称（属性名称、标签或关系类型）	为 Neo4j 模式中的元素创建到词汇元素的映射
n10s.mapping.drop	根据映射的 Neo4j 元素名称删除映射	返回删除是否成功的信息
n10s.mapping.dropAll	根据映射的命名空间删除所有的映射	返回删除是否成功的信息
n10s.mapping.list	（可选）过滤字符串	获取当前已经定义的映射列表

（6）SHACL 验证过程

结构性约束语言 SHACL（SHApes Constraint Language）是 W3C 发布的正式推荐标准，是一种依据条件来验证 RDF 图的语言。Neosemantics 插件为此提供了多个过程，实现对 Neo4j 中知识的基于 SHACL 的验证，如表 7-15 所示。

表 7-15　SHACL 验证过程列表

过程名称	参数	说明
n10s.validation.shacl.import.fetch	● RDF 数据的 URL。 ● 导入数据格式，可用的格式包括 Turtle、N-Triples、JSON-LD、TriG、RDF/XML	从 URL 指定的地址获取 SHACL 约束，并编译为 Neo4j 中可执行的格式
n10s.validation.shacl.import.inline	●包含 RDF 片段数据的字符串 ●导入数据格式，可用的格式包括 Turtle、N-Triples、JSON-LD、TriG、RDF/XML	从一个 字符串中解析获取 SHACL 约束，并编译为 Neo4j 中可执行的格式
n10s.validation.shacl.listShapes	—	展示当前所有加载的可用约束
n10s.validation.shacl.validate	—	使用当前活跃的约束验证 Neo4j 图数据
n10s.validation.shacl.validateSet	节点列表	使用当前活跃的约束验证列表中指定的节点
n10s.validation.shacl.validateTransaction	事务上下文参数	使用当前活跃的约束验证变化的元素

（7）推理过程

Neosemantics 插件提供了多个实现知识推理的过程，如表 7-16 所示。

表 7-16　基本推理过程列表

过程名称	参数	说明
n10s.inference.nodesLabelled	● 带有标签名称的字符串 ● 其他参数请见表 7-17	返回所有标签为'label'的节点
n10s.inference.nodesInCategory	● 代表类别的节点 ● 其他参数请见表 7-18	返回连接类别节点'catNode'或其子类别的节点
n10s.inference.getRels	● 起始节点 ● 一个关系类型（真实或虚拟状态的关系） ● 其他参数请见表 7-19	返回所有类型为'virtRel'的关系
n10s.inference.hasLabel (函数)	● 一个节点 ● 节点标签名称 ● 其他参数请见表 7-17	核查一个节点的标签值是否为'label'（显式或隐式）
n10s.inference.inCategory (函数)	● 代表一个实例的节点 ● 代表一个类别的节点 ● 其他参数请见表 7-18	核查一个节点是否为某个类别（显式或隐式）

（8）推理过程使用的参数信息

方法 n10s.inference.nodesLabelled 和函数 n10s.inference.hasLabel 的参数说明如表 7-17 所示。

表 7-17　方法 n10s.inference.nodesLabelled 和函数 n10s.inference.hasLabel 的参数

参数	取值	说明
catLabel	字符串	描述类别的节点的标签。 默认值为'Label'
catNameProp	字符串	包含类别名称的属性名称。 默认值为'name'
subCatRel	字符串	连接子类与父类的关系类型。 默认值为'SLO'

方法n10s.inference.nodesInCategory和函数n10s.inference.inCategory的参数说明如表7-18所示。

表 7-18　方法 n10s.inference.nodesInCategory 和函数 n10s.inference.inCategory 的参数

参数	取值	说明
inCatRel	字符串	连接实例和类别节点的关系类型 默认值为'IN_CAT'
subCatRel	字符串	连接子类与父类的关系类型。 默认值为'SCO'

方法 n10s.inference.getRels 的参数说明如表 7-19 所示。

表 7-19　方法 n10s.inference.getRels 的参数

参数	取值	说明
relLabel	字符串	描述关系的节点的标签。 默认值为'Relationship'
relNameProp	字符串	包含关系名称的属性名称。 默认值为'name'
subRelRel	字符串	连接子关系与父关系的关系类型。 默认值为'SRO'
relDir	'<'、'>'	关系的方向，其中'>'表示向外，'<' 表示向内。 默认值为空（''）

（9）实用工具函数（表 7-20）

表 7-20　实用工具函数

函数名称	参数	说明
n10s.rdf.getIRILocalName	URI 字符串	返回 URI 的本地部分（去掉命名空间）
n10s.rdf.getIRINamespace	URI 字符串	返回 URI 的命名空间部分（去除本地部分）
n10s.rdf.getDataType	字符串（一个属性值）	返回属性值的 XMLSchema 的数据类型（如果存在）
n10s.rdf.getLangValue	字符串（一个属性值）	返回带有语言标识符的值
n10s.rdf.getLangTag	字符串（一个属性值）	返回带有属性值的语言标识符
n10s.rdf.hasLangTag	• 语言标识符（字符串） • 属性值（字符串）	如果给定的属性值具有指定的语言 标识符，则返回 true；否则返回 false
n10s.rdf.getValue	字符串（一个属性值）	在去除数据类型信息或语言标识符后，返回属性的数据类型值
n10s.rdf.shortFormFromFullUri	URI 字符串	使用已经存在的命名空间返回 IRI 的缩写字符串
n10s.rdf.fullUriFromShortForm	缩写的 URI 字符串	对缩写的 URI 进行扩展，返回完整的 URI

（10）扩展能力（Htpp 端点）

在 Neosemantics 插件中，Http 端点（HTTP Endpoint）是一种灵活的与 Web 服务器进行通信的接口，可以与各种 Web 服务进行交互，可以实现数据交换和远程操作。Http 端点的过程如表 7-21 所示。

表 7-21　Http 端点过程列表

方法	请求类型	参数	说明
/rdf/<dbname>/describe/<nodeid or uri>	GET	● 节点 id 或（转码的）URI ● excludeContext：可选命名参数。如果设置将不输出连接的节点。 ● format：输出 RDF 的格式，会覆盖 HEADER 中 accept 参数的值。默认是 Turtle	将选择节点输出为 RDF 格式数据
/rdf/<dbname>/describe/find/<l>/<p>/<v>	GET	● <l>/<p>/<v>：URL 的三个路径参数，分别表示节点的标签值、属性名称和属性值。 ● excludeContext：可选命名参数。如果设置将不输出连接的节点。 ● valType：当属性值不被认为是字符串类型时，指定属性值的数据类型，包括 INTEGER、FLOAT 和 BOOLEAN。 ● format：输出 RDF 的格式，会覆盖 HEADER 中 accept 参数的值	以 RDF 格式输出符合标签值和属性值的节点
/rdf/<dbname>/cypher	POST	一个 JSON 字符串作为请求的参数体，其键值如下： ● cypher：Cypher 查询语句； ● cypherParams：查询语句 cypher 的参数； ● showOnlyMapped：（可选，默认为 false）。如果设置为 true，则排除未映射的元素； ● format：输出 RDF 的格式，会覆盖 HEADER 中 accept 参数的值	以 RDF 格式输出 Cypher 查询语句的结果
/rdf/<dbname>/onto	GET	● format：输出 RDF 的格式，会覆盖 HEADER 中 accept 参数的值	以 OWL 格式输出图模式的本体信息

7.3.3　RDF 数据的导入导出

虽然 RDF 三元组数据和 Neo4j 原生的属性图都是表示知识的方式，但是毕竟两者格式不同，所以在使用插件 Neosemantics 导入数据时，需要遵循一定的规则，采用合适的方法，才能顺畅地在两种格式的数据之间实现转换（导入导出）。

7.3.3.1　RDF 导入规则

RDF 三元组和 Neo4j 原生支持的属性图是不同的知识表达方式，为了能够顺利将 RDF 数据导入 Neo4j，插件 Neosemantics 将遵循以下几个映射规则。

规则 1：RDF 三元组的主语（subject）映射为 Neo4j 中的节点。由于在 RDF 中，主语是一个资源（resource），所以这个节点的标签将设置为“:Resource”，并且有一个属性 uri，其值为三元组中这个主语的 URI。

```
(S,P,O) => (:Resource {uri:S})...
```

规则 2：如果 RDF 三元组的宾语（object）是一个字面常量值或文本串（literal），则谓语（predicate）将映射为 Neo4j 节点的属性，且此属性名称为谓语名称，值为宾语。

```
(S,P,O) && isLiteral(O) => (:Resource {uri:S, P:O})
```

规则 3：如果 RDF 三元组的宾语（object）是一个资源（resource），则谓语（predicate）将映射为 Neo4j 节点的一个关系，且此关系连接主语和宾语，名称为谓语名称。

```
(S,P,O) && !isLiteral(O) => (:Resource {uri:S})-[:P]->(:Resource {uri:O})
```

规则 4：由于 RDF 也可以表达元数据，例如一个资源是“instance-of”类别（type）。所以具有 rdf:type 的三元组映射为 Neo4j 中的一个类别节点，即标签为“:Category”、属性名称为 uri、值为主语的节点。

```
(Something, rdf:type, Category) => (:Category {uri:Something})
```

规则 5：RDF 中的空三元组（空白节点）将被映射为 Neo4j 中标签为“:BNode”的节点。由于 RDF 中的空白节点没有 URI（IRI），所以这个 Neo4j 的空白节点没有属性 uri。关于 RDF 中的空白节点请参见章节“2.2.1RDF 规则”。

7.3.3.2 RDF 数据导入

使用 Neosemantics 插件导入 RDF 数据时，用到的主要方法是 n10s.rdf.import.fetch。这个方法（过程）带有一个指向 RDF 文件的 URI，文件可以是本地文件（使用 file 协议），也可以是远程服务器上的文件（使用 http 协议），或者是一个动态产生 RDF 数据的服务。

file 协议格式示例如下：file:///d:/workdata/customer.ttl。

http（包括 https）协议格式示例如下：https://www.myworkdata.com/customer.ttl。

Neosemantics 插件导入 RDF 数据的具体步骤如下。

（1）创建导入方法所需的唯一约束

使用 n10s.rdf.import.fetch 过程导入 RDF 数据需要在节点(:Resource {uri:S}上建立一个唯一约束，以防止节点的重复。创建 唯一约束的代码如下：

```
CREATE CONSTRAINT n10s_unique_uri FOR (r:Resource) REQUIRE r.uri IS UNIQUE
```

（2）创建和配置图配置对象

在进行任何导入操作之前，需要创建一个图配置对象 GraphConfig，它定义了 RDF 数据导入和保存于 Neo4j 中的方式。图配置对象包含了多个全局变量，例如 handleVocabUris、handleMultival、handleRDFTypes，具体请见表 7-9。它们在 Neo4j 的整个生命周期内都有效。

图配置对象 GraphConfig 可通过过程 n10s.graphconfig.init 来创建。代码如下：

```
call n10s.graphconfig.init()
```

这段代码会使用系统默认值创建图配置对象。当然也可以传递给这个过程一个包含全局参数值的映射对象，实现对配置图的定制设置。示例代码如下：

```
call n10s.graphconfig.init( { handleMultival: "ARRAY",
                              multivalPropList: ["http://voc1.com#pred1",
  "http://voc1.com#pred2"], keepLangTag: true })
```

注意：如果没有创建图配置对象，则在导入 RDF 数据时会出现异常错误。

（3）导入数据

在图配置对象 GraphConfig 创建之后，就可以使用 n10s.rdf.import.fetch 过程从一个 URL 指定的 RDF 数据集中导入 Neo4j。示例代码如下：

```
call n10s.rdf.import.fetch( "https://raw.githubusercontent.com/jbarrasa/
  neosemantics/3.5/docs/rdf/nsmntx.ttl", "Turtle")
```

另外一种导入的方法是通过 n10s.rdf.import.inline 过程来实现。这个过程需要一个包含 RDF 三元组数据的字符串作为 输入。示例 代码如下：

```
with '
@prefix neo4voc: <http://neo4j.org/vocab/sw#> .
@prefix neo4ind: <http://neo4j.org/ind#> .

neo4ind:nsmntx3502 neo4voc:name "NSMNTX";
            a neo4voc:Neo4jPlugin ;
            neo4voc:runsOn neo4ind:neo4j355 .

neo4ind:apoc3502 neo4voc:name "APOC";
            a neo4voc:Neo4jPlugin;
            neo4voc:runsOn neo4ind:neo4j355 .

neo4ind:graphql3502 neo4voc:name "Neo4j-GraphQL" ;
            a neo4voc:Neo4jPlugin ;
            neo4voc:runsOn neo4ind:neo4j355 .

neo4ind:neo4j355 neo4voc:name "neo4j" ;
            a neo4voc:GraphPlatform , neo4voc:AwesomePlatform .

' as  payload

call n10s.rdf.import.inline( payload, "Turtle") yield terminationStatus,
  triplesLoaded, triplesParsed, namespaces
return terminationStatus, triplesLoaded, triplesParsed, namespaces
```

（4）导入本体数据

最为常用的导入本体数据的过程是 n10s.onto.import.fetch(...)。代码如下：

```
call n10s.onto.import.fetch(...)
```

7.4 Python 访问 Neo4j

Neo4j 官方为 Python、Java、JavaScript、.NET 和 Go 语言提供了访问 Neo4j 数据执行 Cypher 查询语句的接口，除此之外，Neo4j 社区也为 PHP 和 Ruby 语言提供了同样的接口能力。下面我们以 Python 访问 Neo4j 的步骤进行详解。

7.4.1 Python 访问 Neo4j

Python 访问 Neo4j 数据库是通过 Python 包 neo4j 提供的功能实现的。这个包提供了 Python 驱动器、GraphDatabase、会话和事务等对象，实现了对 Neo4j 数据库的增删改查。

（1）驱动器 Driver

在 Python 程序中连接和访问 Neo4j 需要使用 Neo4j 提供的 Python 驱动器（Python Driver）。驱动器 Driver 是一个线程安全的、与部署拓扑结构无关的访问对象，所以对 Neo4j 集群或单个 DBMS 都可以运行相同的代码，这极大地方便了开发者。在实际开发中，我们应当在应用程序中创建 Driver 的单一实例，然后在整个应用中共享使用。使用之前，需要安装 Python Driver。安装命令如下：

```
pip install neo4j
```

Driver 实例对象与数据库管理系统 DBMS 或 Neo4j 集群是一一对应的。Driver 对象的创建是通过安装的 neo4j 包中 GraphDatabase 对象的 driver()函数实现的。这个函数至少需要两个参数：访问 DBMS 或 Neo4j 集群的连接信息（字符串）和访问账户信息（用户名和密码组成的元组）。其中连接信息的格式非常类似于 URL，由四部分组成。如图 7-13 所示：

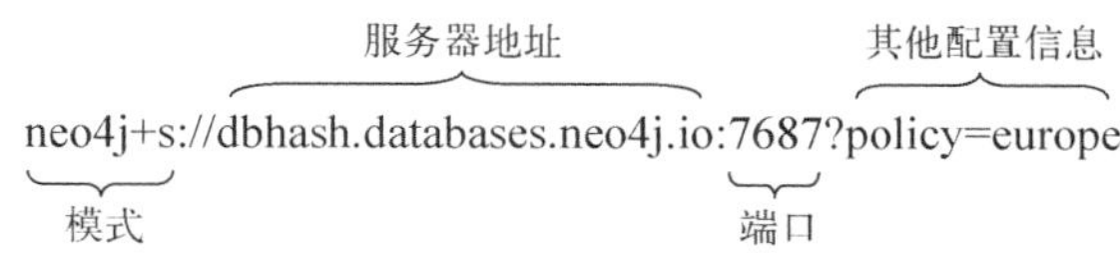

图 7-13　DBMS 或 Neo4j 集群连接信息格式

连接信息的模式（scheme）部分用于连接 Neo4j 实例，连接模式如表 7-22 所示。

表 7-22　Neo4j 连接模式

连接模式	Neo4j 集群	Neo4j 独立部署	直接连接集群中的成员
非加密模式	neo4j	neo4j	bolt
完整认证的加密模式	neo4j+s	neo4j+s	bolt+s
自认证加密模式	neo4j+ssc	neo4j+ssc	bolt+ssc
Neo4j AuraDB	neo4j+s	N/A	N/A

注：bolt 是指 bolt 协议，这是一种高效的二进制连接协议，它可以直接连接单个 DBMS（无论是集群环境还是独立部署）。

关于以上连接模式，这里简要说明一下。

neo4j：创建一个非加密连接。如果连接本地 DBMS，或者不需要加密连接，可以使用这个选项。

neo4j+s：创建一个加密连接。这个选项将验证证书的真实性。如果证书有问题，则验证出现异常。

neo4j+ssc：创建一个加密连接，但驱动器 Driver 对象不会对证书的真实性进行验证。

bolt：创建一个非加密的直接连接。

bolt+s：创建一个加密的直接连接。这个选项将验证证书的真实性。如果证书有问题，则验证出现异常。

bolt+ssc：创建一个加密直接连接，但驱动器 Driver 对象不会对证书的真实性进行验证。

下面的代码通过 GraphDatabase 对象的 driver()函数创建一个 Driver 对象 driver。

```
from neo4j import GraphDatabase

# 创建一个访问 Neo4j 的驱动器 Driver 对象
driver = GraphDatabase.driver("neo4j://localhost:7687", auth=("neo4j", "neo"))
```

除了上面提到的连接信息和账户信息参数外，还可以传递给 driver()函数其他可选的参数，例如最大连接生命周期（max_connection_lifetime）、最大连接池规模（max_connection_ pool_size）、连接活跃检测间隔（liveness_check_timeout）等等。当应用程序不再使用 Driver 对象时，需使用 Driver 对象的 close()函数进行关闭，关闭时将释放所有资源，包括所有与图数据库的连接。

（2）与 Neo4j 互动

事务（transaction）和会话（session）是 Python 应用与 Neo4j 交互的通道。我们知道，事务是数据库的一个不可分割的工作单元，具备 ACID 的性质，也就是说在一个事务中的各种数据库操作要么全部执行成功，要么全部不执行。而会话是一个包含一系列事务的容器。

注意：会话和数据库连接是不同的概念。当驱动器 Driver 连接数据库时，它会同时打开多个数据库连接，形成数据库连接池。驱动器 Driver 使用这些连接建立会话，所以会话是建立在连接基础上的事务容器。一个会话可以使用 Driver 对象的 session()函数创建。这个函数有一个可选的 database 参数，用于指定执行查询语句的图数据库。例如：

```
session = driver.session(database="people")
```

如果没有设置 database 参数，则使用默认的图数据库。默认的数据库在 neo4j.conf 配置文件中由 dbms.default_database 设置。默认数据库名称为“neo4j”。

会话对象 session 创建之后，就可以通过这个会话对象与 Neo4j 进行交互了。会话对象提供了三个执行 Cypher 语句的函数，分别是：

① execute_read()：执行读取数据操作的函数，需要提供一个代表独立事务工作的函数作为第一个参数。

② execute_write()：执行写入数据库操作的函数，需要提供一个代表独立事务工作的函数作为第一个参数。

③ run()：一次性执行 Cypher 语句的函数。如果运行这个函数时发生任何错误，Driver 对象都不会重新提交执行，所以这个函数可靠性较低，一般不会应用于生产环境。

一旦读取或写入 Neo4j 的工作结束，则用 close()方法关闭会话，从而释放已占用的资源。

（3）处理查询结果

通过会话执行的查询结果通常是一个 Result 对象，可以作为记录流使用。这个 Result 对象实际上就是一个可遍历记录的缓冲区，并提供了各种遍历该记录的方法。一旦一条记录被使用（消费），它就被从缓冲区中移除。Result 对象提供的遍历记录的主要方法包括：

① peek()：不消费记录，仅仅“窥探”一下，即不会对记录集的状态产生改变，只是预览第一条记录；

② keys()：获取每条记录的键值，例如节点的属性名称等；

③ single()：获取单条记录；

④ value()：获取单条记录的值；

⑤ values()：获取多条记录的值；

⑥ consume()：消费剩余的所有记录，返回一个 Result 的总体信息，包括服务器信息、查询执行时间等统计信息。

通过以上方法获取一条或多条记录后，可以对记录进一步分解使用。通常对记录使用“[]”语法获取一条记录中的特定值。

（4）处理 Driver 错误

驱动器对象 Driver 扩展了 Neo4j 的 neo4j.exceptions.Neo4jError 类，提供了多个特定的错误类型，例如图数据库连接错误、Cypher 查询语句中的语法错误和约束错误等等。如图 7-14 所示。

这些错误可以在应用中通过 try/except 程序块捕获，以便进一步处理。

neo4j.exceptions.ClientError
- neo4j.exceptions.CypherSyntaxError
- neo4j.exceptions.CypherTypeError
- neo4j.exceptions.ConstraintError
- neo4j.exceptions.AuthError
- neo4j.exceptions.Forbidden

neo4j.exceptions.TransientError
- eo4j.exceptions.ForbiddenOnReadOnlyDatabase
- neo4j.exceptions.NotALeader

图 7-14 Driver 错误类

7.4.2 Python 程序示例

结合前面讲述的内容，下面我们举一个 Python 的例子。在这个例子中，综合使用了会话的 run()、execute_read()、execute_write()等方法展示如何实现 Python 和 Neo4j 的融合。由于本示例使用了本地的 Neo4j 桌面版，所以在创建驱动器 Driver 对象时，使用了 bolt 协议。

```
# -*- coding: utf-8 -*-

from neo4j import GraphDatabase
from neo4j.exceptions import Neo4jError, ConstraintError

# 创建一个访问 Neo4j 的驱动器 Driver 对象
# ALTER USER neo4j SET PASSWORD 'mynewpass'; 这是重置密码
uri = "bolt://localhost:7687"
driver = GraphDatabase.driver(uri, auth=("neo4j", "neo4j1234"))

# 验证是否建立了连接。如果没有会引起 Neo4jException 异常。
# driver.verify_connectivity()

# 创建会话 session
session = driver.session()

try:
#%%
    print("查询标签为 Person 的人员信息，输出前 3 条记录：")
    result = session.run("""
                        MATCH (a:Person)
                        RETURN a.name as name, labels(a) as labels
                        LIMIT 3
                        """)
    for record in result:
        print(f"Name:{record['name']:25s} Labels:{ record['labels']}")
    print("-"*37, "\n")

# %%
    # 定义一个事务的工作内容(`tx`)，这是一个读取的事务
    movieTitle = "The Matrix"  # 注意字符串大小写
    print(f"寻找出演过电影【{movieTitle}】的演员如下：")
```

```
    def get_movies(tx, title):
        result = tx.run("""
            MATCH (p:Person)-[:ACTED_IN]->(m:Movie)
            WHERE m.title = $title
            RETURN p.name AS name
            LIMIT 10
        """, title=title)

        for record in result:
            print(f"演员姓名:{record['name']:25s}")
    # end of get_movies()

    # 在一个事务中执行 get_movies()
    ret = session.execute_read(get_movies, title=movieTitle)
    print("-"*37, "\n")

# %%
    # 定义一个事务的工作内容(`tx`)，这是一个写入的事务
    personName = "张三"
    print(f"新增一个 Person 节点，姓名为【{personName}】: ")
    def create_person(tx, name):
        return tx.run(
            "CREATE (p:Person {name: $name})",
            name=name
        )
    # end of create_person()

    # 在一个事务中执行 get_movies()
    ret = session.execute_write(create_person, name=personName)
    print("-"*37, "\n")
# %%
# 异常处理
except ConstraintError as err:
    print("Handle constaint violation")
    print(err.code)
    print(err.message)
except Neo4jError as err:
    print("Handle generic Neo4j Error")
    print(err.code)
    print(err.message)
finally:
    session.close() # 关闭会话

# 最后关闭驱动器对象
driver.close()

```

上述代码运行结果如下：

```
查询标签为 Person 的人员信息，输出前 3 条记录：
Name:Keanu Reeves               Labels:['Person']
Name:Carrie-Anne Moss           Labels:['Person']
Name:Laurence Fishburne         Labels:['Person']
---------------------------------------

寻找出演过电影【The Matrix】的演员如下：
演员姓名:Emil Eifrem
演员姓名:Hugo Weaving
演员姓名:Laurence Fishburne
演员姓名:Carrie-Anne Moss
演员姓名:Keanu Reeves
演员姓名:Carrie-Anne Moss
演员姓名:Keanu Reeves
演员姓名:Hugo Weaving
演员姓名:Laurence Fishburne
演员姓名:Emil Eifrem
---------------------------------------

新增一个 Person 节点，姓名为【张三】。
---------------------------------------
```

7.5 本章小结

本章对构建知识图谱过程中的知识存储进行了讲述，包括知识存储方案介绍、图数据库 Neo4j 基础知识以及 RDF 数据与 Neo4j 进行交互的技术和方法，最后讲述了 Python 编程语言与 Neo4j 交互的方式，并以实例代码展示了如何创建、查询和编辑节点等功能。

知识存储是指将知识进行组织、管理和存储，以便于应用的过程。目前知识集合的存储形式主要包括传统关系型数据库存储、RDF 图数据库存储和属性图数据库存储等 3 种。

在所有属性图数据库中，Neo4j 的性能高效，功能丰富，并具有多种插件支持和活跃的社区生态，成为知识图谱构建的首选。Neo4j 是使用 Java 开发的系统，天然支持跨平台运行，并提供了开源免费的社区版、商业应用的企业版以及免费的桌面版。

资源描述框架 RDF 是一个使用 XML 语法来表示知识的模型，是 W3C 提出的数据交换标准。目前有大量的知识 RDF 格式存储。Neo4j 通过插件 Neosemantics（简称 n10s）支持对 RDF 数据的使用，它能够以无损方式将 RDF 数据存储在 Neo4j 中，并且以后需要导出为 RDF 时也不会丢失一个三元组，并且 Neosemantics 支持各种 RDF 的变种，包括 Turtle、N-Triples、RDF/XML、TriG 和 N-Quads、Turtle、TriG 等等。在 APOC 插件的支持下，也能够实现 JSON-LD 的序列化。

Neo4j 官方为 Python、Java、JavaScript、.NET 和 Go 语言提供了访问 Neo4j 数据执行 Cypher 查询语句的接口，除此之外，Neo4j 社区也为 PHP 和 Ruby 语言提供了同样的接口能力。Python 访问 Neo4j 数据库是通过 Python 包 neo4j 提供的功能实现的，这个包提供了 Python 驱动器、GraphDatabase、会话和事务等对象，实现了对 Neo4j 数据库的增删改查。

8 知识计算和应用–推理引擎

经过知识的获取、融合和存储管理，现在的知识图谱已经成为一种结构化的语义知识库，对语义知识进行了有效的组织，这是知识图谱能够进行知识计算，实现各种推理，导出新知识的内在原因。知识计算是在图理论指导下，使用图论中的定理、推论和算法，借助相应的工具进知识的补全和理解，也是挖掘知识、发挥知识价值的应用过程。

8.1 知识推理

推理是运用逻辑思维能力，从已有的知识得出未知的、隐性的知识的能力。在知识图谱应用中，知识推理是基于图谱中已有的事实数据和关系，依据推理规则推断出新的事实、新的关系、新的公理以及新的规则等，这些新的事实或关系应该是满足语义要求的，从而能够实现语义检索、关系预测、最短路径发现以及因果推理、演绎推理等功能，最终解决实际问题。知识推理的方法主要包括基于描述逻辑的推理、基于概率逻辑的推理、基于规则的推理、基于图结构的推理、基于向量表示的推理等。

下面我们对这些推理方法进行一一概述。

8.1.1 基于描述逻辑的推理

描述逻辑 DL（Description Logic）是一种用于知识表示的语言，也是一种知识推理的形式化工具。它主要用于描述概念、属性和它们之间的关系，其最基本的元素包括概念、关系和个体。

一个描述逻辑体系包含四个组成部分：描述语言、Tbox、Abox、基于 Tbox 和 Abox 上的推理机制。其中 Tbox（Terminology Box）是关于概念和关系的断言，Abox（Assertion Box）是关于个体实例的断言。通过 Tbox 和 Abox，可以把知识库中复杂的实体关系推理问题转化为一致性的校验问题，从而简化推理实现过程。

在基于描述逻辑的推理体系中，常见的是基于表运算（Tableaux）的推理，经常被用于检测描述逻辑知识库的一致性。Tableaux 的核心思想是如果要证明一个推理是正确的，那只要列出所有可能存在的反例，并且一一驳斥即可，即只要不存在反例，那么推理就是正确的，所谓归结反驳。目前有很多开源的基于表计算的推理系统，如曼彻斯特大学研发的 FaCT++、美国 Franz 公司研发的 Racer、马里兰大学研发的 Pellet、牛津大学研发的 HermiT，其中 HermiT 实现了 Hypertableaux 的超表运算技术，进一步提高了 Tableaux 算法的运算效率。

在描述逻辑之下又可划分为基于表结构的方法、基于产生式规则的方法以及基于本体数据访问的方法。基于描述逻辑的推理属于针对本体的推理方法，无法定义推理过程，存在解释性上的不足，同时仅支持本体公理上的推理，泛化能力较弱。

8.1.2 基于概率逻辑的推理

基于概率逻辑的推理主要解决不确定性推理问题，其中有代表性的是基于统计关系学习（statistical relational learning）的推理方法。统计关系学习是一种机器学习方法，它将关系信息代入机器学习模型当中进行特征表示，再利用传统的学习算法进行分类。它通过拓展传统的图模型来对实体之间的相关性进行建模，常用的模型包括关系型贝叶斯网络模型、关系型马尔可夫网络模型和关系型依赖网络模型等等。

基于统计关系学习的方法存在复杂度高、实用性不强等问题，因此常与其他种类方法联合使用以提升模型性能。

8.1.3 基于规则的推理

按照全国科学技术名词审定委员会公布的《计算机科学技术名词 》第三版的定义：基于规则的推理（rule-based reasoning）是依据事实，使用规则求解问题的过程。由规则前提推导出结论的过程称为正向规则推理，由规则结论寻找规则前提的过程称为反向规则推理。

基于规则推理的代表算法是 AMIE，即基于不完备知识库的关联规则挖掘算法（Association Rule Mining under Incomplete Evidence）。这种算法强调通过自动化的规则学习方法，快速有效地从大规模知识图谱中学习出置信度较高的规则，并且应用于推理任务。这种算法通过不断向规则中添加悬挂边、实例边、闭合边等三类挖掘算子来拓展规则主体部分，仅保留支持度高于阈值的候选闭式规则。

8.1.4 基于图结构的推理

知识图谱中图结构本身就蕴含着重要的推理信息。基于图结构推理的代表算法是路径排序算法（path ranking algorithm）。这种算法是一种将关系（实体与实体之间的路径）作为特征的推理算法，常用于知识图谱中的链接预测任务。其思想是通过发现连接两个实体的一组关系路径来预测实体间可能存在的某种关系，其获取的关系路径实际上对应着一种霍恩子句（Horn Clause，指带有最多一个肯定文字的子句），因此这种方法计算的路径特征可以转换为逻辑规则。

路径排序算法能够通过对海量知识的学习，让计算机从统计意义上掌握常识，从而进行有效的知识推理。

8.1.5 基于向量表示的推理

上面介绍的几种推理方法都是基于离散符号的知识表示来推理的。它们具有强逻辑约束、准确度高、易于解释等优点，但缺点是不易于扩展。而基于向量表示的推理方法受到 NLP 领域中关于词向量研究的启发，通过嵌入（embedding）将知识图谱中的实体和关系投射到一个低维的连续向量空间，可以为每一个实体和关系学习出一个低维度的向量表示，将离散符号映射为连续向量表示，同时捕捉实体和关系之间的关联，然后在映射后的向量空间中进行知识推理。

我们知道，知识图谱是由实体和关系组成，通常采用三元组的形式表示：head（头实体）、relation（实体之间的关系）、tail（尾实体），简写为(h，r，t)。知识表示学习任务就是学习 h、r、t 的向量表示。

基于向量表示的推理示意图如图 8-1 所示。

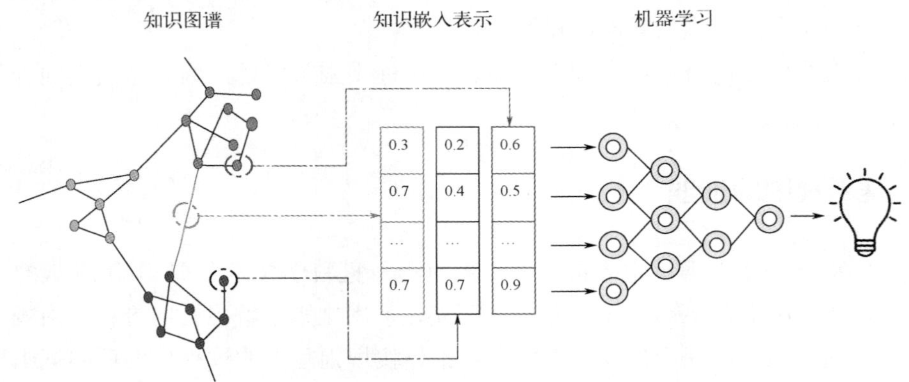

图 8-1 基于向量表示的推理示意图

基于向量表示的推理方法主要有 TransE、TransH、TransR、TransD 等方法。这类方法的特点在于能够有效减少维度灾难问题，同时可以捕捉实体和关系之间的隐性关联，计算效率较高。其中 TransE 是这一系列算法的鼻祖，全称是 Translating Embeddings for Modeling Multi-relational Dat，其核心思想在于使得 Head 向量和 Relation 向量的和能够尽可能靠近 Tail 向量。

实践表明 TransE 是一种简单高效的知识图谱表示学习方法，能够自动且较好地捕捉推理特征，无需人工设计，非常适合大规模复杂的知识图谱推理任务；而 TransH、TransR、TransD 等方法是对 TransE 算法的完善和升级。

8.2 Neo4j 图数据科学 GDS

Neo4j 图数据科学 GDS（Neo4j Graph Data Science）工具库提供了丰富的基于图算法的知识推理和分析功能，并以 Cypher 过程方式提供给用户使用。该工具库是为大规模和并行化计算而设计的，具有基于图全局知识处理量身定制的 API，以及高度优化的压缩内存数据结构，提供了实现社区（社群）检测、中心性计算、路径搜索和链接预测等功能的算法。除此之外，图数据科学 GDS 还包括机器学习管道，用于训练监督模型，以解决图预测类问题，例如缺失关系预测等等。Neo4j 图数据科学 GDS 有两个版本：开源社区版本和企业版本。其中开源社区版本包括所有的图算法，但是在图目录操作、并发性能等方面有所限制。开源版本的开源地址为：https://github.com/neo4j/graph-data-science。

8.2.1 图数据科学 GDS 的安装

Neo4j 图数据科学 GDS 作为插件提供给 Neo4j 图数据库，它的安装根据应用形式不同，安装方式也不同。Neo4j 的应用形式包括 Neo4j 桌面版、Neo4j 服务器（社区版或企业版）、Docker 容器、Neo4j 集群、Kubernetes 集群等多种形式。这里我们以 Neo4j 桌面版的安装为例说明其安装过程，其他形式的安装指导可参考以下网址：https://neo4j.com/docs/graph-data-science/current/installation/。

作为一个 Neo4j 的插件，图数据科学 GDS 也是与图数据库管理系统 DBMS 一一对应的，所以在安装时需要确定安装在哪一个 DBMS 中。在启动 Neo4j 桌面版之后，首先选择一个项目（project），然后再选定需要安装 图数据科学 GDS 的图数据库管理系统 DBMS，此时点击右侧的“Plugins”页面，此时会出现可以安装的插件列表。在选择插件“Graph Data Science Library”后，Neo4j 会自动寻找当前兼容性最强、最新的版本。最后点击下面的“Install”按钮后，就会安装最新可用版本的 GDS 插件。

GDS 成功安装之后，Neo4j Desktop 界面如图 8-2 所示。

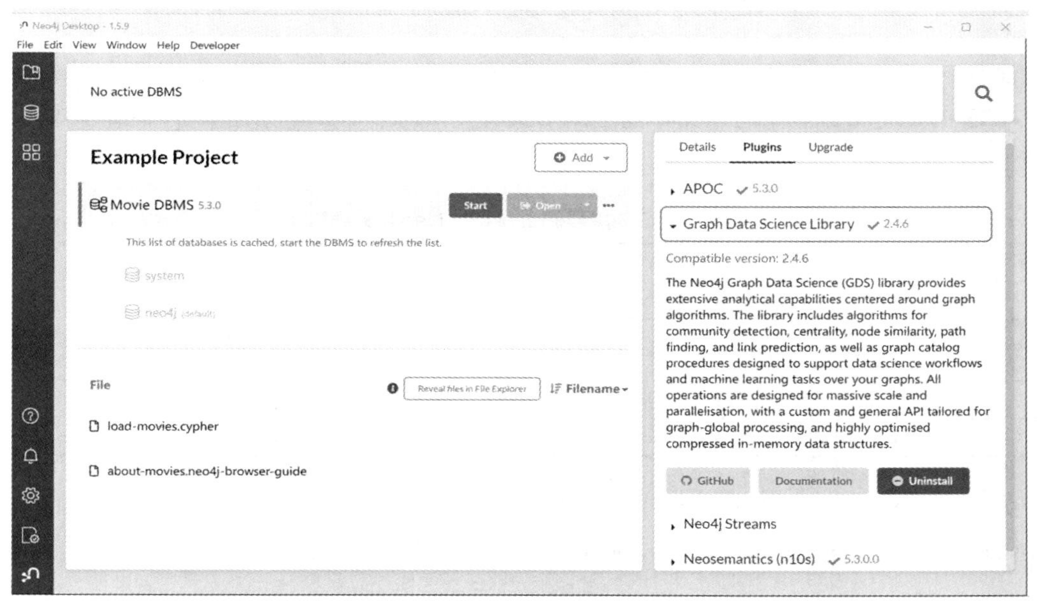

图 8-2 Neo4j 桌面版成功安装图数据科学 GDS 插件

安装完成之后，会在目标 DBMS 目录的子目录“plugins”中出现文件“graph-data-science-2.4.6.jar”。安装成功之后，可以在 Neo4j 的浏览器中输入以下命令查看 GDS 是否能够正确运行：

```
return gds.version()
```

如果能够顺利返回 GDS 的版本号，表明 GDS 已经成功安装并能够正确运行，如图 8-3 所示。

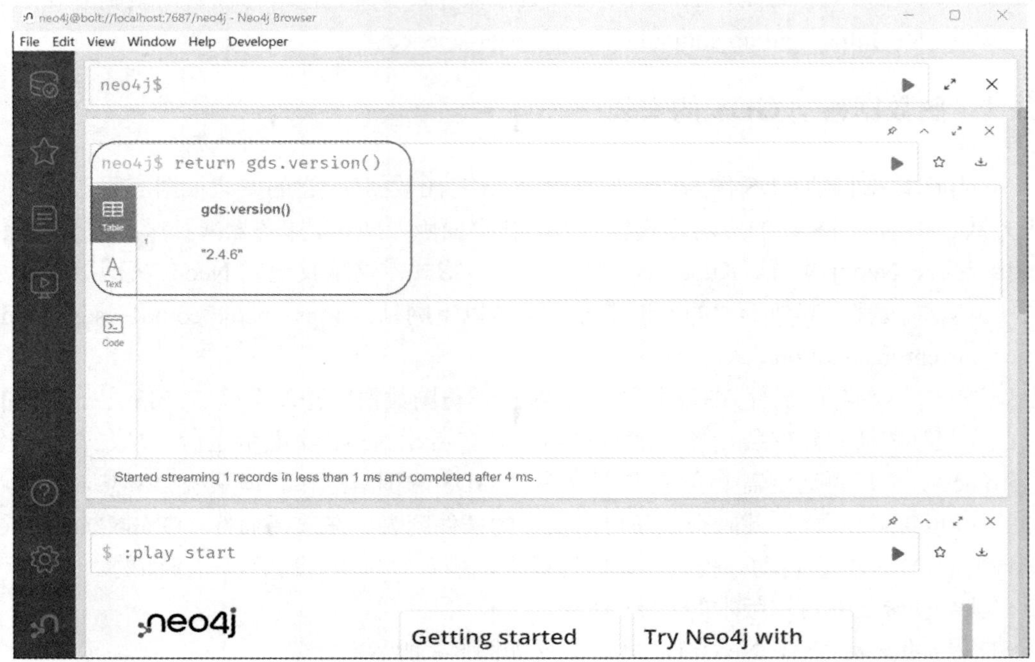

图 8-3　Neo4j 图数据科学 GDS 正确运行界面

注意：命令“CALL gds.debug.sysInfo() YIELD key, value”可以获得 GDS 的所有基础信息。

GDS 的配置参数数量与 Neo4j 的应用形式有关，对于 Neo4j 桌面版，需要配置的主要参数如表 8-1 所示。

表 8-1　GDS 主要配置参数（Neo4j 桌面版）

序号	参数	说明
1	gds.export.location	GDS 输出 CSV 文件的位置
2	dbms.security.procedures.unrestricted=gds.*	GDS 需要访问 Neo4j 底层组件，以最大化提升计算性能
3	dbms.security.procedures.allowlist=gds.*	与上一条参数配对使用，指定过程或函数许可列表
4	server.jvm.additional=-Djol.skipHotspotSAAttach=true	用于 MacOS 系统

关于不同 Neo4j 的应用形式下 GDS 完整的配置参数请见网址：https://neo4j.com/docs/graph-data-science/current/production-deployment/configuration-settings/。

8.2.2　图数据科学 GDS 的使用

Neo4j 图数据科学 GDS 是一种科学驱动的方法，用于从图数据的关系和结构中获取知识，用于分析和预测。根据提供的功能，GDS 可以分为三个部分：图统计、图分析和图增强的机器学习，其中图统计提供针对图数据的基本度量指标，例如节点数目、关系分布等等；图分析基于图统计的度量数据，联合使用图查询和图算法，回答特定问题，洞察连接中的规律；图增强的机器学习应用图统计数据和分析结果训练机器学习模型，或者支持人工智能系统内的概率决策。

图数据科学 GDS 能够解决的问题类型可以分为四大领域，分别是：移动问题、影响力分析、社区（群体）检测以及匹配模式。

① 移动问题。解决在一个图网络中如何移动（旅行）的问题。网络中的移动涉及深度路径分析，目标是找到移动或传播路径，实现路径搜索。

② 影响力分析。影响力分析也称为中心性分析。图数据结构中高度连接和有影响力的节点称为中心性（centrality）节点，这些具有影响力的节点可以作为快速传播点，也可以作为联系较少的群体之间的桥梁。

③ 社区（群体）检测。社区检测需要根据节点之间交互的数量和强度对节点进行分组和划分。

④ 匹配模式。在图数据中寻找感兴趣的模式。例如验证节点群是否存在已知的关系模式，或者比较节点的属性以找到他们的相似之处。

8.2.2.1 GDS 基本知识

Neo4j 图数据科学 GDS 的基本知识包括 GDS 的核心概念、GDS 图的创建等知识。

8.2.2.1.1 GDS 核心概念

Neo4j 图数据科学 GDS 有几个核心概念需要理解和掌握，包括图（graph）、图投影（Graph Projection）和图目录（Graph Catalogue）。

（1）图

在 GDS 中，图（graph）是指包含节点及其关系的内存结构（图数据结构），其中节点和关系都可以具有属性，从概念上讲，这就是 Neo4j 中的“图”概念，只不过是出现在内存中，以便于快速计算，或者说，GDS 中的图实际上就是 Neo4j 物理存储的图数据的内存映射，但是 GDS 中的图在内存中是一种压缩且经过优化的格式，以提升拓扑计算和属性查询操作的性能。

GDS 图可以使用原生投影（使用 GDS 提供的过程）或 Cypher 查询投影（使用 Cypher 提供的函数）创建。通常 GDS 中的每一个图都有一个名称，称为命名图。但是有些图是在运行算法时动态创建的，无需将它们放在图目录中进行管理，所以无需命名，此时将这种图称为匿名图。

一个 GDS 图一旦创建，会持续存续在内存中，其寿命周期在以下三种情况下将终止：

① 显式地使用 GDS 过程 gds.graph.drop 删除图；

② 映射 GDS 图的 Neo4j 数据库停止或删除了；

③ 映射 GDS 图的 Neo4j 数据库所在的数据库管理系统 DBMS 停止了。

所以，如果需要持续使用一个 GDS 图，其所映射的 Neo4j 数据库必须是正常运行的。

（2）图投影

如上所述，图投影是创建 GDS 图的手段。我们知道，图算法是在图数据结构上运行的，该结构是 Neo4j 属性图数据模型在内存中的投影（Projection）。而图投影可以看作是物理存储的图结构数据在内存（主要是 JVM 的堆内存）中的视图，但仅包含与分析相关的、潜在聚合的拓扑和属性信息。图的投影是完全存储在内存中的针对拓扑和属性查找操作而优化的压缩数据结构，就是上面的图数据结构。

（3）图目录

GDS 库中的图目录就是按照图名称对图进行管理和引用的工具，可以按照名称管理多个命名图。例如，我们可以在图使用完成后，可以将其从目录中删除以释放内存。

只要 Neo4j 实例在运行，图目录就存在。当 Neo4j 重新启动时，存储在目录中的图丢失，就需要重新创建。

（4）图算法运行模式

一个图算法可以在不同模式下运行，每种模式运行的结果和对图结构的影响不同。运行模式包括：

① 流模式（stream）：以记录流的方式返回图算法的运行结果。

② 统计模式(stats)：以单条记录的形式返回图算法运行的结果摘要信息，但不写入 Neo4j 数据库中。

③ 交互模式（mutate）：将图算法的运行结果写入 GDS 的图（内存结构）中，并以单条记录的形式返回图算法运行的结果摘要信息。

④ 写入模式（write）：将图算法的运行结果直接写入 Neo4j 数据库中，并以单条记录的形式返回图算法运行的结果摘要信息。

注意：每种运行模式的过程或函数后附加 estimate 命令，可以估计算法运行所需的内存。

8.2.2.1.2 GDS 图的创建

在运行任何 GDS 图算法之前，首先必须创建一个图（图投影），并给图一个名称。图的创建依据图数据的来源不同，可以有不同的创建方式。图数据来源可以是 Neo4j 数据库、一个已经存在的 GDS 图、外部数据源或者随机数据。创建 GDS 图的方式有原生映射、Cypher 映射、Arrow 映射等等。

（1）原生映射方式

原生方式（native projection）直接映射一个 Neo4j 图数据库中的节点和关系数据为一个内存 GDS 图。其中节点映射是基于节点的标签，关系映射是基于关系的类型。当然，映射时两者都可以包含属性，以便能够实现更细致的过滤。

通过原生映射方式创建 GDS 图时，需要使用 Cypher 语言调用图数据科学 GDS 的过程 gds.graph.project。调用形式如下：

```
CALL gds.graph.project(
  graphName: String,
  nodeProjection: String or List or Map,
  relationshipProjection: String or List or Map,
  configuration: Map
) YIELD
  graphName: String,
  nodeProjection: Map,
```

```
nodeCount: Integer,
 relationshipProjection: Map,
 relationshipCount: Integer,
 projectMillis: Integer
```

上述代码中，过程 gds.graph.project 的参数信息如表 8-2 所示。

表 8-2 过程 gds.graph.project 的参数信息

参数名称	参数类型	是否可选	描述
graphName	字符串（String）	否	GDS 图名称，自动存储在图目录中
nodeProjection	字符串、列表或映射（String、List、Map）	否	待映射的节点标签。设置为“*”表示映射所有的节点
relationshipProjection	字符串、列表或映射（String、List、Map）	否	待映射的关系类型。设置为“*”表示映射所有类别的关系
configuration	映射（Map）	是	额外的映射配置信息

下面我们举一个使用过程 gds.graph.project 的例子。在这个例子中，映射了关系“READ”和“KNOWS”、节点“Person”，并设置参数“validateRelationships”为“true”。

```
CALL gds.graph.project(
  'danglingRelationships',
  'Person',
  ['READ', 'KNOWS'],
  {
    validateRelationships: true
  }
)
YIELD
  graphName AS graph,
  relationshipProjection AS readProjection,
  nodeCount AS nodes,
  relationshipCount AS rels
```

（2）Cypher 映射方式

与原生映射相比，Cypher 映射（Cypher projection）也是直接映射一个 Neo4j 图数据库中的节点和关系数据为一个内存 GDS 图，但是代码编写更灵活、表达形式更丰富。

Cypher 映射是一个基于映射关系的聚合函数。使用时，需要在 Cypher 语句中调用函数 gds.graph.project（与原生映射的过程名称一样，但需要的参数不同）。调用形式如下：

```
RETURN gds.graph.project(
    graphName: String,
    sourceNode: Node or Integer,
    targetNode: Node or Integer,
    dataConfig: Map,
    configuration: Map
) YIELD
    graphName: String,
    nodeCount: Integer,
     relationshipCount: Integer,
```

```
   projectMillis: Integer,
   query: String,
   configuration: Map
```

上述代码中，函数 gds.graph.project 的参数信息如表 8-3 所示。

表 8-3　函数 gds.graph.project 的参数信息

参数名称	参数类型	是否可选	描述
graphName	字符串（String）	否	GDS 图名称，自动存储在图目录中
sourceNode	节点或整型数值（Node、Integer）	否	待映射关系的源节点，不能为空
targetNode	节点或整型数值（Node、Integer）	是	待映射关系的目标节点，可以为空
dataConfig	映射（Map）	是	配置节点属性和标签信息，以及关系的类型和属性信息
configuration	映射（Map）	是	额外的映射配置信息

下面我们举一个使用函数 gds.graph.project 的例子。在这个例子中，映射了关系“KNOWS”和“READ”、节点“Person”和“Book”。请看代码：

```
MATCH (source)
WHERE source:Person OR source:Book
OPTIONAL MATCH (source)-[r:KNOWS|READ]->(target)
WHERE target:Person OR target:Book
WITH gds.graph.project(
  'personsAndBooks',
  source,
  target,
  {
    sourceNodeLabels: labels(source),
    targetNodeLabels: labels(target),
    relationshipType: type(r)
  }
) AS g
RETURN g.graphName AS graph, g.nodeCount AS nodes, g.relationshipCount AS rels
```

（3）过滤方式

过滤（Filtering）方式可以对已经存在于内存中的 GDS 图进行条件过滤，创建新的 GDS 图，其中过滤条件可以是节点标签、关系类型以及它们的属性。通过过滤方式创建 GDS 图时，需要使用 Cypher 语言调用图数据科学 GDS 的过程 gds.graph.filter。调用形式如下：

```
CALL gds.graph.filter(
  graphName: String,
  fromGraphName: String,
  nodeFilter: String,
  relationshipFilter: String,
  configuration: Map
) YIELD
  graphName: String,
  fromGraphName: String,
```

```
nodeFilter: String,
relationshipFilter: String,
nodeCount: Integer,
relationshipCount: Integer,
projectMillis: Integer
```

上述代码中，过程 gds.graph.filter 的参数信息如表 8-4 所示。

表 8-4　过程 gds.graph.filter 的参数信息

参数名称	参数类型	是否可选	描述
graphName	字符串（String）	否	GDS 图名称，自动存储在图目录中
fromGraphName	字符串（String）	否	图目录中的源图名称（输入图名称）
nodeFilter	字符串（String）	否	用于过滤（保留）源节点的 Cypher 谓词，可使用“*”表示所有节点。 注意： （1）Cypher 谓词为真（true）时，保留节点； （2）谓词中节点总是以变量“n”表示
relationshipFilter	字符串（String）	否	用于过滤（保留）源关系的 Cypher 谓词，可使用“*”表示所有关系。 注意： （1）Cypher 谓词为真（true）时，保留关系； （2）谓词中关系总是以变量“r”表示
configuration	映射（Map）	是	额外的过滤配置信息

下面我们举一个使用过程 gds.graph.filter 的例子。在这个例子中，图目录中已经存在了 GDS 图“social-graph”，现在要过滤出年龄大于 13、小于等于 18 的用户，且保留所有的关系。请看代码：

```
CALL gds.graph.filter(
  'teenagers',
  'social-graph',
  'n.age > 13 AND n.age <= 18',
  '*'
)
YIELD graphName, fromGraphName, nodeCount, relationshipCount
```

（4）采样方式

与机器学习中的数据采样技术类似，图采样（graph sampling）算法能够显著降低大型、复杂网络的规模，同时还能够保留图的结构信息。所以，图采样使图分析更加灵活、更具扩展性。这种方式与过滤方式相同的地方是针对已经存在于内存中的 GDS 图进行采样，从而创建新的 GDS 图，

目前，Neo4j 图数据科学 GDS 实现了公共邻居感知随机游走 CNARW（Common Neighbour Aware Random Walk）采样算法。这种算法克服了简单随机游走收敛缓慢的缺点，充分考虑了当前节点与下一跳节点之间共同邻居节点的数量，从而优化下一条节点的选择。关于 CNARW 算法的细节内容，读者可参阅网址：https://ieeexplore.ieee.org/abstract/document/9712235。

使用 CNARW 采样算法创建 GDS 图时，需要使用 Cypher 语言调用图数据科学 GDS 的

过程 gds.graph.sample.cnarw。调用形式如下：

```
CALL gds.graph.sample.cnarw(
  graphName: String,
  fromGraphName: String,
  configuration: Map
)
YIELD
  graphName,
  fromGraphName,
  nodeCount,
  relationshipCount,
  startNodeCount,
  projectMillis
```

上述代码中，过程 gds.graph.sample.cnarw 的参数信息如表 8-5 所示。

表 8-5　过程 gds.graph.sample.cnarw 的参数信息

参数名称	参数类型	是否可选	描述
graphName	字符串（String）	否	GDS 图名称，自动存储在图目录中
fromGraphName	字符串（String）	否	图目录中的源图名称（输入图名称）
configuration	映射（Map）	是	额外的采样配置信息

下面我们举一个使用过程 gds.graph.sample.cnarw 的例子。在这个例子中，图目录中已经存在了 GDS 图“origraph”，现在要从中采样 50%（samplingRatio）的节点，采样开始节点设置为“start”。请看代码：

```
MATCH (start:Female {name: 'Juliette'})
CALL gds.graph.sample.cnarw('sampledGraph', 'origraph',
{
    samplingRatio: 0.5,
    startNodes: [start]
})
YIELD nodeCount
RETURN nodeCount;
```

（5）基于随机产生的数据构建 GDS 图

在某些应用场景中，例如测试或基准测评，需要随机生成一个图数据集。Neo4j 图数据科学 GDS 为此专门实现了图数据随机生成过程 gds.graph.generate。调用形式如下：

```
CALL gds.graph.generate(
    graphName: String,
    nodeCount: Integer,
    averageDegree: Integer,
    configuration: Map
})
YIELD name, nodes, relationships, generateMillis, relationshipSeed, averageDegree,
  relationshipDistribution, relationshipProperty
```

上述代码中，过程 gds.graph.generate 的参数信息如表 8-6 所示。

表 8-6 过程 gds.graph.generate 的参数信息

参数名称	参数类型	是否可选	描述
graphName	字符串（String）	否	GDS 图名称，自动存储在图目录中
nodeCount	整型数（Integer）	否	随机生成的节点数量
averageDegree	整型数（Integer）	否	生成节点的平均出度数量
configuration	映射（Map）	是	额外的配置信息

下面我们举一个使用过程 gds.graph.generate 的例子。在这个例子中，生成关系的随机数种子设置为 19（relationshipSeed），生成关系属性的方法由 relationshipProperty 设置。请看代码：

```
CALL gds.graph.generate('weightedGraph',5,2, {relationshipSeed:19,
  relationshipProperty: {type: 'RANDOM', min: 5.0, max: 10.0, name: 'score'}})
YIELD name, nodes, relationships, relationshipDistribution
```

除了以上介绍的图创建方式外，Neo4j 图数据科学 GDS 还提供了 Arrow 映射（Apache Arrow projection）方式构建图，它以存储在非 Neo4j 数据库的图数据为数据源生成 GDS 图。Apache Arrow 是一种开放的、与语言无关的列式内存数据结构规范，通过使用跨语言的远程数据传输平台 Arrow Flight，可实现数据序列化和通用数据传输。而 Neo4j 图数据科学 GDS 实现了一个 Arrow Flight 服务器（安装 GDS 时自动安装），可以接收来自 Arrow Flight 客户端的 Arrow 格式数据，从而可以创建一个图。此种方法涉及 Arrow Flight 服务器的启动、初始化、数据发送等环节，本书不做详解。

8.2.2.2 GDS 图算法

Neo4j 的图数据科学 GDS 工具集包含了很多算法。按照解决问题的类别可以划分为节点中心性算法、节点社区检测算法、节点相似性算法、节点间路径发现等算法。本节的内容大多都在本书前面讲述过，算法的基础知识可参阅章节“1.2.3 图表示和计算”中的有关内容。

本章节对 GDS 提供的节点中心性算法、节点社区检测算法、节点相似性算法和节点间路径发现算法进行概述。关于各种算法不同运行模式下的配置参数信息请参见网址：

https://neo4j.com/docs/graph-data-science/current/algorithms/。

8.2.2.2.1 节点中心性算法

中心性算法是用于确定图谱中节点重要性的算法，按照解决问题的方向，包括网页排名、文章排名、中介中心性、CELF、度中心性、接近中心性和特征向量中心性等算法。

（1）网页排名算法

网页排名（Page Rank）算法最初由谷歌公司的两位创始人 Larry Page 和 Sergey Brin 提出，用于互联网搜索引擎中计算一个网页的重要程度。这种算法认为一个网页的重要程度与此网页的出度（向外连接）和入度（连接到此页）直接相关。实际上，可以把互联网看作是一个巨大的图网络，其中的每一个网页看作是一个节点。所以这种算法用于图结构时，可以计算图网络中每个节点的重要性。

在 GDS 中，网页排名 PageRank 算法度考虑一个节点的入度关系的数量及其对应源节点的重要性，同时也考虑节点的出度关系数量。一个节点 A 的重要程度 *PR*(A)的计算公式如下：

$$PR(\mathrm{A}) = (1-d) + d\left(\frac{PR(T_1)}{C(T_1)} + \cdots + \frac{PR(T_n)}{C(T_n)}\right) = (1-d) + d\sum_{i=1}^{n}\frac{PR(T_i)}{C(T_i)}$$

式中，d 称为阻尼系数（damping factor），其取值范围为[0, 1)，通常取值为 0.85。阻尼系数是指用户浏览到达某节点后继续向后浏览的概率，通常用于处理那些没有向外链接的节点；$C(T_i)$表示节点出度关系的数量。

PageRank 的计算通常是一个迭代过程。先假设一个初始分布，通过迭代，不断计算所有节点（网页）的 PageRank 值，直到收敛为止。在 GDS 中，网页排名 PageRank 算法流模式下的名称为 gds.pageRank.stream。调用形式如下：

```
CALL gds.pageRank.stream(
  graphName: String,
  configuration: Map
)
YIELD
  nodeId: Integer,
  score: Float
```

上述代码中，过程 gds.pageRank.stream 的参数信息如表 8-7 所示。

表 8-7　过程 gds.pageRank.stream 的参数信息

参数名称	参数类型	是否可选	描述
graphName	字符串（String）	否	图目录中的 GDS 图名称
configuration	映射（Map）	是	与算法相关的配置信息

下面我们举一个使用过程 gds.pageRank.stream 的例子。在这个例子中，设置了最大迭代次数、阻尼因子等配置参数，返回节点 ID 对应的节点名称和节点分数，其中函数 gds.util.asNode()根据节点 ID 返回节点对象。请看代码：

```
CALL gds.pageRank.stream('myGraph', {
  maxIterations: 20,
  dampingFactor: 0.85,
  relationshipWeightProperty: 'weight'
})
YIELD nodeId, score
RETURN gds.util.asNode(nodeId).name AS name, score
ORDER BY score DESC, name ASC
```

对于统计模式、交互模式和写入模式的名称分别是 gds.pageRank.stats、gds.pageRank.mutate 和 gds.pageRank.write。它们的参数与流模式下的过程 gds.pageRank.stream 相同，但是返回值会有所不同，这里不详细介绍。

（2）文章排名算法

文章排名（Article Rank）算法 ArticleRank 是网页排名算法 PageRank 的一种变体，用于度量节点（内容）的重要程度。网页排名算法 PageRank 的假设是：起源于低度节点（拥有少量邻居的节点）的关系比起源于高度节点（拥有更多邻居的节点）的关系具有更高的影响力；而文章排名算法 ArticleRank 基本遵守网页排名算法 PageRank 的假设，但是降低了低度节点对邻居节点的影响力。在知识图谱中，Article Rank 值高的节点（内容）通常意味着它们在网络中具有较高的影响力和权威性。

ArticleRank 的计算也是一个迭代过程。节点 v 的文章排名 $ArticleRank_i$ 在第 i 次迭代时的计算公式如下：

$$ArticleRank_i(\mathrm{v}) = (1-d) + d\sum_{w\in N_{\mathrm{in}}(\mathrm{v})}\frac{ArticleRank_{i-1}(w)}{|N_{\mathrm{out}}(w)| + \overline{N_{\mathrm{out}}}}$$

式中，$N_{\mathrm{in}}(\mathrm{v})$表示节点 v 的入度节点集合，$N_{\mathrm{out}}(\mathrm{v})$表示节点 v 的出度节点集；$d$ 称为阻尼系数（damping factor），其取值范围为[0, 1)，通常取值为 0.85；$\overline{N_{\mathrm{out}}}$ 表示平均出度值。

在 GDS 中，文章排名 ArticleRank 算法流模式下的名称为 gds.articleRank.stream。调用形式如下：

```
CALL gds.articleRank.stream(
  graphName: String,
  configuration: Map
)
YIELD
  nodeId: Integer,
  score: Float
```

上述代码中，过程 gds.articleRank.stream 的参数信息与前面表 8-7 相同。下面我们举一个使用过程 gds.articleRank.stream 的例子。在这个例子中，在配置信息中设置“scaler”参数，其含义是对最后得分进行规范化。请看代码：

```
CALL gds.articleRank.stream('myGraph', {
  scaler: "StdScore"
})
YIELD nodeId, score
RETURN gds.util.asNode(nodeId).name AS name, score
ORDER BY score DESC, name ASC
```

对于统计模式、交互模式和写入模式的名称分别是 gds.articleRank.stats、gds.articleRank.mutate 和 gds.articleRank.write。它们的参数与流模式下的过程 gds.articleRank.stream 相同，但是返回值会有所不同，这里不详细介绍。

（3）中介中心性

中介中心性（between centrality）测量一个节点在多大程度上能够成为“中介”，即在多大程度上能够控制或影响他人，常用于发现知识图谱中作为信息流动“中介”的节点。这种算法首先计算图谱中所有每对节点之间的最短路径，每个节点基于通过它的最短路径数量获得一个分数，即通过它的最短路径数量越多，中介中心性分数越高，表明其影响程度越大。这些节点可以称为“关键节点”，或者“瓶颈节点”。

一个节点 v 的中介中心性 $BC(\mathrm{v})$的计算公式如下：

$$BC(\mathrm{v}) = \sum_{s\neq \mathrm{v}\neq t} PD_{\mathrm{st}}(\mathrm{v}) = \sum_{s\neq \mathrm{v}\neq t}\frac{SP_{\mathrm{st}}(\mathrm{v})}{SP_{\mathrm{st}}}$$

在 Neo4j 图数据科学 GDS 中，中介中心性算法流模式下的名称为 gds.betweenness.stream。

调用形式如下：

```
CALL gds.betweenness.stream(
  graphName: String,
  configuration: Map
)
YIELD
  nodeId: Integer,
  score: Float
```

上述代码中，过程 gds.betweenness.stream 的参数信息与前面表 8-7 相同。下面我们举一个使用过程 gds.betweenness.stream 的例子。在这个例子中，将返回每个节点的中介中心性的分数。请看代码：

```
CALL gds.betweenness.stream('myGraph')
YIELD nodeId, score
RETURN gds.util.asNode(nodeId).name AS name, score
ORDER BY name ASC
```

对于统计模式、交互模式和写入模式的名称分别是 gds.betweenness.stats、gds.betweenness.mutate 和 gds.betweenness.write。它们的参数与流模式下的过程 gds.betweenness.stream 相同，但是返回值会有所不同，这里不详细介绍。

（4）具有成本效益的惰性前向选择算法 CELF

在预防流行病暴发、污染物扩散预测等场景中，通常首先选择一个初始种子对象集（节点集），然后计算或预测传播效果在网络中的最大化。Neo4j 图数据科学 GDS 中所提供的具有成本效益的惰性前向选择算法 CELF（Cost-Effective Lazy Forward selection）能够解决这类问题。CELF 算法由 Leskovec 等人于 2007 年提出，它改进了传统基于独立级联模型的贪心算法，利用函数次模性，只在初始时计算所有节点的影响力，之后不再重复计算所有节点的影响力，因此具有更高的成本效益。

在 GDS 中，CELF 算法流模式下的名称为 gds.influenceMaximization.celf.stream。调用形式如下：

```
CALL gds.influenceMaximization.celf.stream(
  graphName: String,
  configuration: Map
)
YIELD
  nodeId: Integer,
  spread: Float
```

上述代码中，过程 gds.influenceMaximization.celf.stream 的参数信息与前面表 8-7 相同。下面我们举一个使用过程 gds.influenceMaximization.celf.stream 的例子。在这个例子中，将返回种子节点的传播效果。请看代码：

```
CALL gds.influenceMaximization.celf.stream('myGraph', {seedSetSize: 3})
YIELD nodeId, spread
RETURN gds.util.asNode(nodeId).name AS name, spread
ORDER BY spread DESC, name ASC
```

对于统计模式、交互模式和写入模式的名称分别是 gds.influenceMaximization.celf.stats、gds.influenceMaximization.celf.mutate 和 gds.influenceMaximization.celf.write。它们的参数与流模式下的过程 gds.influenceMaximization.celf.stream 相同，但是返回值会有所不同，这里不详细介绍。

（5）度中心性

度中心性（degree centrality）是测量一个节点与所有其他节点相联系的程度，它计算一个节点的入度和/或出度的数量。度中心性越大，意味着这个节点越重要，例如在社交网络中用于寻找最重要或最受欢迎的人。

在 GDS 中，度中心性算法流模式下的名称为 gds.degree.stream。调用形式如下：

```
CALL gds.degree.stream(
  graphName: String,
  configuration: Map
)
YIELD
  nodeId: Integer,
  score: Float
```

上述代码中，过程 gds.degree.stream 的参数信息与前面表 8-7 相同。下面我们举一个使用过程 gds.degree.stream 的例子。在这个例子中，将返回每个节点的度中心性分数值。请看代码：

```
CALL gds.degree.stream('myGraph')
YIELD nodeId, score
RETURN gds.util.asNode(nodeId).name AS name, score AS followers
ORDER BY followers DESC, name DESC
```

对于统计模式、交互模式和写入模式的名称分别是 gds.degree.stats、gds.degree.mutate 和 gds.degree.write。它们的参数与流模式下的过程 gds.degree.stream 相同，但是返回值会有所不同，这里不详细介绍。

（6）接近中心性

节点的接近中心性（closeness centrality）度量它与其他节点的接近程度（距离的倒数），接近中心性分数越高的节点到所有其他节点的距离越短。

接近中心性等于一个节点到所有其他可达节点的最短距离的倒数，并进行累积后归一化，反映在网络中此节点与其他节点之间的接近程度，衡量了此节点与其他节点的平均距离，其值越高说明该节点与其他节点的距离越短，同时也说明了此节点在所在图中的位置越靠近中心，适用于社交网络中关键节点发掘等场景。

在 GDS 中，接近中心性算法流模式下的名称为 gds.closeness.stream。调用形式如下：

```
CALL gds.closeness.stream(
  graphName: String,
  configuration: Map
)
YIELD
  nodeId: Integer,
  score: Float
```

上述代码中，过程 gds.closeness.stream 的参数信息与前面表 8-7 相同。下面我们举一个使用过程 gds.closeness.stream 的例子。在这个例子中，将返回每个节点的接近中心性分数值。请看代码：

```
CALL gds.closeness.stream('myGraph')
YIELD nodeId, score
RETURN gds.util.asNode(nodeId).id AS id, score
ORDER BY score DESC
```

对于统计模式、交互模式和写入模式的名称分别是 gds.closeness.stats、gds.closeness.mutate 和 gds.closeness.write。它们的参数与流模式下的过程 gds.closeness.stream 相同，但是返回值会有所不同，这里不详细介绍。

（7）特征向量中心性

特征向量中心性（eigenvector centrality）认为一个节点的重要性不仅取决于其邻居节点的数量（即该节点的度），而且也取决于其邻居节点的重要性，与之相连的邻居节点越重要，则该节点就越重要。一个节点的特征向量中心性高，意味着这个节点连接到许多本身具有高分数的节点。

注意：特征向量中心性和度中心性不同，一个度中心性高（即拥有很多连接）的节点，特征向量中心性不一定高，因为所有的连接者有可能特征向量中心性很低。同理，特征向量中心性高并不意味着它的度中心性高，拥有很少但很重要的连接者也可以拥有高特征向量中心性。

在 GDS 中，特征向量中心性算法流模式下的名称为 gds.eigenvector.stream。调用形式如下：

```
CALL gds.eigenvector.stream(
  graphName: String,
  configuration: Map
)
YIELD
  nodeId: Integer,
  score: Float
```

上述代码中，过程 gds.eigenvector.stream 的参数信息与前面表 8-7 相同。下面我们举一个使用过程 gds.eigenvector.stream 的例子。在这个例子中，将返回每个节点的特征向量中心性分数值。请看代码：

```
CALL gds.eigenvector.stream('myGraph')
YIELD nodeId, score
RETURN gds.util.asNode(nodeId).name AS name, score
ORDER BY score DESC, name ASC
```

对于统计模式、交互模式和写入模式的名称分别是 gds.eigenvector.stats、gds.eigenvector.mutate 和 gds.eigenvector.write。它们的参数与流模式下的过程 gds.eigenvector.stream 相同，但是返回值会有所不同，这里不详细介绍。

8.2.2.2.2 节点社区检测算法

社区检测算法用于评估图谱中的节点是如何聚类或划分的，以及它们加强或分裂的趋势。目前，Neo4j 图数据库科学 GDS 包括了 K-核分解、K-Means 聚类、标签传播和 Louvain 算法等多种与社区检测相关的算法。

衡量社区检测算法性能的一个重要指标是传导性（Conductance），也称为连通性。我们知道，一个社区 C 中的某个节点的关系（边）或者连接到社区 C 内的节点，或者连接到社区 C 外的节点。而传导性指标是社区 C 内所有节点的指向外部的关系数量与所有节点的关系数量之比。所以，传导性指标越小，说明社区 C 越紧密，内聚性越强；从另一个角度看，传导性指标衡量了不同社区之间的连通性。这个指标越大，说明社区间连通性越强。在 GDS 中，传导性指标的计算过程为 gds.conductance.stream。调用形式如下：

```
CALL gds.conductance.stream(
  graphName: String,
  configuration: Map
) YIELD
  community: Integer,
  conductance: Float
```

这个过程以 GDS 图名称和额外配置项为输入参数 ，输出参数为社区 ID 和社区的传导性分数。一个社区的传导性分数越小，说明这个社区越紧密，或者说社区内成员越相似。

下面我们概述社区检测的各种算法。

（1）K 核分解算法

K 核分解（K-core decomposition）是一种用于在图中寻找符合一定紧密关系条件的子图结构（子网络）的算法，可用于子图划分，过滤掉不重要的结点。所以，K 核分解可以帮助我们筛选出网络中的稳定结构，缩小研究的范围。在一个知识图谱（网络）中，“K 核”表示子图中每个节点的度至少是 K，也就是说 K 核子图是由所有度不小于 K 的节点组成的，这里 K 称为子图的核心度，它的大小与连接到子图之外的节点数无关，只与子图内互相连接的节点数多少有关。如图 8-4 所示。

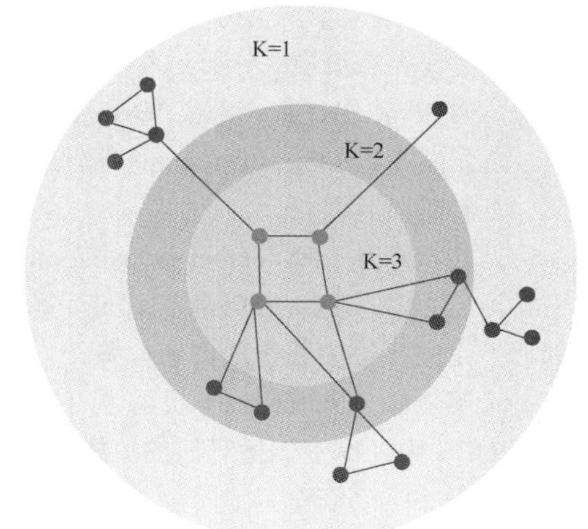

图 8-4　K 核分解示意图

从上图可以看出，子图的 K 核节点数越大，说明网络中节点之间相互连接得越紧密。其中最大的 K 也被称为整个图谱（网络）的最大核心度值。注意：一个 K 核子图总是包含在一个核心度为 K-1 的子图中，因此在这个 K-1 核子图中而不在 K 核子图的所有节点就构成了 K 核的外围节点，这些节点被称为 K 壳（K-shell）。很显然，0 核（0-core）就是整个图，1 核（1-core）就是过滤掉孤立点的子图。

K 核分解的标准算法是通过迭代移除所有连接少于 K 的节点来获得：从 K=1 开始删除所有链接度小于 K 的节点，这些节点的移除会降低其临近节点的链接度，然后依次删除这些节点，并重复该过程，直到不能再删除更多节点。最后剩余的结构即是网络的最大 K 核心子网络。

在 GDS 中，传导性指标的流模式计算过程为 gds.kcore.stream。这个过程以 GDS 图名称和额外配置项为输入参数，输出参数为节点 ID 和核值（子图 ID）。这个过程也有对应的统计模式 gds.kcore.stats、交互模式 gds.kcore.mutate 和写入模式 gds.kcore.write。

（2）K-1 着色算法

K-1 着色（K-1 Coloring）算法是将图中每个节点染上 K 种颜色中的一种，使得任何两个相邻的节点颜色不同。这是一个 NP 完全问题（Non-deterministic Polynomial complete problem，多项式复杂程度的非确定性问题）。鉴于此，在 Neo4j 图数据科学 GDS 中使用了贪婪算法。

在 GDS 中，K-1 着色的流模式计算过程为 gds.k1coloring.stream。这个过程以 GDS 图名称和额外配置项为输入参数，输出参数为节点 ID 和颜色 ID。这个过程也有对应的统计模式 gds.k1coloring.stats、交互模式 gds.k1coloring.mutate 和写入模式 gds.k1coloring.write。

（3）K 均值聚类算法

俗话说“物以类聚，人以群分”，聚类是一种应用最为广泛的无监督学习算法。聚类分析是按照某种相近程度的度量指标，把数据集中的数据有效地划分到不同的组别（簇）中，达到“组别之间的数据差别尽可能大，组内数据之间的差别尽可能小”的效果。所以，聚类的核心是确定定量的度量指标，即特征。实现聚类的方法很多，例如 K 均值（K-Means）聚类模型、近邻传播模型、高斯混合模型、DBSCAN 模型等等。其中 K 均值聚类的目的是根据数据点的相似性把由数据集划分为 K 个不相交的簇（组），每个簇由簇的质心（centroid）定义，所以 K 均值算法的目标是寻找 K 个质心，使得簇内误差平方和达到最小。关于聚类的更多知识，读者可参考笔者的《Scikit-learn 机器学习详解（下）》中第 7 章中的有关内容。

在 Neo4j 图数据科学 GDS 中，节点的 K 均值聚类实现是以节点的属性为特征变量的，其中 K 个质心是采用均匀分布或者专为 K 均值设计的 K-Means++方法采样选取的。在 GDS 中，K 均值聚类的流模式计算过程为 gds.kmeans.stream。这个过程以 GDS 图名称和额外配置项为输入参数，输出参数为节点 ID 和簇 ID 等信息。这个过程也有对应的统计模式 gds.kmeans.stats、交互模式 gds.kmeans.mutate 和写入模式 gds.kmeans.write。

（4）标签传播算法

标签传播算法 LPA（label propagation algorithm）是一种快速发现图中社区（组别）的半监督学习的方法，它认为每个节点的标签应该与其大多数邻近节点的标签相同，将一个节点的邻近节点的标签中数量最多的标签作为该样本的标签。关于标签传播算法的更多知识，读者可参考笔者的《Scikit-learn 机器学习详解（下）》中第 8 章中的有关内容。

在 GDS 中，标签传播算法的流模式计算过程为 gds.labelPropagation.stream。这个过程以 GDS 图名称和额外配置项为输入参数，输出参数为节点 ID 和社区 ID 信息。这个过程也有对应的统计模式 gds.labelPropagation.stats、交互模式 gds.labelPropagation.mutate 和写入模式 gds.labelPropagation.write。

（5）鲁汶算法

鲁汶算法（Louvain algorithm）是由比利时鲁汶大学（University of Louvain）的 Vincent 等研究员于 2008 年提出的一种广泛应用的社区探测模型，为了纪念这个算法的诞生地，该算法被命名为 Louvain 算法，适合于大型网络。鲁汶算法基于社区模块度（modularity）指标，并以模块度最大化为目标对节点进行迭代聚类，实现互不重叠的社区检测，这是一种层次聚类算法。模块度指标是用来衡量一个社区内部的连接密度与社区之间连接密度的比值，值域范围为$\left[-\frac{1}{2}, 1\right]$。对于一个带有权重的图来说，其模块度指标 Q 的计算公式如下：

$$Q=\frac{1}{2m}\sum_{i=1}^{N}\sum_{j=1}^{N}\left[A_{ij}-\frac{k_i k_j}{2m}\right]\delta(c_i,c_j)$$

式中 A_{ij}——节点 i 和节点 j 之间连接权重（边的权重），即关系权重；

k_i——连接到节点 i 的连接权重之和；

m——图中所有连接权重之和；

N——图中所有节点数目；

c_i——节点 i 所属的社区；

δ——克罗内克函数（Kronecker delta function），公式如下：

$$\delta(c_i,c_j)=\begin{cases}1 & \text{如果}c_i\text{和}c_j\text{是同一个社区}\\ 0 & \text{其他情况}\end{cases}$$

基于以上公式，对于一个社区 C 来说，社区 C 的模块度公式如下：

$$Q_c=\frac{1}{2m}\sum_i\sum_j A_{ij}-\left(\sum_i\frac{k_i}{2m}\right)^2=\frac{\sum_{\text{in}}}{2m}-\left(\frac{\sum_{\text{out}}}{2m}\right)^2$$

式中 $\sum_{\text{in}}$——社区 C 内节点对之间连接权重之和（每个连接会计算两次）；

$\sum_{\text{out}}$——社区 C 内节点与连接权重之和（包括与其他社区的节点连接）。

在 GDS 中，鲁汶算法的流模式计算过程为 gds.louvain.stream。这个过程以 GDS 图名称和额外配置项为输入参数，输出参数为节点 ID 和社区 ID 等信息。这个过程也有对应的统计模式 gds.louvain.stats、交互模式 gds.louvain.mutate 和写入模式 gds.louvain.write。

（6）莱顿算法

莱顿算法（Leiden algorithm）是由荷兰莱顿大学（Leiden University）的 Traag 等三位研究员于 2020 年提出的一种社区探测算法。为了纪念这个算法的诞生地，该算法被命名为 Leiden 算法。

莱顿算法对鲁汶算法进行了改进，解决了社区连通性不良甚至是不连通的问题，特别适合于大型网络。与莱顿算法一样，也使用模块度进行计算，不过莱顿算法中的模块度对鲁汶算法中的模块度进行了修改。对于一个带有 权重的图来说，其模块度指标 Q 的计算公式如下：

$$Q=\frac{1}{2m}\sum_{i=1}^{N}\sum_{j=1}^{N}\left[A_{ij}-\gamma\frac{k_i k_j}{2m}\right]\delta(c_i,c_j)$$

式中，γ 是调节社区内部和社区之间连接密度的分辨率参数。当 $\gamma>1$ 时，会形成更多、更小且连接紧密的社区；当 $\gamma<1$ 时，会形成更少、更大但连接相对不那么紧密的社区。

在 GDS 中，莱顿算法的流模式计算过程为 gds.leiden.stream。这个过程以 GDS 图名称和额外配置项为输入参数，输出参数为节点 ID 和社区 ID 等信息。这个过程也有对应的统计模式 gds.leiden.stats、交互模式 gds.leiden.mutate 和写入模式 gds.leiden.write。

（7）局部聚类系数算法

局部聚类系数算法（Local Clustering Coefficient algorithm）计算图中每个节点的局部聚类系数。通常情况下，一个图中的每个节点都有一组邻居节点，局部聚类系统则衡量了这些邻居节点之间实现连接的可能性。如果一个节点的邻居之间存在很多连接，那么该节点的局部聚类系数就会较高，表示它的邻居节点之间关系紧密。相反，如果一个节点的邻居节点之间的连接较少，那么该节点的局部聚类系数就会较低，表示它的邻居之间关系比较松散。所以，局部聚类系数算法能够帮助我们了解节点之间的关系紧密程度，揭示网络结构的特征和模式。

对于无向图而言，节点 n 的局部聚类系数 C_n 的计算公式如下：

$$C_n = \frac{2T_n}{d_n(d_n - 1)}$$

式中　d_n——节点 n 的度；

T_n——节点 n 所属（所参与）的三角形的数量，实际上也是邻居节点构成的网络中的边数。

在 GDS 中，局部聚类系数算法的流模式计算过程为 gds.localClusteringCoefficient.stream。这个过程以 GDS 图名称和额外配置项为输入参数，输出参数为节点 ID 和局部聚类系数等信息。这个过程也有对应的统计模式 gds.localClusteringCoefficient.stats、交互模式 gds.localClusteringCoefficient.mutate 和写入模式 gds.localClusteringCoefficient.write。

（8）模块度优化算法

在前面介绍鲁汶算法时，我们讲述过模块度的概念。模块度衡量一个社区内连接的密度。模块度优化算法（Modularity Optimization algorithm）将对每个节点进行探索，探索一个节点在转向其邻居节点所属的社区时，它的模块度是否增加。

在 GDS 中，模块度优化算法的流模式计算过程为 gds.modularityOptimization.stream。这个过程以 GDS 图名称和额外配置项为输入参数，输出参数为节点 ID 和社区 ID 信息。这个过程也有对应的统计模式 gds.modularityOptimization.stats、交互模式 gds.modularityOptimization.mutate 和写入模式 gds.modularityOptimization.write。

（9）三角形计数算法

三角形计数算法（Triangle Count algorithm）计数图中每个节点所在的三角形数量，通常用于网络分析。一个三角形由三个相互连接的节点组成，而一个图中三角形数量越多，表示节点之间的联系越紧密，并且越稳定。在前面介绍的局部聚类系数算法中，三角形的数量就是使用这个算法计算的。目前，Neo4j 图数据科学 GDS 工具集实现了在无向图中计算三角形的数量。

在 GDS 中，三角形计数算法的流模式计算过程为 gds.triangleCount.stream。这个过程以 GDS 图名称和额外配置项为输入参数，输出参数为节点 ID 和三角形数量信息。这个过程也有对应的统计模式 gds.triangleCount.stats、交互模式 gds.triangleCount.mutate 和写入模式 gds.triangleCount.write。

（10）强连接组件算法

强连接组件算法 SCC（Strongly Connected Components algorithm）在一个有向图中寻找

相互连接节点的最大集合。如果集合中的每对节点之间都有一条有向路径，则该集合被认为是强连通的。

在 GDS 中，强连接组件算法的流模式计算过程为 gds.scc.stream。这个过程以 GDS 图名称和额外配置项为输入参数，输出参数为节点 ID 和组件 ID 信息。这个过程也有对应的统计模式 gds.scc.stats、交互模式 gds.scc.mutate 和写入模式 gds.scc.write。

（11）弱连接组件算法

弱连接组件算法 WCC（Weakly Connected Components algorithm）认为如果两个节点之间存在一条路径，则这两个节点是连接的。所有相互连接的节点共同组成一个组件（社区）。与强连接组件算法相比，弱连接组件算法不考虑两个节点之间边的方向。也就是说，两个节点之间只要存在关系（边），无论方向如何，这两个节点将属于同一个组件（社区）。

在 GDS 中，弱连接组件算法的流模式计算过程为 gds.wcc.stream。这个过程以 GDS 图名称和额外配置项为输入参数，输出参数为节点 ID 和组件 ID 信息。这个过程也有对应的统计模式 gds.wcc.stats、交互模式 gds.wcc.mutate 和写入模式 gds.wcc.write。

8.2.2.2.3 节点相似性算法

Neo4j 图数据科学 GDS 工具集提供了基于节点的邻居节点或其属性计算两个节点之间相似程度的过程和函数。

（1）相似性函数

Neo4j 图数据科学 GDS 工具集提供了一套计算两个数值数组(向量)之间相似度的函数。这些函数可以分为类别（categorical ）度量指标和数值（numerical ）度量指标两类，其中类别度量指标将两个数组视为集合（set），并基于两个集合之间的交集计算相似性；而数值度量指标根据每个位置的数值之间的接近程度来计算相似性。如表 8-8 所示。表中 p_s、p_t 表示两个数值数组。

表 8-8 Neo4j 图数据科学 GDS 节点相似性函数

相似性函数	计算公式	类型	值域
杰卡德系数 gds.similarity.jaccard	$J(p_s,p_t)=\dfrac{\lvert p_s \cap p_t \rvert}{\lvert p_s \cup p_t \rvert}$	类别	[0,1]
重叠相似度 gds.similarity.overlap	$O(p_s,p_t)=\dfrac{\lvert p_s \cap p_t \rvert}{\min(\lvert p_s \rvert,\lvert p_t \rvert)}$	类别	[0, 1]
余弦相似度 gds.similarity.cosine	$cosine(p_s,p_t)=\dfrac{\sum_i p_s(i)\cdot p_t(i)}{\sqrt{\sum_i p_s(i)^2}\cdot\sqrt{\sum_i p_t(i)^2}}$	数值	[−1, 1]
皮尔逊系数 gds.similarity.pearson	$pearson(p_s,p_t)=\dfrac{\sum_i (p_s(i)-\overline{p_s})\cdot(p_t(i)-\overline{p_t})}{\sqrt{\sum_i (p_s(i)-\overline{p_s})^2}\cdot\sqrt{\sum_i (p_t(i)-\overline{p_t})^2}}$	数值	[−1, 1]
欧几里得距离 gds.similarity.euclideanDistance	$ED(p_s,p_t)=\sqrt{\sum_i (p_s(i)-p_t(i))^2}$	数值	[0, ∞)
欧几里得相似度 gds.similarity.euclidean	$euclidean(p_s,p_t)=\dfrac{1}{1+\sqrt{\sum_i (p_s(i)-p_t(i))^2}}$	数值	(0, 1]

（2）节点相似性

在一个节点集合中，节点相似性算法根据节点之间的连接计算两节点的相似度。如果两个节点共享许多相同的邻居，则认为它们是相似的。节点相似性算法基于杰卡德系数、重叠相似度和余弦相似度计算成对节点之间的相似性。注意：只计算度大于等于 1 的节点，排除孤立节点。

在 GDS 中，节点相似性过程的流模式下的名称为 gds.nodeSimilarity.stream。调用形式如下：

```
CALL gds.nodeSimilarity.stream(
  graphName: String,
  configuration: Map
) YIELD
  node1: Integer,
  node2: Integer,
  similarity: Float
```

这个过程以 GDS 图名称和额外配置项为输入参数 ，输出参数为两个节点的 ID 以及它们的相似度数值。下面我们举一个使用过程 gds.nodeSimilarity.stream 的例子。在这个例子中，相似度计算方法默认使用杰卡德相似系数（在配置项参数 configuration 中设置 similarity Metric ），返回图中两节点名称和它们的相似度系数。请看代码：

```
CALL gds.nodeSimilarity.stream('myGraph')
YIELD node1, node2, similarity
RETURN gds.util.asNode(node1).name AS Person1, gds.util.asNode(node2).name
  AS Person2, similarity
ORDER BY similarity DESCENDING, Person1, Person2
```

对于统计模式、交互模式和写入模式的名称分别是 gds.nodeSimilarity.stats、gds.nodeSimilarity.mutate 和 gds.nodeSimilarity.write。它们的参数与流模式下的过程 gds.nodeSimilarity.stream 相同，但是返回值会有所不同，这里不详细介绍。

（3）过滤的节点相似性

过滤的节点相似性是对节点相似性算法的扩展，它支持对源节点、结果节点的过滤。这可以节约内存使用，同时提高计算性能。

在 GDS 中，过滤的节点相似性过程的流模式下的名称为 gds.nodeSimilarity.filtered.stream。调用形式如下：

```
CALL gds.nodeSimilarity.filtered.stream(
  graphName: String,
  configuration: Map
) YIELD
  node1: Integer,
  node2: Integer,
  similarity: Float
```

这个过程以 GDS 图名称和额外配置项为输入参数 ，输出参数为两个节点的 ID 以及它们的相似度数值。下面我们举一个使用过程 gds.nodeSimilarity.filtered.stream 的例子。在这个例子中，相似度计算方法默认使用杰卡德相似系数（在配置项参数 configuration 中设置

similarityMetric ），并对源节点和结果节点进行了过滤，返回值为图中两节点名称和它们的相似度系数。请看代码：

```
CALL gds.nodeSimilarity.filtered.stream('myGraph',
          {sourceNodeFilter:'Singer' , targetNodeFilter:'Singer' } )
YIELD node1, node2, similarity
RETURN gds.util.asNode(node1).name AS Person1, gds.util.asNode(node2).name
  AS Person2, similarity
ORDER BY similarity DESCENDING, Person1, Person2
```

对于统计模式、交互模式和写入模式的名称分别是 gds.nodeSimilarity.stats、gds.nodeSimilarity.mutate 和 gds.nodeSimilarity.write。它们的参数与流模式下的过程 gds.nodeSimilarity.stream 相同，但是返回值会有所不同，这里不详细介绍。

（4）K 最近邻算法

在知识图谱中，K 最近邻算法（K-Nearest Neighbors algorithm）计算所有节点对之间的距离，并在每个节点与其 K 个最近的邻居节点之间创建新的关系。节点对之间的距离是根据节点的属性计算的，计算过程中忽略任何节点标签或关系类型，甚至节点之间也可以没有连接（关系）。其中初始 K 个节点是采用均匀分布或者随机游走策略选取的，并在后续的多轮迭代中不断修正和优化。两个节点的属性值的类型不同，采用的相似性计算方法也不同。

当节点的属性值为标量时，相似度计算公式为：

$$\text{相似度} = \frac{1}{1 + |p_s - p_t|}$$

式中，p_s、p_t 表示两个节点对应的标量属性值。可见，上述相似度只有为(0, 1]。

当节点的属性值为整数列表时，相似度采用杰卡德相似系数或者重叠相似系数。计算公式请参见表 8-8。

当节点的属性值为浮点数列表时，相似度采用余弦相似度、皮尔逊相似度或者欧几里得相似度。计算公式请参见 表 8-8。

在 GDS 中，K 最近邻算法过程的流模式下的名称为 gds.knn.stream。调用形式如下：

```
CALL gds.knn.stream(
  graphName: String,
  configuration: Map
) YIELD
  node1: Integer,
  node2: Integer,
  similarity: Float
```

这个过程以 GDS 图名称和额外配置项为输入参数 ，输出参数为两个节点的 ID 以及它们的相似度数值。下面我们举一个使用过程 gds.knn.stream 的例子。在这个例子中，K 设置为 1，按照节点属性“age”进行计算，返回值为图中两节点名称和它们的相似度系数。请看代码：

```
CALL gds.knn.stream('myGraph', {
    topK: 1,
    nodeProperties: ['age'],
    // 下面的设置可以产生确定的结果
```

```
    randomSeed: 1337,
    concurrency: 1,
    sampleRate: 1.0,
    deltaThreshold: 0.0
})
YIELD node1, node2, similarity
RETURN gds.util.asNode(node1).name AS Person1, gds.util.asNode(node2).name
AS Person2, similarity
ORDER BY similarity DESCENDING, Person1, Person2
```

对于统计模式、交互模式和写入模式的名称分别是 gds.knn.stats、gds.knn.mutate 和 gds.knn.write。它们的参数与流模式下的过程 gds.knn.stream 相同，但是返回值会有所不同，这里不详细介绍。

（5）过滤的 K 最近邻算法

过滤的 K 最近邻算法是对 K 最近邻算法的扩展，它支持对源节点、结果节点的过滤。这可以节约内存使用，同时提高计算性能。

在 GDS 中，过滤的节点相似性过程的流模式下的名称为 gds.knn.filtered.stream。调用形式如下：

```
CALL gds.knn.filtered.stream(
  graphName: String,
  configuration: Map
) YIELD
  node1: Integer,
  node2: Integer,
  similarity: Float
```

这个过程以 GDS 图名称和额外配置项为输入参数 ，输出参数为两个节点的 ID 以及它们的相似度数值。下面我们举一个使用过程 gds.knn.filtered.stream 的例子。在这个例子中，分别对源节点和结果节点进行了过滤，并过滤掉邻近节点相似度小于 0.3 的节点，返回值为图中两节点名称和它们的相似度系数。请看代码：

```
CALL gds.knn.filtered.stream('myGraph', {
    topK: 1,
    nodeProperties: ['age'],
    targetNodeFilter: 'Vegan',
    seedTargetNodes: true,
    similarityCutoff: 0.3,
    // 下面的设置可以产生确定的结果
    randomSeed: 1337,
    concurrency: 1,
    sampleRate: 1.0,
    deltaThreshold: 0.0
})
YIELD node1, node2, similarity
RETURN gds.util.asNode(node1).name AS Person1, gds.util.asNode(node2).name
AS Person2, similarity
ORDER BY similarity DESCENDING, Person1, Person2
```

对于统计模式、交互模式和写入模式的名称分别是 gds.knn.filtered.stats、gds.knn.filtered.mutate 和 gds.knn.filtered.write。它们的参数与流模式下的过程 gds.knn.filtered.stream 相同，但是返回值会有所不同，这里不详细介绍。

8.2.2.2.4 节点间路径发现算法

路径发现算法寻找两个或多个节点之间的路径，并评估路径的可用性和质量。Neo4j 图数据科学 GDS 实现了多种多样的 路径搜索算法，包括增量步进单源最短路径算法、迪杰斯特拉源目标最短路径算法、迪杰斯特拉单源最短路径算法等等。

（1）迪杰斯特拉单源最短路径算法

迪杰斯特拉单源最短路径算法（Dijkstra Single-Source Shortest Path algorithm）计算一个源节点与其所有可达节点之间全部的最短路径。在 GDS 中，这种算法使用单线程实现，它的流模式下的过程为 gds.allShortestPaths.dijkstra.stream。调用形式如下：

```
CALL gds.allShortestPaths.dijkstra.stream(
  graphName: String,
  configuration: Map
)
YIELD
  index: Integer,
  sourceNode: Integer,
  targetNode: Integer,
  totalCost: Float,
  nodeIds: List of Integer,
  costs: List of Float,
  path: Path
```

这个过程以 GDS 图名称和额外配置项为输入参数 ，输出参数为最短路径索引、源节点 ID、目标节点 ID、路径总成本、路径上的节点 ID 列表（按照遍历顺序）、路径上每个节点的累积成本列表、Cypher 路径对象等信息。下面我们举一个使用过程 gds.allShortestPaths.dijkstra.stream 的例子。在这个例子中，返回每个源-目标节点对的最短路径及路径信息，这有利于直接查看路径结果，并可以利用这些信息进行后续处理。请看代码：

```
MATCH (source:Location {name: 'A'})
CALL gds.allShortestPaths.dijkstra.stream('myGraph', {
    sourceNode: source,
    relationshipWeightProperty: 'cost'
})
YIELD index, sourceNode, targetNode, totalCost, nodeIds, costs, path
RETURN
    index,
    gds.util.asNode(sourceNode).name AS sourceNodeName,
    gds.util.asNode(targetNode).name AS targetNodeName,
    totalCost,
    [nodeId IN nodeIds | gds.util.asNode(nodeId).name] AS nodeNames,
    costs,
    nodes(path) as path
ORDER BY index
```

对于交互模式和写入模式的名称分别是 gds.allShortestPaths.dijkstra.mutate 和 gds.allShortestPaths.dijkstra.write。它们的参数与流模式下的过程 gds.allShortestPaths.dijkstra.stream 相同，但是返回值会有所不同，这里不详细介绍。

（2）迪杰斯特拉源目标最短路径算法

迪杰斯特拉源目标最短路径算法（Dijkstra Source-Target Shortest Path algorithm）计算一个源节点与一个目标节点之间的最短路径。在 GDS 中，这种算法流模式下的过程为 gds.shortestPath.dijkstra.stream。调用形式如下：

```
CALL gds.shortestPath.dijkstra.stream(
  graphName: String,
  configuration: Map
)
YIELD
  index: Integer,
  sourceNode: Integer,
  targetNode: Integer,
  totalCost: Float,
  nodeIds: List of Integer,
  costs: List of Float,
  path: Path
```

这个过程以 GDS 图名称和额外配置项为输入参数 ，输出参数为最短路径索引、源节点 ID、目标节点 ID、路径总成本、路径上的节点 ID 列表（按照遍历顺序）、路径上每个节点的累积成本列表、Cypher 路径对象等信息。下面我们举一个使用过程 gds.shortestPath.dijkstra.stream 的例子。在这个例子中，返回每个源-目标节点对的最短路径及路径信息，这有利于直接查看路径结果，并可以利用这些信息进行后续处理。请看代码：

```
MATCH (source:Location {name: 'A'}), (target:Location {name: 'F'})
CALL gds.shortestPath.dijkstra.stream('myGraph', {
    sourceNode: source,
    targetNode: target,
    relationshipWeightProperty: 'cost'
})
YIELD index, sourceNode, targetNode, totalCost, nodeIds, costs, path
RETURN
    index,
    gds.util.asNode(sourceNode).name AS sourceNodeName,
    gds.util.asNode(targetNode).name AS targetNodeName,
    totalCost,
    [nodeId IN nodeIds | gds.util.asNode(nodeId).name] AS nodeNames,
    costs,
    nodes(path) as path
ORDER BY index
```

对于交互模式和写入模式的名称分别是 gds.shortestPath.dijkstra.mutate 和 gds.shortestPath.dijkstra.write。它们的参数与流模式下的过程 gds.shortestPath.dijkstra.stream 相同，但是返回值会有所不同，这里不详细介绍。

（3）增量步进最短路径算法

与迪杰斯特拉单源最短路径算法类似，增量步进单源最短路径算法（Delta-Stepping Single-Source Shortest Path algorithm）计算一个源节点与其所有可达节点之间全部的最短路径。与迪杰斯特拉单源最短路径算法相比，这种方法是一种距离校正算法，而这种特征允许它对图并行遍历，是迪杰斯特拉单源最短路径算法的高效且并行的替代。该算法保证总是能够找到源节点和目标节点之间的最短路径。但是，如果两个节点之间存在多条最短路径，则该算法不能保证在每次计算中都返回相同的路径。

在 GDS 中，增量步进单源最短路径算法流模式下的实现过程为 gds.allShortestPaths.delta.stream。调用形式如下：

```
CALL gds.allShortestPaths.delta.stream(
 graphName: String,
 configuration: Map
)
YIELD
 index: Integer,
 sourceNode: Integer,
 targetNode: Integer,
 totalCost: Float,
 nodeIds: List of Integer,
 costs: List of Float,
 path: Path
```

这个过程以 GDS 图名称和额外配置项为输入参数 ，输出参数为最短路径索引、源节点 ID、目标节点 ID、路径总成本、路径上的节点 ID 列表（按照遍历顺序）、路径上每个节点的累积成本列表、Cypher 路径对象等信息。下面我们举一个使用过程 gds.allShortestPaths.delta.stream 的例子。在这个例子中，返回每个源-目标节点对的最短路径及路径信息，这有利于直接查看路径结果，并可以利用这些信息进行后续处理。请看代码：

```
MATCH (source:Location {name: 'A'})
CALL gds.allShortestPaths.delta.stream('myGraph', {
   sourceNode: source,
   relationshipWeightProperty: 'cost',
   delta: 3.0
})
YIELD index, sourceNode, targetNode, totalCost, nodeIds, costs, path
RETURN
   index,
   gds.util.asNode(sourceNode).name AS sourceNodeName,
   gds.util.asNode(targetNode).name AS targetNodeName,
   totalCost,
   [nodeId IN nodeIds | gds.util.asNode(nodeId).name] AS nodeNames,
   costs,
   nodes(path) as path
ORDER BY index
```

对于统计模式、交互模式和写入模式的名称分别是 gds.allShortestPaths.delta.stats、gds.

allShortestPaths.delta.mutate 和 gds.allShortestPaths.delta.write。它们的参数与流模式下的过程 gds.allShortestPaths.delta.stream 相同，但是返回值会有所不同，这里不详细介绍。

（4）A 星最短路径算法

A 星最短路径算法（A* Shortest Path algorithm）计算两个节点之间的最短路径，是一种启发式的搜索算法。这种算法的独特之处是检查最短路径中每个可能的节点时引入了全局信息，对当前节点距终点的距离做出估计，并作为评价该节点处于最短路线上的可能性的度量。

在 GDS 中，A 星最短路径算法使用单线程实现，它的流模式下的实现过程为 gds.shortestPath.astar.stream。调用形式如下：

```
CALL gds.shortestPath.astar.stream(
 graphName: String,
 configuration: Map
)
YIELD
 index: Integer,
 sourceNode: Integer,
 targetNode: Integer,
 totalCost: Float,
 nodeIds: List of Integer,
 costs: List of Float,
 path: Path
```

这个过程以 GDS 图名称和额外配置项为输入参数 ，输出参数为最短路径索引、源节点 ID、目标节点 ID、路径总成本、路径上的节点 ID 列表（按照遍历顺序）、路径上每个节点的累积成本列表、Cypher 路径对象等信息。下面我们举一个使用过程 gds.shortestPath.astar.stream 的例子。在这个例子中，返回每个源-目标节点对的最短路径及路径信息，这有利于直接查看路径结果，并可以利用这些信息进行后续处理。请看代码：

```
MATCH (source:Station {name: 'Kings Cross'}), (target:Station {name: 'Kentish
  Town'})
CALL gds.shortestPath.astar.stream('myGraph', {
   sourceNode: source,
   targetNode: target,
   latitudeProperty: 'latitude',
   longitudeProperty: 'longitude',
   relationshipWeightProperty: 'distance'
})
YIELD index, sourceNode, targetNode, totalCost, nodeIds, costs, path
RETURN
   index,
   gds.util.asNode(sourceNode).name AS sourceNodeName,
   gds.util.asNode(targetNode).name AS targetNodeName,
   totalCost,
   [nodeId IN nodeIds | gds.util.asNode(nodeId).name] AS nodeNames,
   costs,
   nodes(path) as path
ORDER BY index
```

对于交互模式和写入模式的名称分别是 gds.shortestPath.astar.mutate 和 gds.shortestPath.astar.write。它们的参数与流模式下的过程 gds.shortestPath.astar.stream 相同，但是返回值会有所不同，这里不详细介绍。

（5）叶氏最短路径算法

叶氏最短路径算法(Yen's Shortest Path algorithm)计算两个节点之间的K个最短的路径，所以也称为叶氏 K-最短路径算法，表示计算结果返回前 K 个最短路径。当 K=1 时，这种算法就相当于迪杰斯特拉源目标最短路径算法。

在 GDS 中，叶氏最短路径算法流模式下的实现过程为 gds.shortestPath.yens.stream。调用形式如下：

```
CALL gds.shortestPath.yens.stream(
  graphName: String,
  configuration: Map
)
YIELD
  index: Integer,
  sourceNode: Integer,
  targetNode: Integer,
  totalCost: Float,
  nodeIds: List of Integer,
  costs: List of Float,
  path: Path
```

这个过程以 GDS 图名称和额外配置项为输入参数 ，输出参数为最短路径索引、源节点 ID、目标节点 ID、路径总成本、路径上的节点 ID 列表（按照遍历顺序）、路径上每个节点的累积成本列表、Cypher 路径对象等信息。下面我们举一个使用过程 gds.shortestPath.yens.stream 的例子。在这个例子中，返回每个源-目标节点对的最短路径及路径信息，这有利于直接查看路径结果，并可以利用这些信息进行后续处理。请看代码：

```
MATCH (source:Location {name: 'A'}), (target:Location {name: 'F'})
CALL gds.shortestPath.yens.stream('myGraph', {
    sourceNode: source,
    targetNode: target,
    k: 3,
    relationshipWeightProperty: 'cost'
})
YIELD index, sourceNode, targetNode, totalCost, nodeIds, costs, path
RETURN
    index,
    gds.util.asNode(sourceNode).name AS sourceNodeName,
    gds.util.asNode(targetNode).name AS targetNodeName,
    totalCost,
    [nodeId IN nodeIds | gds.util.asNode(nodeId).name] AS nodeNames,
    costs,
    nodes(path) as path
ORDER BY index
```

对于交互模式和写入模式的名称分别是 gds.shortestPath.yens.mutate 和 gds.shortestPath.yens.write。它们的参数与流模式下的过程 gds.shortestPath.yens.stream 相同，但是返回值会有所不同，这里不详细介绍。

（6）广度优先搜索算法

广度优先搜索算法（Breadth First Search algorithm），也称为宽度优先搜索算法，是最简便的图搜索方法之一，是很多其他图算法的基础。前面介绍的迪杰斯特拉单源最短路径算法和后面将要介绍的基于普里姆（Prim）方法的最小权重生成树算法都采用了和广度优先搜索类似的思想。

广度优先搜索算法的核心思想是：首先访问给定的开始节点，然后从开始节点出发，依次访问开始节点的各个未访问过的邻近节点，再依次访问这些邻近节点的未被访问的邻近节点，直至图中所有节点都被访问过为止。遍历过程的终止可以有多种条件，包括达到了目标节点之一、达到了最大深度要求和用尽了遍历关系的既定成本等等。该算法的输出包含访问了哪些节点以及访问顺序的信息。

在 GDS 中，广度优先搜索算法流模式下的实现过程为 gds.bfs.stream。调用形式如下：

```
CALL gds.bfs.stream(
  graphName: string,
  configuration: map
)
YIELD
  sourceNode: int,
  nodeIds: int,
  path: Path
```

这个过程以 GDS 图名称和额外配置项为输入参数，输出参数为开始节点 ID、路径上的节点 ID 列表（按照遍历顺序）、Cypher 路径对象等信息。下面我们举一个使用过程 gds.bfs.stream 的例子。在这个例子中，设置了开始节点和目标节点。当遍历达到两个目标节点中的任何一个时，遍历结束。请看代码：

```
MATCH (source:Node{name:'A'}), (d:Node{name:'D'}), (e:Node{name:'E'})
WITH source, [d, e] AS targetNodes
CALL gds.bfs.stream('myGraph', {
  sourceNode: source,
  targetNodes: targetNodes
})
YIELD path
RETURN path
```

对于交互模式、统计模式的名称分别是 gds.bfs.mutate 和 gds.bfs.stats。它们的参数与流模式下的过程 gds.bfs.stream 相同，但是返回值会有所不同，这里不详细介绍。

（7）深度优先搜索算法

深度优先搜索算法（Depth First Search algorithm）也是一种简便的图搜索算法，它的核心思想是：从起始节点开始，选择某一路径深度，试探查找目标节点，当该路径上不存在目标节点时，回溯到起始节点，继续选择另一条路径深度试探查找目标节点，直到找到目标节点或试探完所有节点后回溯到起始节点，完成搜索。

在 GDS 中，深度优先搜索算法流模式下的实现过程为 gds.dfs.stream。调用形式如下：

```
CALL gds.dfs.stream(
  graphName: String,
  configuration: Map
)
YIELD
  sourceNode: Integer,
  nodeIds: Integer,
  path: Path
```

这个过程以 GDS 图名称和额外配置项为输入参数 ，输出参数为开始节点 ID、路径上的节点 ID 列表（按照遍历顺序）、Cypher 路径对象等信息。下面我们举一个使用过程 gds.dfs.stream 的例子。在这个例子中，只设置了开始节点。请看代码：

```
MATCH (source:Node{name:'A'})
CALL gds.dfs.stream('myGraph', {
  sourceNode: source
})
YIELD path
RETURN path
```

对于交互模式的名称是 gds.dfs.mutate。它的参数与流模式下的过程 gds.dfs.stream 相同，但是返回值会有所不同，这里不详细介绍。

（8）随机游走算法

随机游走算法（Random Walk algorithm）是一种模拟的随机过程，表示在图上的随机移动。在图中，给定一个出发点，根据一定的概率选择下一个节点进行移动，移动到邻居节点上，然后把当前节点作为出发点，重复以上过程，其中概率可以根据节点之间的连接关系和其他因素进行调整。那些被随机选择的节点序列构成了一个在图上的随机游走过程，也就是一条随机路径。随机游走算法的目标是找到节点的平稳分布，即节点在长期随机游走后的访问概率。当随机游走达到平稳分布（收敛）时，可以通过节点的访问概率来评估节点的重要性或者划分节点所属的社区。

Neo4j 图数据科学 GDS 工具集实现的随机游走算法支持二阶随机游走。该方法试图基于当前访问的节点 v、当前节点之前访问的节点 t 以及作为候选关系目标的节点 x 来对转移概率进行建模。因此，随机行走受两个参数的影响：返回因子 returnFactor 和输入因子 inOutFactor。

返回因子 returnFactor：随机游走返回先前访问的节点；

出入因子 inOutFactor：随机游走倾向于靠近起始节点或呈扇形散开的趋势。

在 GDS 中，随机游走算法流模式下的实现过程为 gds.randomWalk.stream。调用形式如下：

```
CALL gds.randomWalk.stream(
  graphName: String,
  configuration: Map
)
YIELD
  nodeIds: List of Integer,
```

```
path: Path
```

这个过程以 GDS 图名称和额外配置项为输入参数，输出参数为节点 ID 的列表和 Cypher 路径对象等信息。下面我们举一个使用过程 gds.randomWalk.stream 的例子。在这个例子中，指定了源节点集合，返回组成路径的节点 ID 列表等信息。请看代码：

```
MATCH (page:Page)
WHERE page.name IN ['Home', 'About']
WITH COLLECT(page) as sourceNodes
CALL gds.randomWalk.stream(
  'myGraph',
  {
    sourceNodes: sourceNodes,
    walkLength: 3,
    walksPerNode: 1,
     randomSeed: 42,
     concurrency: 1
  }
)
YIELD nodeIds, path
RETURN nodeIds, [node IN nodes(path) | node.name ] AS pages
```

对于统计模式的名称分别是 gds.randomWalk.stats。它的参数与流模式下的过程 gds.randomWalk.stream 相同，但是返回值会有所不同，这里不详细介绍。

（9）贝尔曼-福特单源最短路径算法

贝尔曼-福特单源最短路径算法（Bellman-Ford Single-Source Shortest Path algorithm）是一种计算两个节点之间最短路径的方法。与迪杰斯特拉单源最短路径算法不同的是，这种方法不仅可以应用于非负关系权重的图，也能够应用于负关系图，所以这种算法更加通用，不过前提是源节点不能达到任何负循环中的节点。我们知道，图中的循环是指开始节点和结束节点是同一个节点，而负循环是指关系权重之和为负的循环。

在 GDS 中，贝尔曼-福特单源最短路径算法流模式下的实现过程为 gds.bellmanFord.stream。调用形式如下：

```
CALL gds.bellmanFord.stream(
  graphName: String,
  configuration: Map
)
YIELD
  index: Integer,
  sourceNode: Integer,
  targetNode: Integer,
  totalCost: Float,
  nodeIds: List of Integer,
  costs: List of Float,
  route: Path,
  isNegativeCycle: Boolean
```

这个过程以 GDS 图名称和额外配置项为输入参数，输出参数为最短路径索引、源节点

ID、目标节点 ID、路径总成本、路径上的节点 ID 列表（按照遍历顺序）、路径上每个节点的累积成本列表、Cypher 路径对象和是否为负循环等信息。下面我们举一个使用过程 gds.bellmanFord.stream 的例子。在这个例子中，返回每个源-目标节点对的最短路径及路径信息，这有利于直接查看路径结果，并可以利用这些信息进行后续处理。请看代码：

```
MATCH (source:Node {name: 'A'})
CALL gds.bellmanFord.stream('myGraph', {
   sourceNode: source,
   relationshipWeightProperty: 'cost'
})
 YIELD index, sourceNode, targetNode, totalCost, nodeIds, costs, route, isNegativeCycle
RETURN
   index,
   gds.util.asNode(sourceNode).name AS sourceNode,
    gds.util.asNode(targetNode).name AS targetNode,
    totalCost,
    [nodeId IN nodeIds | gds.util.asNode(nodeId).name] AS nodeNames,
    costs,
    nodes(route) as route,
    isNegativeCycle as isNegativeCycle
ORDER BY index
```

对于统计模式、交互模式和写入模式的名称分别是 gds.bellmanFord.stats、gds.bellmanFord.mutate 和 gds.bellmanFord.write。它们的参数与流模式下的过程 gds.bellmanFord.stream 相同，但是返回值会有所不同，这里不详细介绍。

（10）最小权重生成树

我们首先回顾一下树（tree）的概念。树是一种特殊的图，具有无回路、连通、含有 n-1 条边（其中 n 为节点数）的特点，树有很多重要的性质，如唯一路径、最小路径等等。而“生成树”或“跨越树”（Spanning Tree）是指对于一个连通图 G，能够覆盖图中所有节点，并且不存在回路的子图，或者说“生成树”是一棵节点通过单一路径相互连接的树。

最小权重生成树算法 MST（Minimum Weight Spanning Tree algorithm），也称为最小权重跨越树算法，是在给定开始节点（源节点）的情况下，找到所有可达的节点，搜索连接这些可达节点的路径，最后返回最小权重的路径。其中普里姆（Prim）方法是最常用的实现方法。它的工作原理类似于迪杰斯特拉单源最短路径算法，但与之不同的是它分别最小化每个关系的长度，而不是在每个关系结束时最小化路径总长度。这也使得这种算法可以应用于具有负权重的图上。另外，最小权重生成树算法适用于具有不同关系权重的图。如果在没有权重或权重相等的图中使用，则任何生成树都是最小生成树。

在 GDS 中，最小权重生成树算法使用单线程实现，它的流模式下的过程为 gds.spanningTree.stream。调用形式如下：

```
CALL gds.spanningTree.stream(
 graphName: String,
 configuration: Map
)
```

```
YIELD
      nodeId: Integer,
      parentId: Integer,
      weight: Float
```

这个过程以 GDS 图名称和额外配置项为输入参数，输出参数为生成树中的节点 ID（nodeId）、节点的父节点 ID（parentId）、父节点到节点的关系权重等信息。下面我们举一个使用过程 gds.spanningTree.stream 的例子。在这个例子中，返回每个节点和父节点 ID，以及两者关系的权重。请看代码：

```
MATCH (n:Place{id: 'D'})
CALL gds.spanningTree.stream('graph', {
  sourceNode: n,
  relationshipWeightProperty: 'cost'
})
YIELD nodeId,parentId, weight
RETURN gds.util.asNode(nodeId).id AS node, gds.util.asNode(parentId).id AS parent,weight
ORDER BY node
```

对于统计模式、交互模式和写入模式的名称分别是 gds.spanningTree.stats、gds.spanningTree.mutate 和 gds.spanningTree.write。它们的参数与流模式下的过程 gds.spanningTree.stream 相同，但是返回值会有所不同，这里不详细介绍。

（11）最小有向斯坦纳树

这里我们首先介绍一下斯坦纳树（Steiner tree）的概念。对于一个图，给定一个由一些节点组成的节点集合，那么能使这些点集连通的子树就是一棵斯坦纳树。更进一步，如果事先确定一个开始节点（源节点），则这棵斯坦纳树称为有向斯坦纳树（directed spanning tree），那么最小斯坦纳树就是所有斯坦纳树中边权值和最小的一棵。前面介绍的最小权重生成树可以认为是斯坦纳树的一个特殊情况，即当节点集包含图中所有的节点的时候问题便转换为最小生成树问题。

最小有向斯坦纳树算法（Minimum Directed Steiner Tree algorithm）是在给定开始节点（源节点）和一个目标节点列表的情况下，寻找最小有向斯坦纳树的模型，这是一种组合优化问题。Neo4j 图数据科学 GDS 提供了一种启发式的方法，有效地解决了最小有向斯坦纳树的生成。

在 GDS 中，最小有向斯坦纳树算法流模式下的过程为 gds.steinerTree.stream。调用形式如下：

```
CALL gds.steinerTree.stream(
  graphName: String,
  configuration: Map
)
YIELD
  nodeId: Integer,
  parentId: Integer,
  weight: Float
```

这个过程以 GDS 图名称和额外配置项为输入参数 ，输出参数为生成树中的节点 ID（nodeId）、节点的父节点 ID（parentId）、父节点到节点的关系权重等信息。下面我们举一个使用过程 gds.steinerTree.stream 的例子。在这个例子中，返回每个节点和父节点 ID，以及两者关系的权重。请看代码：

```
MATCH (a:Place{id: 'A'}), (d:Place{id: 'D'}),(e:Place{id: 'E'}),(f:Place{id: 'F'})
CALL gds.steinerTree.stream('graph', {
  sourceNode: a,
  targetNodes: [d, e, f],
  relationshipWeightProperty: 'cost'
})
YIELD nodeId,parentId, weight
RETURN gds.util.asNode(nodeId).id AS node, gds.util.asNode(parentId).id AS parent,weight
ORDER BY node
```

对于统计模式、交互模式和写入模式的名称分别是 gds.steinerTree.stats、gds.steinerTree.mutate 和 gds.steinerTree.write。它们的参数与流模式下的过程 gds.spanningTree.stream 相同，但是返回值会有所不同，这里不详细介绍。

8.3 Python 调用 GDS

为了使 Python 环境下的开发者能够融合使用 Neo4j 图数据科学 GDS 工具集，Neo4j 提供了 GDS 的客户端 Python 包 graphdatascience。这个包可以使开发者使用纯粹的 Python 代码映射图（构建图）运行 GDS 算法，也可以定义和使用 GDS 提供的机器学习管道等功能。

Neo4j 图数据科学 GDS 的客户端模拟 GDS 的 Cypher 过程接口，同时包装和抽象了 Neo4j 的 Python 驱动器（Python Driver）的操作，提供了更简单的使用界面。关于 Python 驱动器的内容请参见章节“7.4 Python 访问 Neo4j”中的内容。GDS 客户端是完全开源的，它的开源地址为：https://github.com/neo4j/graph-data-science-client。

8.3.1 GDS 客户端安装

Neo4j 图数据科学 GDS 的客户端依赖 Neo4j 的 Python 驱动器，并且 Neo4j 服务器端需要安装 GDS 工具集。GDS 客户端包 graphdatascience 的安装命令如下：

```
pip install graphdatascience
```

这种安装命令默认安装 graphdatascience 的最新版本，我们也可以指定版本号。命令格式如下：

```
pip install graphdatascience==1.9
```

GDS 客户端的版本与 GDS 版本、Neo4j 的 Python 驱动器版本以及 Python 版本的对应关系如表 8-9 所示。

表 8-9　GDS 客户端与其依赖项目的版本对应

<table>
<tr><th>GDS 的客户端版本</th><th>GDS 版本</th><th>Python 版本</th><th>Neo4j 的 Python 驱动器版本</th></tr>
<tr><td>1.9</td><td rowspan="2">>= 2.4, < 2.6</td><td rowspan="2">>= 3.8, < 3.12</td><td rowspan="6">>= 4.4.2, < 6.0.0</td></tr>
<tr><td>1.8</td></tr>
<tr><td>1.7</td><td>>= 2.3, < 2.5</td><td>>= 3.7, < 3.12</td></tr>
<tr><td>1.6</td><td>>= 2.2, < 2.4</td><td rowspan="3">>= 3.7, < 3.11</td></tr>
<tr><td>1.5</td><td>2.2</td></tr>
<tr><td>1.4</td><td>>= 2.1, < 2.3</td></tr>
<tr><td>1.3</td><td>2.1</td><td>>= 3.7, < 3.10</td><td rowspan="4">>= 4.4.2, < 5.0.0</td></tr>
<tr><td>1.2.0</td><td rowspan="2">>= 2.0, < 2.2</td><td rowspan="3">>= 3.6, < 3.10</td></tr>
<tr><td>1.1.0</td></tr>
<tr><td>1.0.0</td><td>2.0</td></tr>
</table>

除了安装 graphdatascience 包外，开发者还可以安装另外两个选项：OGB 基准数据集和能够进行复杂图形网络分析的 Python 软件包 NetworkX。

（1）安装 OGB 基准数据集

为了能够使用 OGB 基准数据集，则需要安装 OGB 依赖项。安装命令如下：

```
pip install graphdatascience[ogb]
```

OGB 基准数据集（Open Graph Benchmark）是一个开源的，并且是真实的、大规模的、多样的用于图学习的基准测试数据集。

OGB 官方网址：https://ogb.stanford.edu/。

OGB 的 GitHub 地址：https://github.com/snap-stanfor。

（2）安装图分析工具 NetworkX

为了能够使用 NetworkX，需要安装 NetworkX 依赖项。安装命令如下：

```
pip install graphdatascience[networkx]
```

NetworkX 是一个开源的 Python 包，可用于创建、操作和学习复杂图形网络的结构、动态和功能。

NetworkX 官方网址：https://networkx.org/。

NetworkX 的 GitHub 地址：https://github.com/networkx/networkx。

8.3.2　GDS 客户端使用

GDS 的 Python 客户端的根组件是图数据科学类 GraphDataScience。使用客户端时，需要首先实例化一个 GraphDataScience 对象，这样就形成了与 GDS 工具集交互的入口。然后就可以在 GDS 上进行投影创建图、运行算法以及定义和使用机器学习管道。一般来说，作为惯例，建议实例化的 GraphDataScience 对象名称为 gds，因为这样在形式上非常类似于直接在 Cypher 使用 GDS 的过程或函数 。

表 8-10 说明了图数据科学类 GraphDataScience 的构造函数及其主要方法。

表 8-10 图数据科学类 GraphDataSciencer

graphdatascience.GraphDataScience：Neo4j 的图数据科学类	
GraphDataScience (endpoint, auth=None, aura_ds=False, database=None, arrow=True, arrow_disable_server_verification=True, arrow_tls_root_certs=None, bookmarks=None)	
endpoint	必选。联合数据类型可以为字符串（str）、Neo4j 的 Python 驱动器（Driver）、一个 QueryRunner 对象（执行 Neo4j 查询）。通常情况下为链接 Neo4j 数据库 ct 管理系统 DBMS 的连接字符串
auth	可选。两个字符串元素的元组 Tuple 类型，按照顺序分别表示用户名和密码。 默认值为 None，表示无安全认证
aura_ds	可选。一个布尔 bool 类型，指定是否正在连接 Aura 实例。 默认值为 False
database	可选。字符串类型，指定用户查询等操作的图数据库。 默认值为 None，表示创建 GraphDataScience 对象时不指定某个图数据库
arrow	可选。一个布尔 bool 类型，指定客户端是否为流式模式使用 Apache Arrow 数据结构。 默认值为 True
arrow_disable_server_verification	可选。一个布尔 bool 类型，表示在处理 Arrow 数据时，如果 Arrow Flight 客户端连接 Neo4j 数据库管理系统使用了安全传输层协议 TLS，那么服务器端是否需要忽略安全认证。 默认值为 True
arrow_tls_root_certs	可选。字节数组数据类型，如果不为空，则表示一个 PEM 编码的证书，用于连接 Arrow Flight 服务器。 默认值为 None，表示没有 PEM 编码证书
bookmarks	可选。任何类型，表示 Neo4j 标签。 默认值为 None
GraphDataScience 的主要属性	
graph	表示一个 GDS 图对象
`GraphDataScience 的主要方法	
from_neo4j_driver()	这是一个类方法，直接从 Neo4j 的 Python 驱动器创建 GraphDataScience 对象
bookmarks()	获取 Neo4j 数据库书签，这些书签定义了当前执行查询所需的状态
close()	关闭实例化的 GraphDataScience 对象，并释放该对象拥有的任何资源
database()	获取当前查询对应的图数据库名称（字符串）。 注意：不是图数据库管理系统 DBMS
driver_config()	获取当前 Python 驱动器的配置信息（词典对象）
find_node_id()	获取给定标签和属性的节点 ID
last_bookmarks()	定义了最近调用查询后状态的书签
list()	获取 GDS 所有可用的过程名称（Pandas DataFrame 类型）
lp_pipe()	以默认配置创建一个连接预测管道（Link Prediction pipeline）
nc_pipe()	以默认配置创建一个节点分类训练管道（Node Classification training pipeline）
nr_pipe()	以默认配置创建一个节点回归训练管道（Node Regression training pipeline）
run_cypher()	执行一个 Cypher 查询
server_version()	返回 GDS 工具集的版本号（graphdatascience.server_version.server_version.ServerVersion 类型）
set_bookmarks()	将 Neo4j 书签设置为在执行下一个查询之前需要的特定状态
set_database()	设置需要查询的图数据库。 注意：不是图数据库管理系统 DBMS
version()	与 server_version()功能一样，但是返回数据类型为字符串

下面我们简要说明使用 GDS 客户端的基本步骤。

（1）实例化全局 GraphDataScience 的对象

从 Python 包 graphdatascience 中导入类 GraphDataScience，并实例化一个对象 gds。

GDS 客户端提供了两种实例化 GraphDataScience 对象的方法：通过 GraphDataScience 的构造函数，或者通过 GraphDataScience 的类方法 from_neo4j_driver()创建 GraphDataScience 对象 gds。

（2）指定目标图数据库

GDS 客户提供了两种指定目标图数据库的方法：在使用 GraphDataScience 的构造函数创建对象时设置关键词参数 database，或者通过方法 set_database()设置。

（3）（可选）配置 Apache Arrow

如果 Neo4j 服务端支持 Apache Arrow 服务器，则在使用 GraphDataScience 的构造函数创建对象时设置相关关键词参数。使用 Apache Arrow 可提高查询和计算的性能。

（4）创建 GDS 的图

使用 GraphDataScience 对象 gds 的属性 graph 的方法 project()映射一个 GDS 图对象。另外，还可以通过 Pandas 的数据库 DataFrame 对象创建 GDS 图。

（5）执行各种算法和查询等工作

使用第一步创建的 GraphDataScience 对象 gds 运行 GDS 各种算法（中心性算法、社区检测算法等等）、拓扑连接预测以及各种机器学习管道等。也可以 通过方法 run_cypher()执行一个 Cypher 查询等等。

（6）关闭 GDS 客户端与 Neo4j 数据库的连接

执行各种任务后，使用 GraphDataScience 对象 gds 的 close()方法关闭 GDS 客户端与 Neo4j 数据库的连接。实际上，在删除 GraphDataScience 对象 gds 时，自动调用 close()方法，并释放该对象拥有的所有资源。

下面我们举一个例子说明以上步骤。在这里例子中，我们使用 Neo4j 桌面版自带的图数据库“neo4j”为数据来源，含实例化全局 GraphDataScience 的对象 gds、设置目标数据库“neo4j”、映射构建 GDS 图和运行算法等各个步骤。请看代码（GraphDataScience.py）：

```
# -*- coding: utf-8 -*-

from graphdatascience import GraphDataScience


# 连接图数据库
NEO4J_URI = "bolt://localhost:7687"
auth = ("neo4j", "neo4j1234")
gds = GraphDataScience(NEO4J_URI, auth=auth)

# 获取服务器端安装的 GDS 的版本号
print(gds.version())
print("-"*37)

#%% 设置需要执行查询等操作的目标图数据库。
gds.set_database("neo4j")
```

```
#%% 检查 GDS 服务器端是否为企业版
using_enterprise = gds.is_licensed()
print(using_enterprise)
print("-"*37)
#%% 调用 gds.list()获取 GDS 中所有可用的过程名称
results = gds.list() # 返回一个 Pandas DataFrame
'''''
# 这段代码可显示 Pandas DataFrame 所有的列、所有的行
import pandas as pd
pd.set_option('display.max_columns', None)
pd.set_option('display.max_rows', None)
'''
# 获取返回值的形状，获取记录行数和列数
row_count, col_count = results.shape
#print(row_count)
print(results[:5])  # 显示前 5 条记录
# 以 JSON 格式输出
#print(results[:5].to_json(orient="table", indent=2))
print("-"*37)
#%% 创建 GDS 图对象（映射）
# （可选）估计操作所需的内存，其中两个参数"*"表示估计所有的节点和关系
res = gds.graph.project.estimate("*", "*")
assert res["bytesMax"] < 1e12
graphName = 'my-graph'
# 一般情况下使用 gds.graph.exists()判断 GDS 图是否存在
# 根据是否存在做相应处理。这里简单删除已经存在的 GDS 图
gds.graph.drop(graphName, False) # 如果不存在，也不会显示错误
# 如果名称为 graphName 的图已经存在，则发送异常
# 通过映射创建 GDS 图
graphCreateResult = gds.graph.project(graphName, "*", "*")
# 获取 GDS 图
G = graphCreateResult.graph
print(G.node_count())
print("-"*37)
#%% 运行算法
# 交互模式计算每个节点的网页排名，返回值为 Pandas 的 Series 对象
#res = gds.pageRank.mutate(G, tolerance=0.5, mutateProperty="pagerank")
#print(res["centralityDistribution"])
```

```

# 流模式计算每个节点的网页排名，返回值为 Pandas DataFrame 对象
results = gds.pageRank.stream(G)
print(results[:5])
print("*"*37)
#%% 运行算法
# 首先确定源节点和目标节点
try:
    # 这里要保证 gds.find_node_id()查询的结果必须是有且仅有一个节点
    source_id = gds.find_node_id(["Person"], {"name": "Joel Silver"})
    target_id = gds.find_node_id(["Movie"], {"title": "The Matrix Reloaded"})

    # 使用 迪杰斯特拉源目标最短路径算法，返回值为 Pandas DataFrame 对象
    results = gds.shortestPath.dijkstra.stream(G, sourceNode=source_id,
  targetNode=target_id)
    print(results)
except ValueError as ve:
    print(f"ValueError: {ve}")
except Exception as ex:
    print(f"Exception: {ex}")
finally:
    print("程序提前终止")
    gds.close()

```

更多关于 Noe4j 图数据科学 GDS 客户端的使用内容，请参考 Neo4j 网站或其他相关资料。

8.3.3 GDS 客户端 API

Neo4j 图数据科学 GDS 客户端包含了图数据科学类 GraphDataScience、GDS 图 Graph 以及各种与操作图和模型等相关的过程。如表 8-11 所示。

表 8-11 Neo4j 图数据科学 GDS 客户提供的各种类及过程

序号	API	说明
1	GraphDataScience	Neo4j 图数据科学 GDS 客户端的根类（根组件）
2	Graph	GDS 图类，代表图目录中的一个 GDS 图
3	GraphCreateResult	包含创建 GDS 图的结果信息对象
4	LPTrainingPipeline	代表一个连接预测训练管道，一般通过 graphdatascience.GraphDataScience.lp_pipe()创建
5	NCTrainingPipeline	代表一个节点分类训练管道，一般通过 graphdatascience.GraphDataScience.nc_pipe()创建
6	NRTrainingPipeline	代表一个节点回归训练管道，一般通过 graphdatascience.GraphDataScience.nr_pipe()创建
7	NodePropertyStep	表示管道中一个节点属性创建步骤
8	LinkFeature	连接预测管道中的连接特征，一般通过 LPModel.link_features()获取
9	LPModel	代表模型目录中的一个连接预测模型，通过使用 LPTrainingPipeline.train()创建
10	NCModel	代表模型目录中的一个节点分类模型，通过使用 NCTrainingPipeline.train()创建

续表

序号	API	说明
11	NRModel	代表模型目录中的一个节点回归模型，通过使用 NRTrainingPipeline.train()创建
12	GraphSage	代表模型目录中的一个GraphSAGE模型，通过使用gds.beta.graphSage.train()创建。 注：GraphSAGE 是一种在超大规模图上，利用节点的属性信息高效产生未知节点特征表示的归纳式学习框架，可以用来生成节点的低维向量表示
13	SimpleRelEmbeddingModel	代表一个计算或排序节点对之间距离的模型，它甚至还可以基于排序结果生成新的节点关系
14	ServerVersion	表示服务器端安装的 Neo4j 图数据科学工具集 GDS 的版本号信息
15	GDS 图操作相关过程	GDS 客户端支持的所有图映射方法、删除图以及对节点属性或关系属性操作的方法，包括 Graph.cypher.project()、Graph.drop、Graph.deleteRelationships()、Graph.export.csv()等等
16	算法相关过程	GDS 客户端支持的所有算法，例如中心性算法、社区检测算法等等
17	机器学习过程	GDS 客户端支持的机器学习过程，包括嵌入算法、关键创建过程等，例如 pipeline.get()、pipeline.nodeRegression.create()等等
18	模型操作相关过程	GDS 客户端提供的各种与模型操作相关的过程，包括 model.load()、model.publish()等等
19	其他实用过程	GDS 客户端提供的其他实用的各种过程，包括配置信息、调试过程信息、获取版本号等

8.4 本章小结

本章对构建知识图谱过程中的知识计算和应用技术进行了讲述。知识计算是在图理论指导下，使用图论中的定理、推论和算法，借助相应的工具进行知识的补全、理解和应用的过程。具体内容包括知识推理方法介绍、Neo4j 图数据科学 GDS 概述和使用介绍，最后就基于 GDS 客户端，使用 Python 编程语言对图数据库进行查询、运行的方法进行了演示。

推理是运用逻辑思维能力，从已有的知识得出未知的、隐性的知识的能力。知识推理可以实现语义检索、关系预测、最短路径发现以及因果推理、演绎推理等功能，最终解决实际问题。知识推理的方法主要包括基于描述逻辑的推理、基于概率逻辑的推理、基于规则的推理、基于图结构的推理、基于向量表示的推理等。

Neo4j 图数据库 GDS 是一种高效的知识推理工具库，适用于大规模和并行化知识计算，具有基于图全局知识处理量身定制的 API，以及高度优化的压缩内存数据结构，提供了实现社区（社群）检测、中心性计算、路径搜索和链接预测等功能的算法。除此之外，图数据科学 GDS 还包括机器学习管道，用于训练监督模型，以解决图预测类问题，例如缺失关系预测等等。与 Neo4j 数据库一样，GDS 也有两个版本：开源社区版本和企业版本。

Neo4j 图数据科学 GDS 提供了 Python 包 graphdatascience，提供了客户端访问 GDS 的功能。它模拟GDS的Cypher过程接口，同时包装和抽象了Neo4j的Python驱动器（Python Driver）的操作，使开发者使用纯粹的 Python 代码映射图（构建图），运行 GDS 算法，也可以定义和使用 GDS 提供的机器学习管道等功能。

附录

本附录基于 W3C 官方网站中关于 RDF 转换器的内容整理，旨在为读者全面了解 RDF 转换器提供便利。W3C 网站关于 RDF 转换器网址：https://www.w3.org/wiki/ConverterToRdf。

序号	名称	说明
		转换工具（框架）
1	AnnoCultor	支持多种数据源映射为 RDF 数据的工具。支持的数据源包括关系型数据库 RDBMS、XML 文件、Solr 服务器等 网址：http://annocultor.eu/
2	Apache Any23	一个类库、Web 服务和命令行工具，可以从其他结构化数据中提取信息并转换为 RDF 格式。支持的数据包括 RDF/XML、Turtle、Notation 3、RDFa、Microformats1、Microformats2、JSON-LD、HTML5 Microdata、CSV、YAML 等 网址：https://any23.apache.org/
3	Aperture	使用 Java 编写的集成各种格式数据转换为 RDF 的转换器，同时也是一个网络爬虫，支持数据自动更新。支持的数据格式众多，包括 BibTex、Bittorrent、CSV、Debian、Excel、EXIF 等 网址：https://aperture.sourceforge.net/
4	Datalift	多种异构数据格式转换为 RDF 的平台工具，同时也支持输出为链接数据。支持的数据格式包括 CSV、RDF/XML、Turtle、TriC、GML、Shapefile 等，也支持 SQL 查询和 SPARQL 查询。 网址：http://www.datalift.org/
5	EasyRDF	使用 PHP 语言编写的以输出 RDF 格式数据的类库，支持 RDF/JSON、N-Triples、RDF/XML、Turtle、ARC2、rappe、Http 请求等。 网址：https://www.easyrdf.org/
6	PiggyBank	浏览器 FireFox 的一个插件，运行 FireFox 或基于 FireFox 的客户端自动导入各种 RDF 转换器或 JavaScript 转换器。 网址：http://simile.mit.edu/piggy-bank/
7	RML	RML（RDF Mapping language）是 RDF 映射语言框架，实现关系型数据库 RDBMS、CSV、JSON、XML 和 Web API 等数据源的转换。实现工具包括 RML-Mapper、carml 网址：https://github.com/RMLio/RML-Mapper、https://github.com/carml/carml
8	SPARQL Micro-Services	实现 Web API 和链接数据（Linked Data）之间的转换。 网址：https://github.com/frmichel/sparql-micro-service
9	SPARQL-Generate	一种基于表达式的模板语言，可以从 RDF 数据集和任意格式的文档流中生成 RDF 流或文本流。支持 RDF、SQL、XML、JSON、CSV、GeoJSON、HTML、CBOR、CSV、MQTT、WebSocket 流等。 网址：https://ci.mines-stetienne.fr/sparql-generate/

续表

序号	名称	说明
10	Triplr	将 GRDDL、RSS、Atom 等格式的数据转换为 RDF 格式。 网址：https://triplr.org/
11	Virtuoso Sponger	Virtuoso Sponger 是 OpenLink 软件公司的 SPARQL 处理系统中的一个功能组件，提供了各种格式的数据转换为 RDF 的功能。支持的数据格式包括 RDFa、GRDDL、Amazon Web Services、eBay Web Services、XBRL Instance documents、DOI、Flickr 等。 网址：https://vos.openlinksw.com/owiki/wiki/VOS/VirtSponger
12	Apache Marmotta LDClient	Apache Marmotta LDClient 是一个灵活的、模块化工具库，可以独立集成于任何链接数据项目中。它支持多种数据协议（如 HTTP 等），通过可插拔的适配器将各种数据来源（如 YouTube、Facebook、MediaWiki、HTML 等）的数据映射为合适的 RDF 结构，称为可用的链接数据资源 网址：https://marmotta.apache.org/ldclient/index.html
转换应用系统		
13	GRefine	OpenRefine 平台的一个插件，以可视化的方法将 OpenRefine 的数据转换为 RDF 格式。 网址：https://github.com/stkenny/grefine-rdf-extension OpenRefine 的网址：https://openrefine.org/
14	sheet2rdf	将数据页面中的数据转换为 RDF 格式。支持微软 Excel、Apache OpenOffice 和 LibreOffice 的 Sheet 页，同时也支持 CSV、TSV 和其他分隔符格式的文本文件。 网址：https://art.uniroma2.it/sheet2rdf/
15	SKOS Play!	将 Excel 文件中的 Sheet 页转换为 RDF 格式。 SKOS 是 Simple Knowledge Organization System 的缩写。 网址：https://skos-play.sparna.fr/play/

除了上面的工具框架和应用系统外，针对 BibTex、Bittorrent、CSV、Debian、Excel、EXIF、Flickr、GPS、iCalendar、Jira、JPEG、LDIF、Makefile、MARC、Meteographical、Microformats、MongoDB、Multimedia、OAI-PMH、Outlook、OFX、plist、QIF、QUIDICRC、SDMX、TSV、XML、XMP 等等各种有一定结构的数据信息，也都可以找到对应的转换工具，实现转换到 RDF 格式数据的需求。